◉ 電気・電子工学テキストライブラリ ◉
USE-C3

伝送線路論

電磁界解析への入門

出口博之

数理工学社

編者のことば

20 世紀後半以後の工学領域の進展は，人々に利便性をもたらし，従来の生活を大きく変化させてきました．しかし工学には，新たなパラダイムとして［社会生活の知恵］としての面を併せもつことも要請されています．したがって，工学技術の高度な進展に伴い，益々その論理性・社会との共生が強く求められてきています．

たとえば，建築物・土木構造物においては，自然と調和した環境づくりや景観美が重視され，機械・電気・電子機器等においても「人間にやさしく使い易い機能と美しさ」が追求されています．さらに教育方法論の面からは工学の未来を切り拓くための「創造性工学（engineering design）教育」をどのように実施していくか，大きな課題といえます．また，現在の工学教育（特に基礎的科目）を考えたとき，先端の工学技術との関わりを強く意識するなど今後の電気・電子工学教育のニーズに合った使い易くわかり易い書籍の出版が望まれています．

このような観点から本「電気・電子工学テキストライブラリ」は，「電気電子基礎・専門」「電気工学」「電子工学」分野における従来の伝統的工学の枠組みを尊重しつつも，再生可能エネルギー，自動運転，電気自動車，スマートフォン，AI，Big Data，IoT など最新の知見の流れを取り入れ，創造性教育などにも配慮した電気・電子工学基礎領域全般に亘る新鮮な書を目指し，時代の要請に応える電気・電子基礎書目の体系的構築を図ったものです．それゆえ，電気・電子工学について通暁された著者の周到な配慮のもとに，使い易くわかり易く構成されたテキストとなっています．ライブラリ全般に亘って理解を助ける有効な手段として，できるだけ具体的な問題から例題や演習問題を作り，その解答についても少し詳しく説明することに加え，CG 等も随所にとりいれています．本ライブラリは基礎的知識習得のための十分な内容を網羅しており，電気・電子工学科の学生だけでなく，工学系全般の学生諸君にも役に立ち得るものと考えています．最先端の技術も基礎学問を土台に年月をかけて積み上がってきたことを鑑みると，大学で基礎をしっかりと身につけて土台を確固たるものにしておけば，あとの応用，開発，研究など必要な専門知識は社会に出てからでも各自で学ぶことに躊躇しないで済むと確信しています．その意味でも本ライブラリが基礎を身につけるには最適なテキストであり，学生諸君が熟読し理解を深められ，将来に向けての研究，技術開発の手助けとなれば幸いです．

2022 年 1 月

編者　辻　幹男
出口博之

「電気・電子工学テキストライブラリ」書目一覧

電気電子基礎・専門

1　電気電子工学入門
2　電気回路
3　電気磁気学
4　振動と波動
5　電気電子数学基礎
6　電気電子計測
7　電気電子材料
8　アナログ電子回路

電気工学

1　過渡現象論
2　電気エネルギー工学
3　電気機器学
4　制御工学
5　パワーエレクトロニクス
6　電力システム工学
7　高電圧工学

電子工学

1　通信工学のための信号処理
2　電子デバイス
3　伝送線路論
4　電磁波工学
5　光エレクトロニクス

別巻 1　電気回路演習
別巻 2　演習で学ぶ 電気磁気学
別巻 3　制御工学演習

まえがき

線路や回路素子の寸法が使用波長に比べて無視できなくなってくる伝送線路などの高周波回路素子では，集中定数素子を扱う電気回路の考え方では対処できない．そのため，回路の微小部分に着目して分布定数素子を考える必要がある．分布定数回路解析では，伝送線路の伝送方程式を解くことにより電圧，電流が求められるが，マクスウェル（Maxwell）の方程式を用いた電磁界解析からも伝送方程式が得られることを示し，伝送波について簡単に説明する．伝送線路論は電気回路論と電気磁気学を前提とし，電磁波論の基礎となる有線技術に不可欠な理論であることは言うまでもないが，伝送線路を用いた回路素子は，アンテナの給電系に用いられることから無線技術にも重要な理論である．

まず，第 1 章では，本書の導入として伝送線路とは何かを簡単に説明し，電気磁気学の基本法則を基にして伝送線路の特性を概観する．

第 2 章の前半では，伝送線路の基本的な特性を示すため，無損失の分布定数回路を取り上げ，伝送線路の特性インピーダンスについて説明する．また，伝送線路の重要なパラメータである位相定数，入力インピーダンスについても述べ，伝送線路を伝わる波と反射する波によって生じる定在波について示し，反射特性について説明する．後半では，損失のある伝送線路の伝搬定数，減衰定数について説明する．また，伝送線路の電圧，電流を行列表示し，縦続接続を行う計算についても説明する．

第 3 章では，伝送線路の電磁界解析の基礎的事項を取り上げ，伝送波の基本特性，伝送線路の電界，磁界について概観する．まず，伝送方向に電界および磁界の成分をもたない TEM 波を説明し，分布定数回路の電圧，電流と比較する．次に，伝送方向に電界，あるいは磁界成分をもつ伝送波について定式化し，電界，磁界の振幅によってモード電圧，モード電流を定義する．これによって，集中定数回路や分布定数回路と同様にして，伝送線路の電磁界解析においても電圧，電流を用いた計算ができるようになる．

第 4 章では，分布定数回路の前進波と後進波，あるいは電磁波回路の入射波，反射波の各々，波動振幅を基にして定義した散乱パラメータを説明する．整合条件を基にして入射波，反射波を定義すれば集中定数回路においても有用な回路パラメータとなる．この散乱パラメータにおいても縦続接続が行えることも示す．また，入出力に信号源や負荷を接続したときの信号の流れを表すシグナルフローグラフについて取り上げ，図の簡約化によって特性解析する方法について説明する．

第5章では，インピーダンス整合について説明する．まず，整合条件を述べ，スミス図表による整合として，集中定数素子を用いた方法と分布定数線路を用いた方法を各々説明する．次に，4分の1波長の伝送線路による整合について示し，広帯域に整合するため，特性インピーダンスの異なる4分の1波長線路を多段に接続して構成した2項整合変成器とチェビシェフ整合変成器の設計法を説明する．

第6章では，周期構造の伝送線路を周期境界条件を用いて解析する方法について示し，このような線路で伝搬するブロッホ波の基本特性を説明する．通常の伝送線路では得られない周波数分散特性，例えば，帯域通過特性，帯域阻止特性が得られることを簡単な周期構造線路を用いて説明する．また，集中定数回路で用いられる反復パラメータとの関係を明らかにする．

第7章では，分布電流源のある分布定数回路の解析法として，伝送線路におけるグリーン関数について説明する．また，代表的な境界条件を取り上げ，グリーン関数の求め方を示し，グリーン関数を用いた電圧の計算などについて説明する．これは，グリーン関数の導入にあたるものである．

最後に参考となる文献を示す．なお，章末問題の解答は数理工学社の本書のサポートページからダウンロードできる．

伝送線路論では，電気回路論を駆使して等価回路を求め設計に応用したり，境界条件を考慮してマクスウェルの方程式を解いていくなど，電気回路と電気磁気学の種々の応用を学ぶことができ，放射や散乱などの3次元問題に比べ，1次元の伝送線路は扱いやすく，本書を電磁界解析の入門書として手にとっていただだければ幸いである．

2022年11月

出口　博之

目　　次

第1章

伝送線路とは

はじめに，伝送線路について簡単に述べ，伝送線路には分布容量や分布インダクタンスが生じていると考えられることを電気的・磁気的エネルギーより説明する．伝送線路の例として，まず無限導体板上の単一導体線について示し，影像法や静電場の電気力線を考えることによって，2本の平行導線も同様の伝送線路であることを述べる．そして，同軸線路や平行2本線路について，電気磁気学の基本法則を用いて，単位長当たりのインダクタンス，単位長当たりのキャパシタンスを求める方法について説明する．

1.1　無限導体板上の単一導体線

伝送線路（transmission line）とは，信号電力としての電磁波をある地点から別の地点に低損失（放射や減衰が十分小さい）で導波させるもので，高周波回路の基本素子である．使用波長に比べて伝送線路や回路素子の寸法が無視できないぐらい大きいと，**抵抗**（resistance），**インダクタンス**（inductance），**キャパシタンス**（capacitance）を単に導線で接続した**集中定数回路**（lumped constant circuit）[1)] のモデルでは対処できない．そのため，電気定数が回路に分布していると考える必要があり，このような回路を**分布定数回路**（distributed constant circuit）[2)] という．

簡単な例として，図1.1に示すように無限に大きい導体板上に単一の導体線がある場合を考える．導体線の電流 i より周りに磁界が生じ（アンペアの法則），**磁気的エネルギー**（magnetic energy）が空間に蓄えられるとともに，導体間の電圧 v よりこの間に電界が生じ，**電気的エネルギー**（electric energy）も蓄えられる．

いま，インダクタンス L_0 [H] に電流 i [A] が流れているとする．インダクタンス

1) 回路全体の大きさが，使用波長に比べて十分小さく，回路素子が一か所に集中し，周波数特性のない電気定数で構成される回路を集中定数回路という．

2) 配線自体のインダクタンスやキャパシタンスなどを考慮しなければならない．また，同一時刻であっても，線路上の位置が異なれば，電圧や電流の大きさが変わってくる（位相が異なる）．

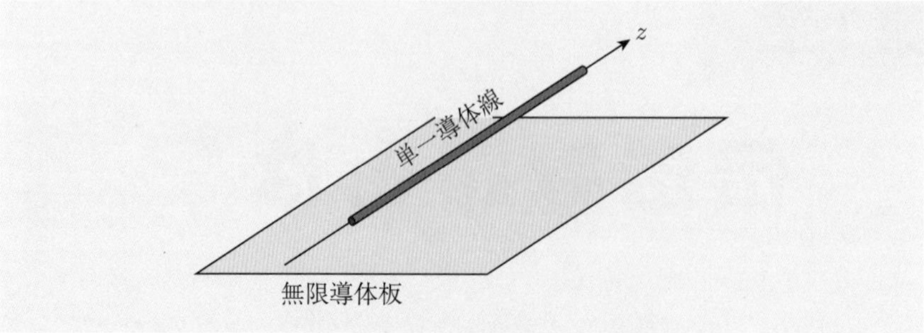

図1.1　無限導体板上の単一導体線

に蓄えられるエネルギー W [J] は磁気的なもので，電流 i に鎖交する磁束を $\varPhi$ とすると，

$$
\begin{aligned}
W &= \frac{1}{2}i\varPhi = \frac{1}{2}i(L_0 i) \\
&= \frac{1}{2}L_0 i^2
\end{aligned}
\tag{1.1}
$$

導体線が十分長い場合，端部の効果は無視でき，磁気的エネルギーは導体線の方向に一様とみなせる．これより，単位長当たりの磁気的エネルギーを W_{m} とすると，$\frac{2W_{\mathrm{m}}}{i^2}$ はこの導体線の**単位長当たりのインダクタンス**（inductance per unit length）L [H/m] と考えられる[3]．

また，容量（キャパシタンス）C_0 [F] に電圧 v [V] を加えたとき，容量に蓄えられるエネルギー W [J] は電気的なもので，電荷量を Q [C] とすると，

$$
\begin{aligned}
W &= \frac{1}{2}vQ = \frac{1}{2}v(C_0 v) \\
&= \frac{1}{2}C_0 v^2
\end{aligned}
\tag{1.2}
$$

導体線が十分長い場合，端部の効果は無視でき，電気的エネルギーは導体線の方向に一様とみなせる．これより，単位長当たりの電気的エネルギーを W_{e} とすると，$\frac{2W_{\mathrm{e}}}{v^2}$ はこの導体線の**単位長当たりのキャパシタンス**（capacitance per unit length）C [F/m] と考えられる[4]．

3) 磁束密度 $\boldsymbol{\mathcal{B}}$，磁界 $\boldsymbol{\mathcal{H}}$ より，磁気的エネルギーの体積密度 w_{m} は，$w_{\mathrm{m}} = \frac{1}{2}\boldsymbol{\mathcal{H}} \cdot \boldsymbol{\mathcal{B}}$ [J/m^3]

4) 電束密度 $\boldsymbol{\mathcal{D}}$，電界 $\boldsymbol{\mathcal{E}}$ より，電気的エネルギーの体積密度 w_{e} は，$w_{\mathrm{e}} = \frac{1}{2}\boldsymbol{\mathcal{D}} \cdot \boldsymbol{\mathcal{E}}$ [J/m^3]

1.2 電気力線

●影像法 図1.2(a)に示す無限導体板から h 離れた平行な単一導体線は，**影像法**（image theory）より，同図(b)のように，無限導体板を取り除き影像導体線をおけば，単一導体線（電流）による電磁場を変えないようにできる．これが**平行 2 本線路**（two-wire lines）である．

一方，図1.3(a)は，無限導体板上にある点電荷による**電気力線**（electric field lines）を示したもので，導体板上の接線電界がゼロとなるので，導体板に対して電

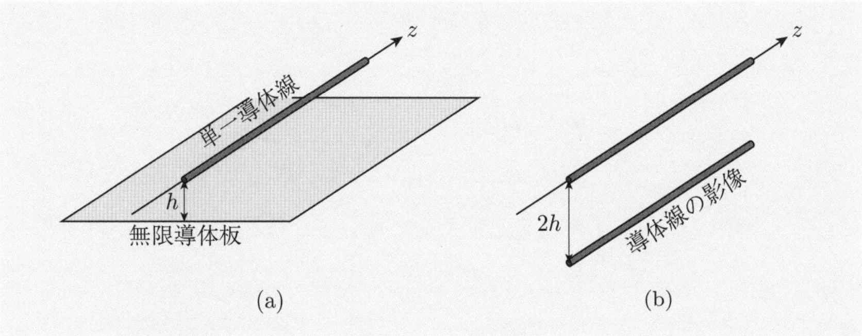

図1.2 (a) 無限導体板上の単一導体線，(b) 単一導体線とその導体線の影像（無限導体板を取り除いた場合）

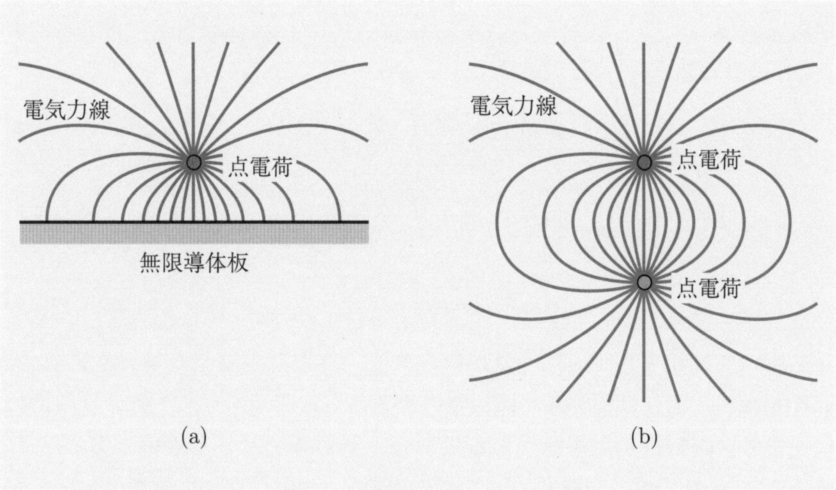

図1.3 (a) 無限導体板と点電荷による電気力線，(b) 逆符号・同振幅の点電荷による電気力線（電気力線の向きは省略）

気力線は垂直になる．これに対して，**同図 (b)**は，上側と下側で逆符号・同振幅の 2 つの点電荷がある場合の電気力線を示したもので，上半分の領域を見ると，両者の電気力線は同一であることが確認できる．これは**同図 (a)**に対して，**同図 (b)**の下側の点電荷が影像であると考えればよい．

●電気力線の方程式　電界 $\boldsymbol{\mathcal{E}} = \mathcal{E}\boldsymbol{a} = \mathcal{E}_x\boldsymbol{a}_x + \mathcal{E}_y\boldsymbol{a}_y + \mathcal{E}_z\boldsymbol{a}_z$ より，電界に沿う単位ベクトル $\boldsymbol{a}$ は,

$$\boldsymbol{a} = \frac{\mathcal{E}_x}{\mathcal{E}}\boldsymbol{a}_x + \frac{\mathcal{E}_y}{\mathcal{E}}\boldsymbol{a}_y + \frac{\mathcal{E}_z}{\mathcal{E}}\boldsymbol{a}_z \tag{1.3}$$

ただし，$\boldsymbol{a}_x, \boldsymbol{a}_y, \boldsymbol{a}_z$ は x, y, z 方向の単位ベクトルを示す．この電界に沿うベクトル線要素 $d\boldsymbol{s}$ を,

$$\begin{aligned} d\boldsymbol{s} &= \boldsymbol{a}\,ds \\ &= \boldsymbol{a}_x\,dx + \boldsymbol{a}_y\,dy + \boldsymbol{a}_z\,dz \end{aligned}$$

とおくと，単位ベクトル $\boldsymbol{a}$ の成分比較より次式が得られる．

$$\frac{dx}{ds} = \frac{\mathcal{E}_x}{\mathcal{E}}$$

$$\frac{dy}{ds} = \frac{\mathcal{E}_y}{\mathcal{E}}$$

$$\frac{dz}{ds} = \frac{\mathcal{E}_z}{\mathcal{E}}$$

初期値 $s = s_0$ のとき，$x = x_0(s_0), y = y_0(s_0), z = z_0(s_0)$ として，積分形で表せば次のようになる [5)]．

$$x(s) = x_0 + \int_{s_0}^{s} \frac{\mathcal{E}_x(s')}{\mathcal{E}(s')}\,ds' \tag{1.4}$$

$$y(s) = y_0 + \int_{s_0}^{s} \frac{\mathcal{E}_y(s')}{\mathcal{E}(s')}\,ds' \tag{1.5}$$

$$z(s) = z_0 + \int_{s_0}^{s} \frac{\mathcal{E}_z(s')}{\mathcal{E}(s')}\,ds' \tag{1.6}$$

これを解いて図示すれば，**図 1.3**が得られる．点電荷が増えた場合も計算でき，**図 1.4(a)**は，上側には同符号・同振幅の複数の点電荷があり，下側には鏡像の位置に逆符号・同振幅の点電荷がある場合の電気力線を示したものである．また，**同図 (b)**は一方の 2 つの同符号・同振幅の点電荷と他方に 2 つの逆符号・同振幅の

[5)] 電気力線の軌跡は，**4 次のルンゲクッタ法**（Runge-Kutta method of fourth order）などによって数値的に求めることもできる．

鏡像電荷が左右にある場合の電気力線を示したもので，中央の電気力線は両電荷の間で水平方向に生じている．これらは静電場の電気力線であるが，2 導体線路系における伝送方向に直交する面内の電界を類推することができる．また，図 1.4(a)の鏡像の位置の電荷を取り除き，無限地導体をおけば，図 1.3(a)と同様に影像法を用いた取り扱いができる[6]．

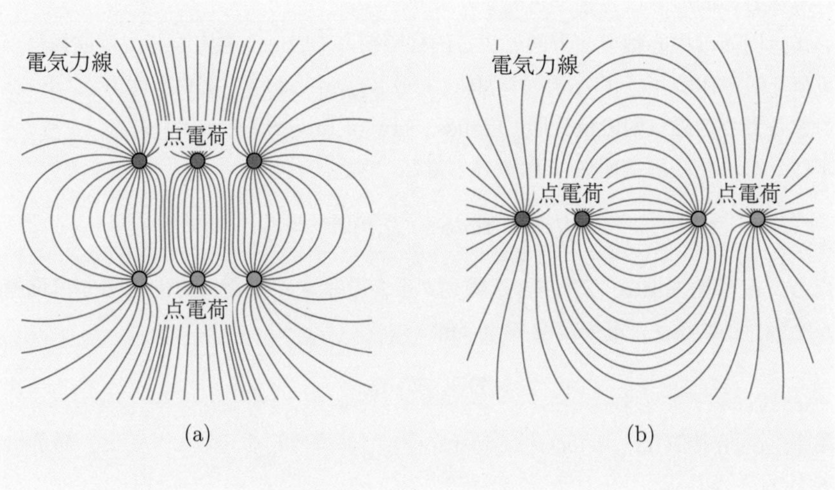

図 1.4　電気力線．**(a)** 上側に電荷量の等しい **3** 個の点電荷，下側の鏡像の位置に逆符号・同振幅の **3** 個の点電荷，**(b)** 右側に電荷量の等しい **2** 個の点電荷，左側の鏡像の位置に逆符号・同振幅の **2** 個の点電荷（電気力線の向きは省略）

[6] 図 1.4(a)はマイクロストリップ線路（代表的な平面回路線路），同図 (b)はスロット線路とよく似ている．

1.3　静電容量，インダクタンス

●同軸線路　同軸線路（coaxial line）は直流から高周波にわたって信号を伝送できる伝送線路であるとともに，静電場でよく取り上げられている導体系である．ここでは簡単のため，図 1.5 に示すような同心（同軸）導体円筒の構造を考え，内導体と外導体との間の静電容量を求めてみよう．

いま，円筒の中心軸を z 方向とする円柱座標系 (r, ϕ, z) を定義し，単位長当たりの電荷を内導体に $+Q$ [C/m]，外導体に $-Q$ [Q/m] とおき，電束密度（ベクトル）$\boldsymbol{\mathcal{D}}$ に対する**ガウスの法則の積分形**（Gauss's law of integral form）[7]より，$a \leq r \leq b$ の半径 r の単位長円筒面 S で面積分すると，

$$\oiint_S \boldsymbol{\mathcal{D}} \cdot \boldsymbol{n}\, dS = \mathcal{D}(r) 2\pi r = Q$$

ただし，$\boldsymbol{n}$ は閉曲面 S の外向き法線ベクトルを示す．半径 r 方向に沿う単位ベクトルを $\boldsymbol{a}_r$ とすると，電束密度 $\boldsymbol{\mathcal{D}}$ [C/m^2] は

$$\boldsymbol{\mathcal{D}} = \mathcal{D}(r) \boldsymbol{a}_r$$

誘電率（permittivity, dielectric constant）ϵ（スカラ）を定数とすると，電界の振幅 $\mathcal{E}$ [V/m] は，

$$\begin{aligned} \mathcal{E} &= \frac{\mathcal{D}}{\epsilon} \\ &= \frac{Q}{2\pi\epsilon r} \end{aligned} \tag{1.7}$$

外導体（半径 b）を基準とする内導体（半径 a）の電位 $\mathcal{V}$ は，

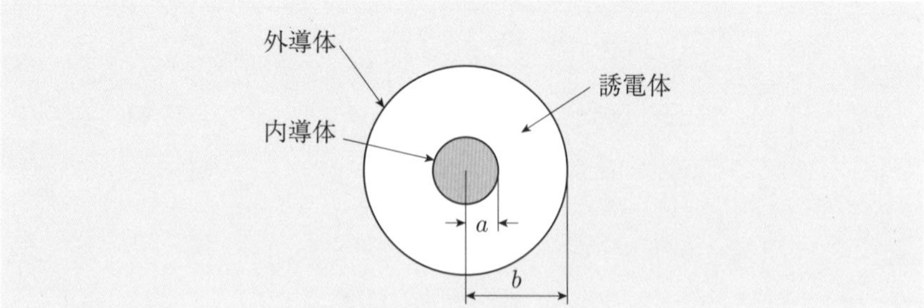

図 1.5　同軸導体円筒

[7] 閉曲面 S から出る電束密度の法線成分の面積分は，S 内部の電荷の総和 Q [C] に等しい．

$$
\begin{aligned}
\mathcal{V} &= -\int_b^a \mathcal{E}\,dr = -\int_b^a \frac{Q}{2\pi\epsilon r}\,dr = -\frac{Q}{2\pi\epsilon}\int_b^a \frac{dr}{r} \\
&= -\frac{Q}{2\pi\epsilon}\Big[\ln r\Big]_b^a = \frac{Q}{2\pi\epsilon}\ln\left(\frac{b}{a}\right) \\
&\equiv \frac{Q}{C}
\end{aligned}
\tag{1.8}
$$

これより，単位長当たりの静電容量 C [F/m] は，

$$
C = \frac{2\pi\epsilon}{\ln\left(\frac{b}{a}\right)} \tag{1.9}
$$

また，式 (1.7) に式 (1.8) を代入して電荷 Q を消去すると，

$$
\begin{aligned}
\mathcal{E} &= \frac{\mathcal{V}}{2\pi\epsilon r}\frac{2\pi\epsilon}{\ln\left(\frac{b}{a}\right)} \\
&= \frac{\mathcal{V}}{r\ln\left(\frac{b}{a}\right)}
\end{aligned}
\tag{1.10}
$$

単位長の円筒の体積 V_0 で積分して単位長当たりの電気的エネルギー W_{e} を求めれば，式 (1.2) において単位長当たりの静電容量を C [F/m]，電位差を $\mathcal{V}$ [V] として，

$$
\begin{aligned}
W_{\mathrm{e}} &= \frac{\epsilon}{2}\iiint_{V_0} |\mathcal{E}|^2\,dV = \frac{\epsilon}{2}\int_0^1 \iint_{S_0} |\mathcal{E}|^2\,dSdz \\
&= \frac{\epsilon}{2}\frac{\mathcal{V}^2}{\left\{\ln\left(\frac{b}{a}\right)\right\}^2}\int_a^b\int_0^{2\pi}\frac{r\,d\phi dr}{r^2} \\
&= \frac{\epsilon}{2}\frac{\mathcal{V}^2}{\left\{\ln\left(\frac{b}{a}\right)\right\}^2}2\pi\int_a^b\frac{dr}{r} = \frac{\pi\epsilon\mathcal{V}^2}{\ln\left(\frac{b}{a}\right)} \\
&\equiv \frac{1}{2}C\mathcal{V}^2
\end{aligned}
$$

上式を用いても式 (1.9) の静電容量 C [F/m] が得られる．

一方，インダクタンスについては簡単のため直流電流を考える．磁界の周方向の振幅 $\mathcal{H}$ は，磁界に対する**アンペアの周回積分の法則**（Ampere's circuital integral law）[8] より，鎖交する電流が $\mathcal{I}$ のとき，

$$
\mathcal{H} = \frac{\mathcal{I}}{2\pi r} \tag{1.11}
$$

透磁率（permeability）を μ として単位長当たりの磁気的エネルギー W_{m} を求め，単位長当たりのインダクタンス L [H/m]，電流 $\mathcal{I}$ [A] より，

---

[8] 閉曲線に沿う磁界の成分の周回積分は，閉じた積分路に鎖交する電流に等しい．

$$W_{\mathrm{m}}=\frac{\mu}{2}\iiint_{V_0}|\mathcal{H}|^2\,dV=\frac{\mu}{2}\left(\frac{\mathcal{I}}{2\pi}\right)^2\int_a^b\int_0^{2\pi}\frac{r\,d\phi dr}{r^2}$$
$$=\frac{\mu}{2}\left(\frac{\mathcal{I}}{2\pi}\right)^2 2\pi\ln\left(\frac{b}{a}\right)=\frac{\mu}{4\pi}\mathcal{I}^2\ln\left(\frac{b}{a}\right)$$
$$\equiv\frac{1}{2}L\mathcal{I}^2 \tag{1.12}$$

あるいは式 (1.11) より単位長の磁束 $\varPhi$ を求め，単位長当たりのインダクタンス L を定義すると，

$$\varPhi=\int_0^1\int_a^b\mu\mathcal{H}\,drdz=\frac{\mu\mathcal{I}}{2\pi}\int_a^b\frac{dr}{r}=\frac{\mu\mathcal{I}}{2\pi}\ln\left(\frac{b}{a}\right)\equiv L\mathcal{I} \tag{1.13}$$

式 (1.12)，式 (1.13) のいずれにしても，L は次のようになる．

$$L=\frac{\mu}{2\pi}\ln\left(\frac{b}{a}\right) \tag{1.14}$$

さらに，式 (1.9)，式 (1.14) より，次のような関係が得られる．

$$LC=\epsilon\mu \tag{1.15}$$

●平行 2 本線路　まず，真空中（誘電率 ϵ_0）において単位長当たり Q [C/m] の電荷をもつ半径 a の十分細い無限長導線 1 本による電界を導出する．電界 $\boldsymbol{\mathcal{E}}$ に対するガウスの法則より，半径 r の単位長の円筒面で面積分して，

$$\oiint_S\boldsymbol{\mathcal{E}}(r)\cdot\boldsymbol{n}\,dS=\mathcal{E}(r)2\pi r=\frac{Q}{\epsilon_0}$$

よって，電界の半径方向成分 $\mathcal{E}$ は，

$$\mathcal{E}=\frac{Q}{2\pi\epsilon_0 r} \tag{1.16}$$

次に，中心軸間隔 d で平行におかれた 2 本の平行導線を考える（図 1.6）．導線 1 は Q [C/m]，導線 2 は $-Q$ [C/m] の電荷とする．まず，簡単のため，電荷分布は 1 本のときと同じであるとし，両導体間で，導線 1 から x，導線 2 から $d-x$ の点

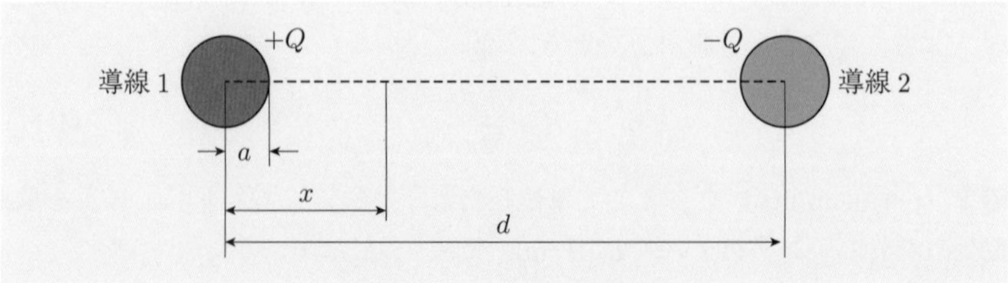

図 1.6　**2 本の平行導線**

での電界 $\boldsymbol{\mathcal{E}}$ の成分 $\mathcal{E}$ は，式 (1.16) より，

$$\mathcal{E} = \frac{Q}{2\pi\epsilon_0 x} - \frac{-Q}{2\pi\epsilon_0 (d-x)}$$

これより，導線 2 を基準にした導線 1 の電位 $\mathcal{V}$ は，

$$\mathcal{V} = -\int_{d-a}^{a} \mathcal{E}\, dx = -\int_{d-a}^{a} \frac{Q}{2\pi\epsilon_0}\left(\frac{1}{x} - \frac{1}{x-d}\right) dx$$
$$= \frac{Q}{\pi\epsilon_0} \ln\left(\frac{d-a}{a}\right)$$

$d \gg a$ のとき，

$$\mathcal{V} \simeq \frac{Q}{\pi\epsilon_0} \ln\left(\frac{d}{a}\right) \equiv \frac{Q}{C}$$

よって，静電容量 C [F/m] は，

$$C \simeq \frac{\pi\epsilon_0}{\ln\left(\frac{d}{a}\right)} \tag{1.17}$$

あるいは，Q を消去して，

$$\mathcal{E} = \frac{\mathcal{V}}{2\pi\epsilon_0 r} \frac{\pi\epsilon_0}{\ln\left(\frac{d}{a}\right)} = \frac{\mathcal{V}}{2r \ln\left(\frac{d}{a}\right)}$$

単位長当たりのインダクタンス L [H/m] は，式 (1.15) の関係を用いれば，

$$L = \frac{\epsilon_0 \mu_0}{C} = \frac{\mu_0}{\pi} \ln\left(\frac{d}{a}\right) \tag{1.18}$$

最後に，2 本の導線の相互の影響を考慮するため，**図 1.7** に示すように，導線 1 の中心軸上から距離 b_1 離れた位置に導線 1 の線電荷 $+Q'$ [C/m]，距離 b_2 離れた位置に導線 2 の線電荷 $-Q'$ [C/m] をおく．電位が導体表面（$r = a$）で一定で，2 本の導線で逆符号の電位となるように b_1, b_2 を決定しよう．観測点 P の座標を円筒

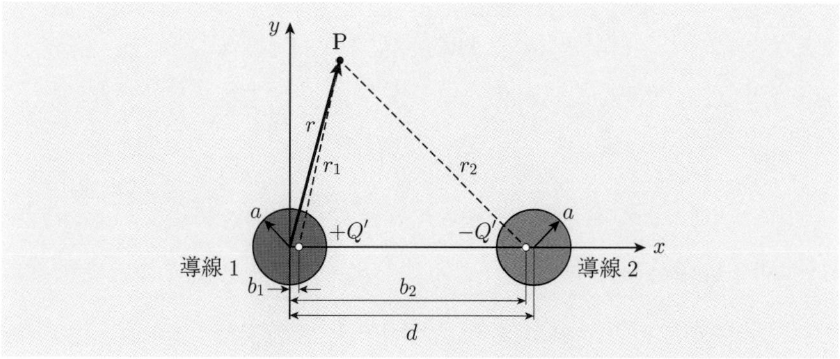

図 1.7　2 本の平行導線の線電荷

座標系 (r,ϕ,z) とすると，$r=1$ の位置での電位を基準として，観測点 P の電位 $\mathcal{V}'$ は，

$$\begin{aligned}\mathcal{V}'(r,\phi) &= -\frac{+Q'}{2\pi\epsilon_0}\ln r_1 - \frac{-Q'}{2\pi\epsilon_0}\ln r_2\\ &= \frac{Q'}{2\pi\epsilon_0}\ln\left(\frac{r_2}{r_1}\right)\end{aligned}\tag{1.19}$$

ここで，r_1 は導線1側の電荷 $+Q'$ から点 P までの距離を示し，

$$\begin{aligned}r_1 &= \left|r(\cos\phi\,\boldsymbol{a}_x + \sin\phi\,\boldsymbol{a}_y) - b_1\boldsymbol{a}_x\right|\\ &= \sqrt{(r\cos\phi - b_1)^2 + r^2\sin^2\phi}\\ &= \sqrt{r^2 - 2rb_1\cos\phi + b_1^2}\end{aligned}\tag{1.20}$$

同様にして，r_2 は導線2側の電荷 $-Q'$ から点 P までの距離を示し，

$$r_2 = \sqrt{r^2 - 2rb_2\cos\phi + b_2^2}\tag{1.21}$$

導体1の表面（$r=a$）で電位 $\mathcal{V}'$ を一定にする条件（$\mathcal{V}'\big|_{r=a} = \text{constant}$）より，

$$\left.\frac{r_2}{r_1}\right|_{r=a} = \sqrt{\frac{a^2 - 2ab_2\cos\phi + b_2^2}{a^2 - 2ab_1\cos\phi + b_1^2}} \equiv k \quad \text{(constant)}$$

$$a^2 + b_2^2 - 2ab_2\cos\phi = k^2(a^2 + b_1^2 - 2ab_1\cos\phi)$$

任意の ϕ について成り立つためには，

$$a^2 + b_2^2 = k^2(a^2 + b_1^2), \quad b_2 = k^2 b_1$$

b_2 を消去して，

$$\begin{aligned}a^2 + (k^2b_1)^2 &= k^2(a^2 + b_1^2)\\ k^2(k^2-1)b_1^2 &= (k^2-1)a^2\end{aligned}$$

$k^2 \neq 1$ より，

$$b_1^2 = \left(\frac{a}{k}\right)^2$$

$$b_1 = \frac{a}{k}, \quad b_2 = k^2 b_1 = k^2\frac{a}{k} = ka$$

対称性より，$b_1 + b_2 = d$ ゆえ，

$$d = b_1 + b_2 = \frac{a}{k} + ka = \left(\frac{1}{k} + k\right)a$$

いま，$k \equiv e^{\chi}$ とおくと，

$$d = (e^{-\chi} + e^{\chi})a = 2a\cosh\chi$$

$$\chi = \cosh^{-1}\left(\frac{d}{2a}\right) = \ln k \tag{1.22}$$

導体 1, 2 間の電位差 V のとき，対称構造ゆえ導体 1 の電位を $\frac{V}{2}$，導体 2 の電位を $-\frac{V}{2}$ とすると，式 (1.19) より $r = a$ とおいて，

$$\begin{aligned} \mathcal{V}'\Big|_{r=a} &= \frac{Q'}{2\pi\epsilon_0}\ln\left(\frac{r_2}{r_1}\right)\Bigg|_{r=a} = \frac{Q'}{2\pi\epsilon_0}\ln k = \frac{Q'}{2\pi\epsilon_0}\cosh^{-1}\left(\frac{d}{2a}\right) \\ &= \frac{V}{2} \end{aligned}$$

よって，電位差 V は，

$$V = \frac{Q'}{\pi\epsilon_0}\cosh^{-1}\left(\frac{d}{2a}\right) \tag{1.23}$$

よって，単位長当たりのキャパシタンス C' [F/m]，単位長当たりのインダクタンス L' [H/m] は，次のようになる．

$$C' = \frac{Q'}{V} = \frac{\pi\epsilon_0}{\cosh^{-1}\left(\frac{d}{2a}\right)}$$

$$L' = \frac{\epsilon_0\mu_0}{C'} = \frac{\mu_0}{\pi}\cosh^{-1}\left(\frac{d}{2a}\right) \tag{1.24}$$

図 1.8 は，平行 2 本線路による電気力線と円筒導体表面の値で規格化した電位を示したもので，線電荷の位置は円筒導体中心からオフセットすることがわかる．

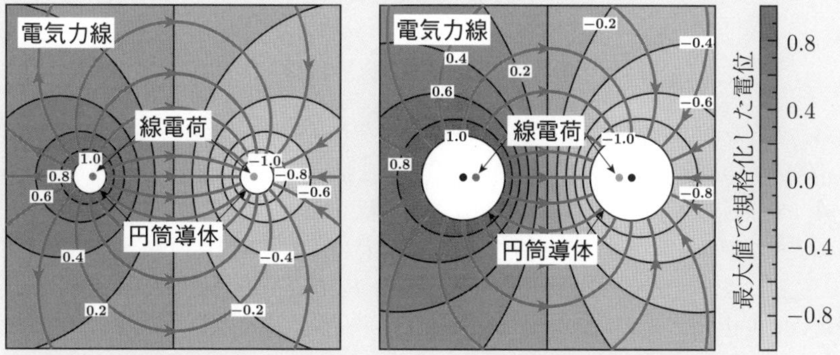

(a) $\frac{2a}{d} = 0.2$　　(b) $\frac{2a}{d} = 0.5$

図 1.8　電気力線と電位の等高線図

1章の演習問題

□**1.1** 円柱座標系 (r, ϕ, z) において，$r = a$ を基準とする電位 $\mathcal{V}$ [V] が，

$$\mathcal{V} = \begin{cases} \dfrac{Q}{2\pi\epsilon_0} \ln\left(\dfrac{a}{r}\right) & (r \geq a) \\ \dfrac{Q}{4\pi\epsilon_0}\left(1 - \dfrac{r^2}{a^2}\right) & (r \leq a) \end{cases}$$

で与えられている．ただし，Q, a は定数，ϵ_0 [F/m] は真空中の誘電率を示す．$r \leq a, 0 \leq z \leq 1$ の単位長の円筒領域における静電エネルギーを求めよ．

□**1.2** 図1.9に示すように，真空中に，直角座標系 (x, y, z) の原点 O を中心とする接地された球形導体（半径 a）がある．点 $\mathrm{P}(0, 0, d)$（$d > 0$）に点電荷 q [C]，また点 $\mathrm{P}'(0, 0, -d)$ に点電荷 $-q$ [C] がある（$a < d$）．影像電荷を求めよ．

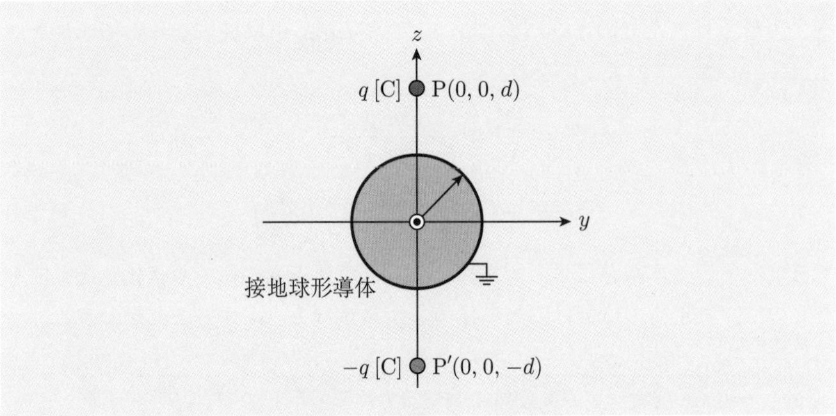

図1.9 接地球形導体と点電荷

□**1.3** 平行な 2 本の線電荷（単位長当たりの電荷が逆符号・同振幅）による静電界の式を示し，この線電荷に直交する面内の電気力線を描け．

□**1.4** 半径 a の 2 本の円筒導体が，円筒の中心軸の間隔を d として平行におかれている．このような平行 2 本導線による静電界および電位は，一方の円筒中心軸から b_1, b_2 偏位した位置に線電荷をおいて求めることができる．b_1, b_2（$> b_1 > 0$）を，a, d（$= b_1 + b_2$）を用いて表せ．

第2章

伝送線路の分布定数回路解析

無損失伝送線路において分布容量と分布インダクタンスを考え，電圧，電流の伝送方程式を導出し，単位長当たりの並列キャパシタンス，直列インダクタンスによって分布定数回路が構成されることを示す．分布定数回路に直列抵抗，並列コンダクタンスを加えることで損失を考慮した伝送方程式を求め，伝搬定数，位相定数，減衰定数，特性インピーダンスについて説明する．正弦波電圧，電流に対しては複素電圧，複素電流を導入し，複素電力，平均電力を求め，伝送電力について説明する．このような伝送線路の電圧，電流を行列表示すれば，伝送線路の 2 端子対回路定数，等価回路定数の計算，伝送線路と集中定数回路の縦続接続が容易に行えることを示す．また，伝送線路の境界条件を考慮した解析法について示し，電圧反射係数，電圧定在波比，入力インピーダンス，管内波長について説明していく．

2.1　無損失伝送線路

●分布定数回路　図2.1 に示すように，平行 2 本（導体）線路の一端に交流の定電圧源が接続され，他方は無限長とする．時刻 $t=0$ で電圧源を ON にすると，上側線路に電流 $i(t)$ が流れるとともに，下側線路にも逆向きの電流が流れる．まず，**無損失**（lossless）の場合を考えると，導体線を流れる電流によって磁界ができることから，伝送線路は直列に**分布インダクタンス**（distributed inductance）をもつと

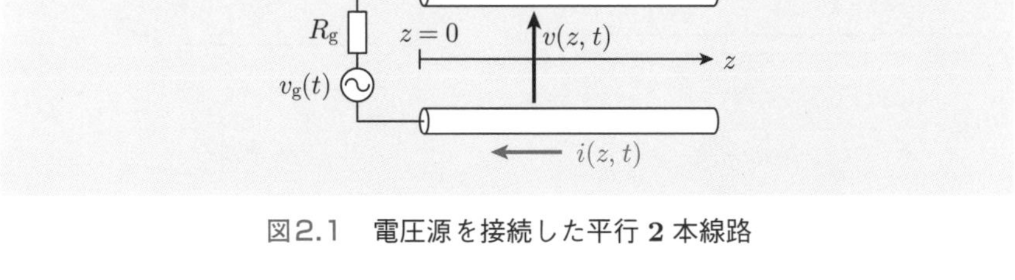

図2.1　電圧源を接続した平行 2 本線路

考えられる．2 つの導体線には異符号の電荷が存在することから，伝送線路は並列に**分布容量**（distributed capacitance）をもつと考えられる．そこで，図2.2(a)に示すような伝送線路に対して，伝送線路の単位長当たりのインダクタンスを L として，微小区間 dz の**直列インダクタンス**（series inductance）を $L\,dz$，また，伝送線路の単位長当たりのキャパシタンスを C として，微小区間 dz の**並列キャパシタンス**（shunt capacitance）を $C\,dz$ で表す．これを等価回路で表すと図2.2(b)のようになる．

直列インダクタンス $L\,dz$，電流 i より，磁束 $\Phi = (L\,dz)i$ が求められ，インダクタンスによる起電力 U は，

$$
\begin{aligned}
U &= -\frac{\partial \Phi}{\partial t} = -\frac{\partial}{\partial t}\Big\{(L\,dz)i\Big\} \\
&= -(L\,dz)\frac{\partial i}{\partial t}
\end{aligned}
$$

キルヒホフの電圧則（Kirchhoff's voltage law）を用いて，

$$
-v(z,t) + L\,dz\frac{\partial i(z,t)}{\partial t} + v(z+dz,t) = 0
$$

両辺を dz で割って整理すると，

$$
\frac{v(z+dz,t)-v(z,t)}{dz} + L\frac{\partial i(z,t)}{\partial t} = 0
$$

そして，$dz \to 0$ の極限をとれば，

$$
\begin{aligned}
\lim_{dz\to 0}\frac{v(z+dz,t)-v(z,t)}{dz} &= -L\lim_{dz\to 0}\frac{\partial i(z,t)}{\partial t} \\
\frac{\partial v(z,t)}{\partial z} &= -L\frac{\partial i(z,t)}{\partial t} \qquad (2.1)
\end{aligned}
$$

一方，並列キャパシタンス $C\,dz$，電圧 v より，電荷 $Q = (C\,dz)v$ が求められ，電流 i は，

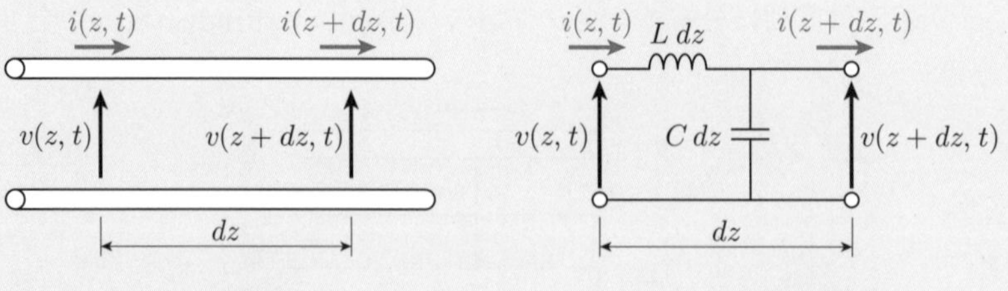

(a)　伝送線路　　(b)　等価回路

図2.2　無損失伝送線路の微小区間 dz に対する分布定数回路

$$i = -\frac{\partial Q}{\partial t} = -\frac{\partial}{\partial t}\Big\{(C\,dz)v\Big\}$$
$$= -(C\,dz)\frac{\partial v}{\partial t}$$

キルヒホフの電流則（Kirchhoff's current law）を用いて,

$$i(z,t) - C\,dz\frac{\partial v(z,t)}{\partial t} - i(z+dz,t) = 0$$

同様にして，両辺を dz で割って整理すると,

$$\frac{i(z+dz,t) - i(z,t)}{dz} = -C\frac{\partial v(z+dz,t)}{\partial t}$$

そして，$dz \to 0$ の極限をとれば,

$$\lim_{dz\to 0}\frac{i(z+dz,t) - i(z,t)}{dz} = -C\lim_{dz\to 0}\frac{\partial v(z+dz,t)}{\partial t}$$
$$\frac{\partial i(z,t)}{\partial z} = -C\frac{\partial v(z,t)}{\partial t} \tag{2.2}$$

式 (2.1)，式 (2.2) は，無損失の線路を分布定数回路で表す微分方程式であり，**伝送方程式**（transmission line equations）という.

●1 次元波動方程式　インダクタンス L，およびキャパシタンス C が z に無関係に一定となる**均一伝送線路**（homogeneous transmission line）を考え，式 (2.1) の両辺を z で微分すると,

$$\frac{\partial}{\partial z}\left(\frac{\partial v}{\partial z}\right) = \frac{\partial}{\partial z}\left(-L\frac{\partial i}{\partial t}\right) = -L\frac{\partial}{\partial t}\left(\frac{\partial i}{\partial z}\right) \tag{2.3}$$

式 (2.3) に式 (2.2) を代入して,

$$\frac{\partial}{\partial z}\left(\frac{\partial v}{\partial z}\right) = -L\frac{\partial}{\partial t}\left(-C\frac{\partial v}{\partial t}\right)$$

よって，電圧 v に関して次式が得られる.

$$\frac{\partial^2 v(z,t)}{\partial z^2} - LC\frac{\partial^2 v(z,t)}{\partial t^2} = 0 \tag{2.4}$$

同様にして，電流 i について,

$$\frac{\partial^2 i(z,t)}{\partial z^2} - LC\frac{\partial^2 i(z,t)}{\partial t^2} = 0 \tag{2.5}$$

いま，$v_{\rm p} \equiv \frac{1}{\sqrt{LC}}$ とおいて式 (2.4)，式 (2.5) に代入すると，無損失均一伝送線路の電圧，電流に関する 1 次元の**スカラ波動方程式**（scalar wave equations）が得られる.

$$\frac{\partial^2 v}{\partial z^2} - \frac{1}{v_{\rm p}^2}\frac{\partial^2 v}{\partial t^2} = 0, \quad \frac{\partial^2 i}{\partial z^2} - \frac{1}{v_{\rm p}^2}\frac{\partial^2 i}{\partial t^2} = 0 \tag{2.6}$$

●伝送線路の電圧，電流　式 (2.6) の 2 つの偏微分方程式の解は，

$$f^{+}\left(t-\frac{z}{v_{\mathrm{p}}}\right),\quad f^{-}\left(t+\frac{z}{v_{\mathrm{p}}}\right)$$

の形の関数によって表され，電圧 $v(z,t)$，電流 $i(z,t)$ は次のようになる．

$$v(z,t)=V^{+}f^{+}\left(t-\frac{z}{v_{\mathrm{p}}}\right)+V^{-}f^{-}\left(t+\frac{z}{v_{\mathrm{p}}}\right) \tag{2.7}$$

$$i(z,t)=I^{+}f^{+}\left(t-\frac{z}{v_{\mathrm{p}}}\right)+(-I^{-})f^{-}\left(t+\frac{z}{v_{\mathrm{p}}}\right) \tag{2.8}$$

ただし，V^{+},V^{-},I^{+},I^{-} は定数である．式 (2.2) に電圧の式 (2.7) を代入すると，

$$\begin{aligned}\frac{\partial i}{\partial z}&=-C\frac{\partial v}{\partial t}\\&=-C\left(V^{+}\frac{\partial f^{+}}{\partial t}+V^{-}\frac{\partial f^{-}}{\partial t}\right)\end{aligned} \tag{2.9}$$

一方，電流の式 (2.8) の両辺を z で微分すると，

$$\frac{\partial i}{\partial z}=I^{+}\frac{\partial f^{+}}{\partial z}-I^{-}\frac{\partial f^{-}}{\partial z} \tag{2.10}$$

ここで，$\alpha=t\mp\frac{z}{v_{\mathrm{p}}}$ とおいて t の変数変換を考えると $d\alpha=dt$ ゆえ，

$$\begin{aligned}\frac{\partial f^{\pm}}{\partial z}&=\frac{\partial f^{\pm}}{\partial\alpha}\frac{\partial\alpha}{\partial z}=\frac{\partial f^{\pm}}{\partial t}\frac{\partial\left(t\mp\frac{z}{v_{\mathrm{p}}}\right)}{\partial z}\\&=\mp\frac{1}{v_{\mathrm{p}}}\frac{\partial f^{\pm}}{\partial t}\end{aligned} \tag{2.11}$$

式 (2.10) に式 (2.11)（上側および下側符号）を代入すると，

$$\begin{aligned}\frac{\partial i}{\partial z}&=I^{+}\left(-\frac{1}{v_{\mathrm{p}}}\frac{\partial f^{+}}{\partial t}\right)-I^{-}\left(\frac{1}{v_{\mathrm{p}}}\frac{\partial f^{-}}{\partial t}\right)\\&=-\frac{1}{v_{\mathrm{p}}}\left(I^{+}\frac{\partial f^{+}}{\partial t}+I^{-}\frac{\partial f^{-}}{\partial t}\right)\end{aligned} \tag{2.12}$$

式 (2.12) と式 (2.9) を $f^{\pm}$ に関する恒等式として係数比較すれば，

$$\frac{I^{+}}{v_{\mathrm{p}}}=CV^{+},\quad \frac{I^{-}}{v_{\mathrm{p}}}=CV^{-}$$

いま，$V^{\pm}\equiv Z_0I^{\pm}$ とおくと，

$$Z_0=\frac{1}{Cv_{\mathrm{p}}}=\frac{\sqrt{LC}}{C}=\sqrt{\frac{L}{C}} \tag{2.13}$$

ここで，Z_0 を伝送線路の**特性インピーダンス**（characteristic impedance）という．

式 (2.13) の特性インピーダンス Z_0 を用いると，式 (2.8) の電流 $i(z,t)$ は定数

I^+, I^- を消去して次のようになる．

$$i(z,t) = \frac{V^+}{Z_0} f^+\left(t - \frac{z}{v_\mathrm{p}}\right) - \frac{V^-}{Z_0} f^-\left(t + \frac{z}{v_\mathrm{p}}\right) \tag{2.14}$$

ただし，V^+, V^- は定数である．関数 $f^\pm$ が一定となる $t \mp \frac{z}{v_\mathrm{p}} = \mathrm{constant}$ を考え，見かけの波が進む速度 v を求めると，

$$\begin{aligned} v &= \frac{dz}{dt} = \frac{d}{dt}\Big(\pm v_\mathrm{p}(t - \mathrm{constant})\Big) \\ &= \pm v_\mathrm{p} \end{aligned}$$

これより，v_p を**位相速度**（phase velocity）という．

●信号源を接続した半無限長伝送線路　図2.3に示すように，電圧 $v_\mathrm{g}(t)$ の信号源を $z=0$ に接続しているとき，$i_\mathrm{g}(t) = i(0,t)$ より，

$$v_\mathrm{g}(t) = i_\mathrm{g}(t) R_\mathrm{g} + v(0,t) = i(0,t) R_\mathrm{g} + v(0,t) \tag{2.15}$$

ただし，$i_\mathrm{g}(t)$ は信号源から流れる電流を示す．伝送線路が半無限長（$z \geq 0$）のとき，$-z$ 方向に進む波は生じないため，次のように式 (2.7)，式 (2.14) の $+z$ 方向に進む波を表す第 1 項のみを考えればよい．

$$\begin{aligned} v(z,t) &= V^+ f^+\left(t - \frac{z}{v_\mathrm{p}}\right) \\ i(z,t) &= \frac{V^+}{Z_0} f^+\left(t - \frac{z}{v_\mathrm{p}}\right) \end{aligned} \tag{2.16}$$

これより，$z=0$ では，

$$\begin{aligned} v(0,t) &= V^+ f^+(t) \\ i(0,t) &= \frac{V^+}{Z_0} f^+(t) \end{aligned} \tag{2.17}$$

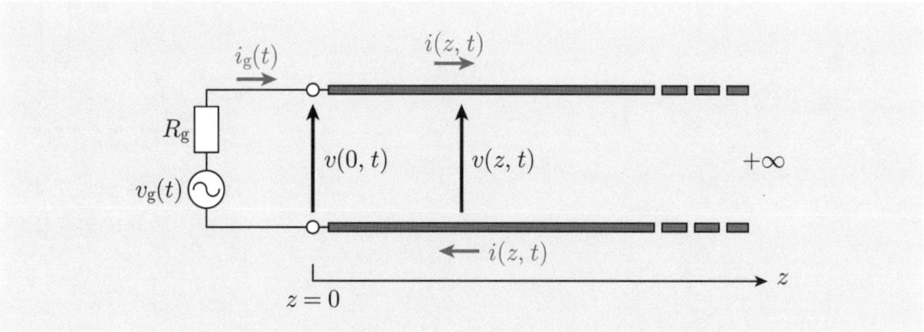

図2.3　信号源を接続した半無限長伝送線路

式 (2.17) を用いると，式 (2.15) は次のようになる．

$$
\begin{aligned}
v_{\mathrm{g}}(t) &= \frac{V^{+}}{Z_0} f^{+}(t) R_{\mathrm{g}} + V^{+} f^{+}(t) \\
Z_0 v_{\mathrm{g}}(t) &= (R_{\mathrm{g}} + Z_0) V^{+} f^{+}(t) \\
V^{+} f^{+}(t) &= \frac{Z_0}{Z_0 + R_{\mathrm{g}}} v_{\mathrm{g}}(t) \qquad (2.18)
\end{aligned}
$$

式 (2.18) において $t \to t - \frac{z}{v_{\mathrm{p}}}$ とすると，

$$
V^{+} f^{+}\left(t - \frac{z}{v_{\mathrm{p}}}\right) = \frac{Z_0}{Z_0 + R_{\mathrm{g}}} v_{\mathrm{g}}\left(t - \frac{z}{v_{\mathrm{p}}}\right)
$$

これは式 (2.16) の第 1 式に等しい．よって，電圧 $v(z,t)$ は，

$$
v(z,t) = \frac{Z_0}{Z_0 + R_{\mathrm{g}}} v_{\mathrm{g}}\left(t - \frac{z}{v_{\mathrm{p}}}\right) \qquad (2.19)
$$

また，式 (2.16) の第 2 式より電流 $i(z,t)$ は次のようになる．

$$
\begin{aligned}
i(z,t) &= \frac{V^{+}}{Z_0} f^{+}\left(t - \frac{z}{v_{\mathrm{p}}}\right) \\
&= \frac{1}{Z_0 + R_{\mathrm{g}}} v_{\mathrm{g}}\left(t - \frac{z}{v_{\mathrm{p}}}\right) \qquad (2.20)
\end{aligned}
$$

例題2.1（半無限長伝送線路の等価回路）

信号源に接続された無限に長い伝送線路は，伝送線路の代わりに，その伝送線路の特性インピーダンスに等しい負荷インピーダンスで終端した回路と等価であることを示せ．

【解答】　式 (2.19)，式 (2.20) より，$z = 0$ のとき，

$$
\begin{aligned}
v(0,t) &= \frac{Z_0}{Z_0 + R_{\mathrm{g}}} v_{\mathrm{g}}(t) \\
i(0,t) &= \frac{1}{Z_0 + R_{\mathrm{g}}} v_{\mathrm{g}}(t)
\end{aligned}
$$

これより，図2.4に示すような等価回路が得られる．

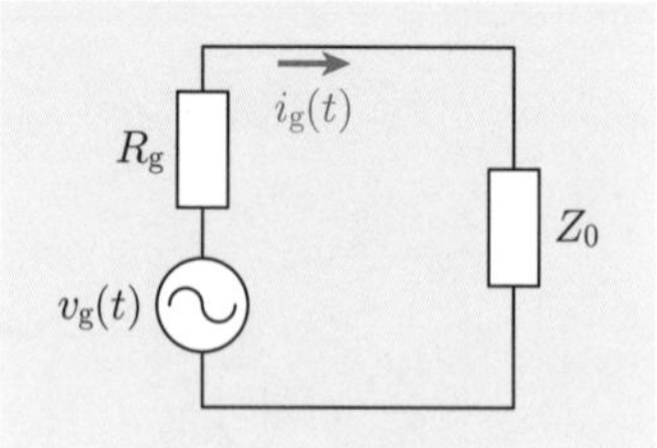

図2.4　信号源を接続した半無限長伝送線路の等価回路

例題2.2（単一周期の電圧波形の伝送）

信号源電圧 $v_{\rm g}(t)$ を，単一周期の正弦波電圧

$$v_{\rm g}(t) = V_0 \sin t \quad (0 \le t < 2\pi)$$

とする．ただし，位相速度は $v_{\rm p} = c$ である．半無限長伝送線路（$z \ge 0$）の電圧 $v(z,t)$ および電流 $i(z,t)$ を求めよ．

【解答】　半無限長伝送線路の電圧 $v(z,t)$ および電流 $i(z,t)$ は，$\alpha = t - \frac{z}{c}$ とおくと，

$$v(z,t) = \begin{cases} \frac{Z_0}{Z_0+R_{\rm g}} V_0 \sin\left(t - \frac{z}{c}\right) & (0 \le \alpha < 2\pi) \\ 0 & (\text{otherwise}) \end{cases} \tag{2.21}$$

$$i(z,t) = \begin{cases} \frac{1}{Z_0+R_{\rm g}} V_0 \sin\left(t - \frac{z}{c}\right) & (0 \le \alpha < 2\pi) \\ 0 & (\text{otherwise}) \end{cases} \tag{2.22}$$

図2.5は，最大値で規格化した電圧波形を，時間 t，距離 z の関数として等高線表示したもので，単一周期の波が伝送されることがわかる．

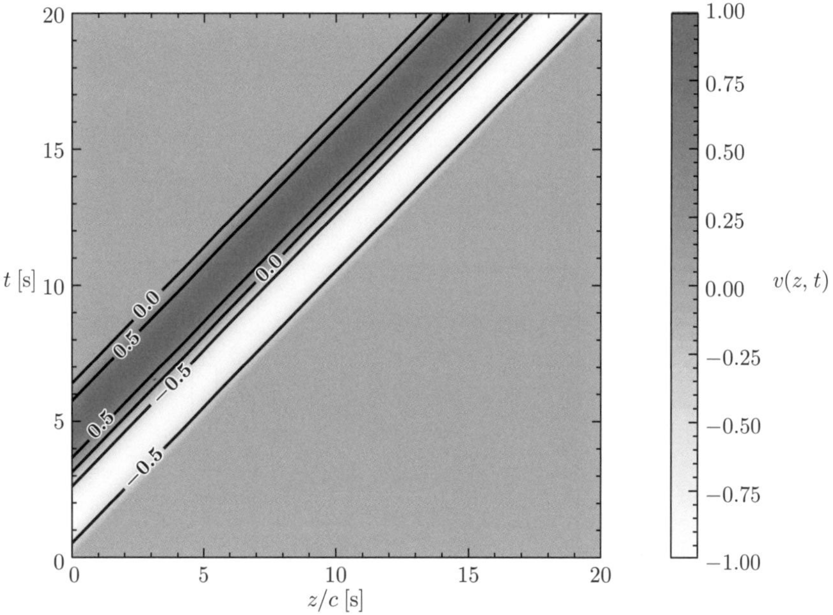

図2.5　単一周期の正弦波電圧波形の時間，距離による変化

2.2 正弦波信号の伝送特性

●定常的な正弦波電圧，電流　電圧，電流が時間的に正弦波状に変化するとき，時間因子 $e^{j\omega t}$（ω は正弦波の角周波数）を導入すると，電圧，電流の**瞬時値**（instantaneous quantity）v, i は，

$$v = \sqrt{2}\,\Re(Ve^{j\omega t}), \quad i = \sqrt{2}\,\Re(Ie^{j\omega t}) \tag{2.23}$$

ただし，電圧 V，電流 I は時間因子を省略した**複素量**（complex quantity, phasor quantity）であり，これらの振幅 $|V|, |I|$ は，瞬時値 v, i の各々の**実効値**（effective (root-mean-square) value），$\Re(\ )$ は複素数の実部を示す．式 (2.1) に式 (2.23) を代入すると，

$$\frac{\partial}{\partial z}\Big(\sqrt{2}\,\Re(Ve^{j\omega t})\Big) = -L\frac{\partial}{\partial t}\Big(\sqrt{2}\,\Re(Ie^{j\omega t})\Big)$$

微分と実部をとることは入れ替えてもよいので，

$$\Re\left(\frac{\partial}{\partial z}\Big(Ve^{j\omega t}\Big)\right) = \Re\left(-L\frac{\partial}{\partial t}\Big(Ie^{j\omega t}\Big)\right)$$

これより，次のような z に関する常微分方程式を解けばよい．

$$\frac{dV(z)}{dz} = -j\omega LI(z) \tag{2.24}$$

同様にして，

$$\frac{\partial}{\partial z}\Big(\sqrt{2}\,\Re(Ie^{j\omega t})\Big) = -C\frac{\partial}{\partial t}\Big(\sqrt{2}\,\Re(Ve^{j\omega t})\Big)$$

$$\frac{dI(z)}{dz} = -j\omega CV(z) \tag{2.25}$$

均一な伝送線路を考え，式 (2.24) を z で微分し，さらに式 (2.25) を用いて電流 I を消去すると，

$$\frac{d^2V}{dz^2} = -j\omega L\frac{dI}{dz} = -j\omega L(-j\omega CV) = -\omega^2 LCV \tag{2.26}$$

ここで，$v_{\mathrm{p}}^2 = \frac{1}{LC}$ より，式 (2.26) は次のようになる．

$$\frac{d^2V(z)}{dz^2} + \frac{\omega^2}{v_{\mathrm{p}}^2}V(z) = 0 \tag{2.27}$$

同様にして，電流 $I(z)$ についても次の微分方程式が得られる．

$$\frac{d^2I(z)}{dz^2} + \frac{\omega^2}{v_{\mathrm{p}}^2}I(z) = 0 \tag{2.28}$$

いま，$\beta = \frac{\omega}{v_{\mathrm{p}}} = \omega\sqrt{LC}$ とおくと，電圧 $V(z)$，電流 $I(z)$ は，

$$V(z) = V^+ e^{-j\beta z} + V^- e^{j\beta z}, \quad I(z) = I^+ e^{-j\beta z} - I^- e^{j\beta z} \tag{2.29}$$

ただし，V^+, V^-, I^+, I^- は定数，また β は**位相定数**（phase constant）という．式 (2.25) に式 (2.29) を代入すると，

$$-j\beta\Bigl(I^+ e^{-j\beta z} + I^- e^{j\beta z}\Bigr) = -j\omega C\Bigl(V^+ e^{-j\beta z} + V^- e^{j\beta z}\Bigr)$$

両辺を係数比較して，$\beta I^+ = \omega C V^+, \beta I^- = \omega C V^-$ より，一つにまとめると，

$$V^\pm = I^\pm \frac{\beta}{\omega C} = I^\pm \frac{\omega\sqrt{LC}}{\omega C} = I^\pm \sqrt{\frac{L}{C}} \equiv I^\pm Z_0$$

したがって，特性インピーダンス Z_0 は，

$$Z_0 = \sqrt{\frac{L}{C}} \tag{2.30}$$

●**伝送電力**　$+z$ 方向に伝わる前進波の電圧 $V(z)$，電流 $I(z)$ は，

$$V(z) = V^+ e^{-j\beta z} = |V^+| e^{j\theta} e^{-j\beta z}$$
$$I(z) = I^+ e^{-j\beta z} = Y_0 V^+ e^{-j\beta z} = Y_0 |V^+| e^{j\theta} e^{-j\beta z}$$

ここで，

$$V^+ = |V^+| e^{j\theta}, \quad Y_0 = \sqrt{\frac{C}{L}} = Y_0^*, \quad Y_0 V^+ = Y_0 |V^+| e^{j\theta}$$

ただし，Y_0^* は特性アドミタンス Y_0 の複素共役を示す．この前進波の**複素電力**（complex power）P，および**平均電力**（time-average power）P_{avg} は，

$$P = VI^* = \Bigl(|V^+| e^{j\theta} e^{-j\beta z}\Bigr)\Bigl(Y_0 |V^+| e^{j\theta} e^{-j\beta z}\Bigr)^* = Y_0 |V^+|^2$$
$$P_{\text{avg}} = \Re(VI^*) = Y_0 |V^+|^2 \tag{2.31}$$

一方，前進波の電圧の瞬時値 v，および電流の瞬時値 i は，

$$v = \sqrt{2}\,\Re\bigl(V(z) e^{j\omega t}\bigr) = \sqrt{2}\,|V^+|\Re\bigl(e^{j(\omega t - \beta z + \theta)}\bigr) = \sqrt{2}\,|V^+| \cos(\omega t - \beta z + \theta)$$
$$i = \sqrt{2}\,\Re\bigl(I(z) e^{j\omega t}\bigr) = \sqrt{2}\,Y_0 |V^+|\Re\bigl(e^{j(\omega t - \beta z + \theta)}\bigr)$$
$$= \sqrt{2}\,Y_0 |V^+| \cos(\omega t - \beta z + \theta) = Y_0 v$$

位相速度 v_{p} は，$\omega t - \beta z = \text{constant}$ より，

$$v_{\text{p}} = \frac{dz}{dt} = \frac{d}{dt}\left(\frac{\omega t - \text{constant}}{\beta}\right) = \frac{\omega}{\beta} = \frac{\omega}{\omega\sqrt{LC}} = \frac{1}{\sqrt{LC}}$$

瞬時電力（instantaneous power）p は，三角関数の積和の公式 [1]を用いて，

[1] $\cos\alpha\cos\beta = \frac{1}{2}\{\cos(\alpha+\beta) + \cos(\alpha-\beta)\}$

$$
\begin{aligned}
p = vi &= \sqrt{2}\,|V^+|\cos(\omega t - \beta z + \theta)\cdot\sqrt{2}\,Y_0|V^+|\cos(\omega t - \beta z + \theta) \\
&= 2Y_0|V^+|^2\frac{1}{2}\Bigl\{\cos 2(\omega t - \beta z + \theta) + 1\Bigr\}
\end{aligned}
$$

これより，平均電力 $P_{\rm avg}$ は，

$$
P_{\rm avg} = \frac{1}{T}\int_0^T p\,dt = Y_0|V^+|^2 \tag{2.32}
$$

これは複素電力 P より求めた結果（式 (2.31) 参照）と一致する．

前進波に加えて，$-z$ 方向に伝わる後進波も含めて考えると，複素電圧 $V(z)$，複素電流 $I(z)$ は，

$$
\begin{aligned}
V(z) &= V^+e^{-j\beta z} + V^-e^{j\beta z} = |V^+|e^{j\theta}e^{-j\beta z} + |V^-|e^{j\theta'}e^{j\beta z} \\
I(z) &= I^+e^{-j\beta z} - I^-e^{j\beta z} = Y_0V^+e^{-j\beta z} - Y_0V^-e^{j\beta z} \\
&= Y_0|V^+|e^{j\theta}e^{-j\beta z} - Y_0|V^-|e^{j\theta'}e^{j\beta z}
\end{aligned}
$$

ここで，

$$
V^- = |V^-|e^{j\theta'},\quad Y_0 = \sqrt{\frac{C}{L}} = Y_0^*,\quad Y_0V^- = Y_0|V^-|e^{j\theta'}
$$

これより，複素電力 P（前進波と後進波）は，

$$
\begin{aligned}
P = VI^* &= \Bigl(|V^+|e^{-j\beta z}e^{j\theta} + |V^-|e^{j\beta z}e^{j\theta'}\Bigr) \\
&\qquad \times \Bigl(Y_0|V^+|e^{-j\beta z}e^{j\theta} - Y_0|V^-|e^{j\beta z}e^{j\theta'}\Bigr)^* \\
&= Y_0|V^+|^2 - Y_0|V^-|^2 - Y_0|V^+||V^-|e^{-j2\beta z}e^{j(\theta-\theta')} \\
&\quad + Y_0|V^+||V^-|e^{j2\beta z}e^{-j(\theta-\theta')} \\
&= Y_0|V^+|^2 - Y_0|V^-|^2 + j2Y_0|V^+||V^-|\Im(e^{j(2\beta z-\theta+\theta')})
\end{aligned}
$$

ただし，$\Im(\ )$ は複素数の虚部を示す．よって，平均電力 $P_{\rm avg}$ は，

$$
P_{\rm avg} = \Re(P) = Y_0|V^+|^2 - Y_0|V^-|^2 = |V^+||I^+| - |V^-||I^-| \tag{2.33}
$$

●終端に負荷が接続された伝送線路　図2.6に示すように終端（$z=0$）に負荷 $Z_{\rm L}$ を接続すると，負荷点での電圧 $V_{\rm L}$，電流 $I_{\rm L}$ は，

$$
V_{\rm L} = V(0) = V^+ + V^- \tag{2.34}
$$

$$
I_{\rm L} = \frac{V_{\rm L}}{Z_{\rm L}} = I(0) = \frac{V^+}{Z_0} - \frac{V^-}{Z_0} \tag{2.35}
$$

いま，負荷点における**電圧反射係数**（voltage reflection coefficient）$\varGamma_{\rm L}$ を次式で定

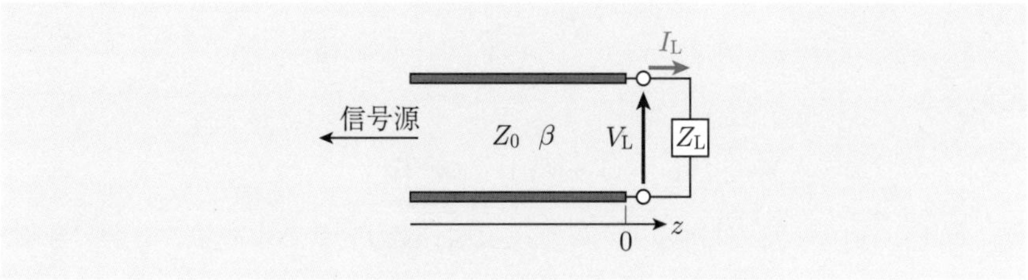

図2.6　終端に負荷が接続された伝送線路

義する．

$$\Gamma_L = \frac{V^-}{V^+} \tag{2.36}$$

これを式 (2.34)，式 (2.35) に代入して V^- を消去すると，

$$V_L = V^+ + \Gamma_L V^+ = V^+(1+\Gamma_L) \tag{2.37}$$

$$\frac{Z_0}{Z_L} V_L = V^+ - \Gamma_L V^+ = V^+(1-\Gamma_L) \tag{2.38}$$

式 (2.37)，式 (2.38) より $\frac{V_L}{V^+}$ を消去すると，

$$1+\Gamma_L = \frac{Z_L}{Z_0}(1-\Gamma_L)$$

よって，

$$\frac{Z_L}{Z_0} = \frac{1+\Gamma_L}{1-\Gamma_L} \equiv z_L \tag{2.39}$$

上式の z_L を**規格化負荷インピーダンス**（normalized load impedance）という．これより，電圧反射係数 Γ_L は，次のようになる．

$$\Gamma_L = \frac{Z_L - Z_0}{Z_L + Z_0} = \frac{\frac{Z_L}{Z_0} - 1}{\frac{Z_L}{Z_0} + 1} = \frac{z_L - 1}{z_L + 1} \tag{2.40}$$

このとき，**電流反射係数** Γ_I（current reflection coefficient）を

$$\begin{aligned} \Gamma_I &\equiv \frac{-I^-}{I^+} = -\frac{Y_0 V^-}{Y_0 V^+} \\ &= -\Gamma_L \end{aligned} \tag{2.41}$$

のように定義することもできる[2]．ここで，$Y_0 = \frac{1}{Z_0}$ は特性アドミタンスを示す．さらに，**電圧伝送係数** T_V（あるいは**電圧透過係数**）は，

[2]式 (2.41) の分子のマイナス符号のない次のような定義もあり，注意が必要である．

$$\Gamma_I' \equiv \frac{I^-}{I^+} = \frac{Y_0 V^-}{Y_0 V^+} = \Gamma_L$$

$$T_V = \frac{V_{\mathrm{L}}}{V^+} \tag{2.42}$$

で定義でき，

$$V_{\mathrm{L}} = (1 + \Gamma_{\mathrm{L}})V^+ = T_V V^+$$

より，電圧伝送係数 T_V は次のように電圧反射係数 Γ_{L} から求めることができる．

$$T_V = 1 + \Gamma_{\mathrm{L}} \tag{2.43}$$

●**入射電力，反射電力**　負荷点での電圧反射係数が Γ_{L} のとき，負荷点から距離 l 離れた位置での電圧 $V(l)$，電流 $I(l)$ は，

$$\begin{aligned} V(l) &= V^+ e^{-j\beta(-l)} + V^- e^{j\beta(-l)} \\ &= V^+ e^{j\beta l}\left(1 + \frac{V^-}{V^+} e^{-j2\beta l}\right) = V^+ e^{j\beta l}\left(1 + \Gamma_{\mathrm{L}} e^{-j2\beta l}\right) \\ I(l) &= Y_0 V^+ e^{-j\beta(-l)} - Y_0 V^- e^{j\beta(-l)} \\ &= Y_0 V^+ e^{j\beta l}\left(1 - \frac{V^-}{V^+} e^{-j2\beta l}\right) = Y_0 V^+ e^{j\beta l}\left(1 - \Gamma_{\mathrm{L}} e^{-j2\beta l}\right) \end{aligned}$$

ここで，$V^+ = |V^+|e^{j\theta}, \Gamma_{\mathrm{L}} = |\Gamma_{\mathrm{L}}|\, e^{j\varphi}$ とおくと，

$$\begin{aligned} V(l) &= |V^+|e^{j\theta} e^{j\beta l}\left(1 + |\Gamma_{\mathrm{L}}|\, e^{j\varphi} e^{-j2\beta l}\right) \\ I(l) &= Y_0 |V^+|e^{j\theta} e^{j\beta l}\left(1 - |\Gamma_{\mathrm{L}}|\, e^{j\varphi} e^{-j2\beta l}\right) \end{aligned}$$

これより，複素電力 P，平均電力 P_{avg} は，

$$\begin{aligned} P = VI^* &= Y_0|V^+|^2\left(1 - |\Gamma_{\mathrm{L}}|^2 + |\Gamma_{\mathrm{L}}|\, e^{j\varphi} e^{-j2\beta l} - |\Gamma_{\mathrm{L}}|\, e^{-j\varphi} e^{j2\beta l}\right) \\ &= Y_0|V^+|^2\left\{1 - |\Gamma_{\mathrm{L}}|^2 + j2\,|\Gamma_{\mathrm{L}}|\, \Im\left(e^{j\varphi} e^{-j2\beta l}\right)\right\} \end{aligned}$$

$$P_{\mathrm{avg}} = \Re\left(VI^*\right) = Y_0|V^+|^2\left(1 - |\Gamma_{\mathrm{L}}|^2\right) = P_{\mathrm{inc}} - P_{\mathrm{ref}} \tag{2.44}$$

ここで，P_{inc} は負荷点における**入射電力**，P_{ref} は**反射電力**を示し，次のようになる．

$$P_{\mathrm{inc}} = Y_0|V^+|^2, \quad P_{\mathrm{ref}} = Y_0|V^+|^2\,|\Gamma_{\mathrm{L}}|^2 \tag{2.45}$$

これらの電力より**電力反射係数** S_{p} を定義すると，次のような関係が得られる．

$$\begin{aligned} S_{\mathrm{p}} &= \frac{P_{\mathrm{ref}}}{P_{\mathrm{inc}}} = \frac{Y_0|V^+|^2\,|\Gamma_{\mathrm{L}}|^2}{Y_0|V^+|^2} \\ &= |\Gamma_{\mathrm{L}}|^2 \end{aligned} \tag{2.46}$$

■ 例題2.3（伝送電力）■

前進波と後進波を重ね合わせたときの瞬時電圧 v，瞬時電流 i，瞬時電力 p，平均電力 P_{avg} を求めよ．

【解答】 瞬時電圧 v，瞬時電流 i は，

$$
\begin{aligned}
v &= \sqrt{2}\,\Re\bigl(V(z)e^{j\omega t}\bigr) \\
&= \sqrt{2}\,|V^{+}|\cos(\omega t - \beta z + \theta) + \sqrt{2}\,|V^{-}|\cos(\omega t + \beta z + \theta') \\
i &= \sqrt{2}\,\Re\bigl(I(z)e^{j\omega t}\bigr) \\
&= \sqrt{2}\,Y_0|V^{+}|\cos(\omega t - \beta z + \theta) - \sqrt{2}\,Y_0|V^{-}|\cos(\omega t + \beta z + \theta')
\end{aligned}
$$

瞬時電力 p は，

$$
\begin{aligned}
p = vi &= \Bigl\{\sqrt{2}\,|V^{+}|\cos(\omega t - \beta z + \theta) + \sqrt{2}\,|V^{-}|\cos(\omega t + \beta z + \theta')\Bigr\} \\
&\qquad \times \Bigl\{\sqrt{2}\,Y_0|V^{+}|\cos(\omega t - \beta z + \theta) - \sqrt{2}\,Y_0|V^{-}|\cos(\omega t + \beta z + \theta')\Bigr\} \\
&= 2Y_0|V^{+}|^2\frac{1}{2}\Bigl\{\cos 2(\omega t - \beta z\theta) + 1\Bigr\} \\
&\quad - 2Y_0|V^{-}|^2\frac{1}{2}\Bigl\{\cos 2(\omega t + \beta z + \theta') + 1\Bigr\} \\
&\quad - 2Y_0|V^{+}||V^{-}|\frac{1}{2}\Bigl\{\cos(2\omega t + \theta + \theta') + \cos(-2\beta z + \theta - \theta')\Bigr\} \\
&\quad + 2Y_0|V^{+}||V^{-}|\frac{1}{2}\Bigl\{\cos(2\omega t + \theta + \theta') + \cos(2\beta z - \theta + \theta')\Bigr\}
\end{aligned}
$$

これより，平均電力 P_{avg} は，

$$
\begin{aligned}
P_{\text{avg}} = \frac{1}{T}\int_0^T p\,dt &= Y_0|V^{+}|^2 - Y_0|V^{-}|^2 \\
&\quad - Y_0|V^{+}||V^{-}|\cos(-2\beta z + \theta - \theta') \\
&\quad + Y_0|V^{+}||V^{-}|\cos(2\beta z - \theta + \theta') \\
&= Y_0|V^{+}|^2 - Y_0|V^{-}|^2
\end{aligned}
$$

これは，複素電力より求めた結果（式 (2.33) 参照）と一致する．　■

●定在波　伝送線路（特性インピーダンス Z_0，位相定数 β）を負荷で終端したとき，負荷に入射する波と反射した波の重ね合わせによって**定在波**（standing wave）が生じる．**図2.6**において $z < 0$ の伝送線路上の電圧 $V(z)$ は，電圧反射係数 Γ_{L} を用いると，

$$
V(z) = V^{+}e^{-j\beta z} + \Gamma_{\text{L}}V^{+}e^{j\beta z} = V^{+}e^{-j\beta z}\Bigl(1 + \Gamma_{\text{L}}e^{j2\beta z}\Bigr)
$$

これより，$|V|$（$l=-z$）は，

$$|V| = |V^+|\,|1+\Gamma_{\rm L}e^{j2\beta z}| = |V^+|\,\left|1+\Gamma_{\rm L}e^{-j2\beta l}\right| \tag{2.47}$$

いま，$\Gamma_{\rm L} = |\Gamma_{\rm L}|e^{j\theta}$ とおくと，式 (2.47) は，

$$\begin{aligned} |V| &= \left|V^+\right|\,\left|1+|\Gamma_{\rm L}|e^{j(\theta-2\beta l)}\right| \\ &= \left|V^+\right|\,\left|1+|\Gamma_{\rm L}|\{\cos(\theta-2\beta l)+j\sin(\theta-2\beta l)\}\right| \\ &= |V^+|\sqrt{1+|\Gamma_{\rm L}|^2+2|\Gamma_{\rm L}|\cos(\theta-2\beta l)} \end{aligned} \tag{2.48}$$

これを**電圧定在波**（voltage standing wave）という．図2.7は $|\Gamma_{\rm L}| = 1, 0.5, 0.1, 0.01$ のときの電圧定在波の計算例を示したもので，$|V^+| = \frac{1}{2}$ としている．式 (2.48) より，電圧の最大値 $|V|_{\rm max}$ は，$e^{j(\theta-2\beta l)} = 1, \cos(\theta-2\beta l) = 1$ のときで，

$$|V|_{\rm max} = |V^+|\bigl(1+|\Gamma_{\rm L}|\bigr) \tag{2.49}$$

逆に，電圧の最小値 $|V|_{\rm min}$ は，$e^{j(\theta-2\beta l)} = -1, \cos(\theta-2\beta l) = -1$ のときで，

$$|V|_{\rm min} = |V^+|\bigl|1-|\Gamma_{\rm L}|\bigr| \tag{2.50}$$

これより，電圧定在波の最大値 $|V|_{\rm max}$ と最小値 $|V|_{\rm min}$ との比で**電圧定在波比**（**VSWR**：voltage standing wave ratio）ρ を次のように定義する．

$$\rho = \frac{|V|_{\rm max}}{|V|_{\rm min}} \tag{2.51}$$

$|\Gamma_{\rm L}| \leq 1$ のとき，式 (2.49)，式 (2.50) を上式に代入すると，

$$\rho = \frac{1+|\Gamma_{\rm L}|}{1-|\Gamma_{\rm L}|} = \frac{1+\left|\frac{Z_{\rm L}-Z_0}{Z_{\rm L}+Z_0}\right|}{1-\left|\frac{Z_{\rm L}-Z_0}{Z_{\rm L}+Z_0}\right|} = \frac{|Z_{\rm L}+Z_0|+|Z_{\rm L}-Z_0|}{|Z_{\rm L}+Z_0|-|Z_{\rm L}-Z_0|} \tag{2.52}$$

図2.7の場合，VSWR は，$\rho = \infty, 3, 1.22, 1.02$ である．逆に，電圧反射係数の大きさ $|\Gamma_{\rm L}|$ は，

$$|\Gamma_{\rm L}| = \frac{\rho-1}{\rho+1} = \frac{|V|_{\rm max}-|V|_{\rm min}}{|V|_{\rm max}+|V|_{\rm min}} \tag{2.53}$$

図2.8のように電圧定在波の最大値と最小値が測定できれば，式 (2.53) より電圧反射係数の大きさがわかる．また，電圧定在波の周期 $l_{\rm T}$ は，$2\beta l_{\rm T} = 2\pi$ より，

$$l_{\rm T} = \frac{\pi}{\beta} = \frac{\pi}{\frac{2\pi}{\lambda_{\rm g}}} = \frac{\lambda_{\rm g}}{2} \tag{2.54}$$

ただし，β は位相定数，$\lambda_{\rm g}$ は**管内波長**（guide wavelength）を示す．したがって，図2.8のように電圧定在波の周期 $l_{\rm T}$ を測定すれば，式 (2.54) より管内波長 $\lambda_{\rm g}$（$=2l_{\rm T}$）がわかる．

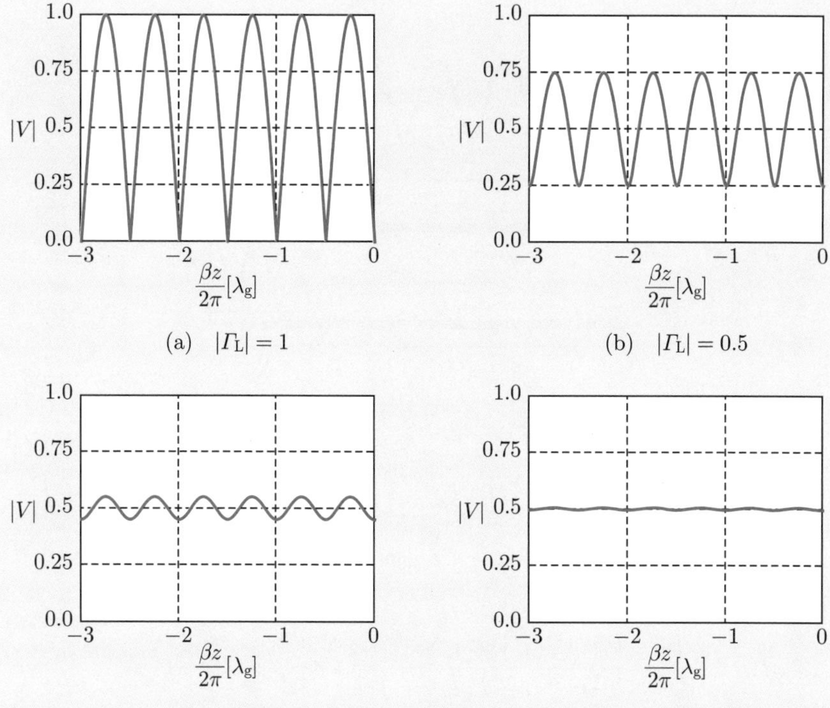

(a) $|\Gamma_{\mathrm{L}}| = 1$　(b) $|\Gamma_{\mathrm{L}}| = 0.5$　(c) $|\Gamma_{\mathrm{L}}| = 0.1$　(d) $|\Gamma_{\mathrm{L}}| = 0.01$

図2.7 電圧定在波の計算例（$|\boldsymbol{\Gamma}_{\mathrm{L}}|e^{j\boldsymbol{\theta}}$: $\boldsymbol{\theta} = \boldsymbol{\pi}$）

●**入力インピーダンス**　伝送線路上の点 $z = -l$ から負荷側を見た**入力インピーダンス**（input impedance）$Z_{\mathrm{in}}(l)$ を，負荷を接続したときの電圧 $V(l)$，電流 $I(l)$ より，次式で定義する．

$$Z_{\mathrm{in}}(l) = \frac{V(l)}{I(l)} \tag{2.55}$$

ただし，電流の向きの正方向は入力側から負荷の方向とする．負荷点での電圧反射係数が Γ_{L} のとき，負荷点から l 離れた位置での電圧 $V(l)$，電流 $I(l)$ は，

$$\begin{aligned} V(l) &= V^{+}e^{-j\beta(-l)} + V^{-}e^{j\beta(-l)} \\ &= V^{+}e^{j\beta l}\left(1 + \frac{V^{-}}{V^{+}}e^{-j2\beta l}\right) \\ &= V^{+}e^{j\beta l}\left(1 + \Gamma_{\mathrm{L}}e^{-j2\beta l}\right) \end{aligned} \tag{2.56}$$

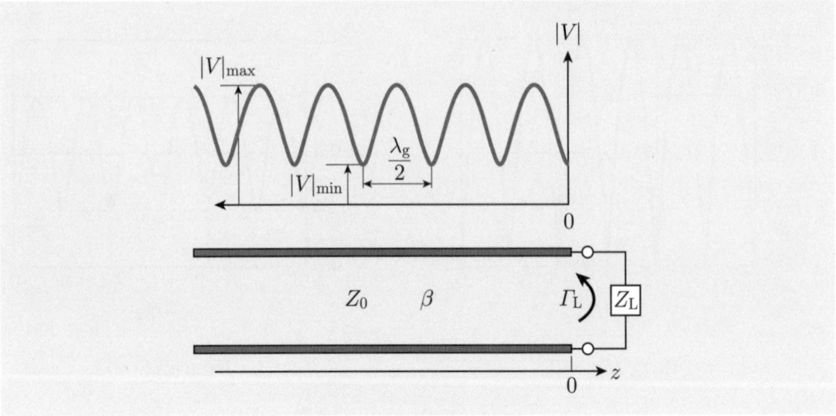

図2.8　電圧定在波比

$$
\begin{aligned}
I(l) &= Y_0V^+e^{-j\beta(-l)} - Y_0V^-e^{j\beta(-l)} = Y_0V^+e^{j\beta l}\left(1 - \frac{V^-}{V^+}e^{-j2\beta l}\right) \\
&= Y_0V^+e^{j\beta l}\left(1 - \Gamma_{\mathrm{L}}e^{-j2\beta l}\right) \qquad (2.57)
\end{aligned}
$$

式 (2.56)，式 (2.57) より，入力インピーダンス $Z_{\mathrm{in}}(l)$ は，

$$
\begin{aligned}
Z_{\mathrm{in}}(l) &= \frac{V(l)}{I(l)} = \frac{V^+e^{j\beta l}(1 + \Gamma_{\mathrm{L}}e^{-j2\beta l})}{\frac{V^+}{Z_0}e^{j\beta l}(1 - \Gamma_{\mathrm{L}}e^{-j2\beta l})} = Z_0\frac{1 + \frac{Z_{\mathrm{L}} - Z_0}{Z_{\mathrm{L}} + Z_0}e^{-j2\beta l}}{1 - \frac{Z_{\mathrm{L}} - Z_0}{Z_{\mathrm{L}} + Z_0}e^{-j2\beta l}} \\
&= Z_0\frac{(Z_{\mathrm{L}} + Z_0)e^{j\beta l} + (Z_{\mathrm{L}} - Z_0)e^{-j\beta l}}{(Z_{\mathrm{L}} + Z_0)e^{j\beta l} - (Z_{\mathrm{L}} - Z_0)e^{-j\beta l}} = Z_0\frac{Z_{\mathrm{L}}\cos\beta l + jZ_0\sin\beta l}{Z_0\cos\beta l + jZ_{\mathrm{L}}\sin\beta l}
\end{aligned}
$$

よって，

$$
Z_{\mathrm{in}}(l) = Z_0\frac{Z_{\mathrm{L}} + jZ_0\tan\beta l}{Z_0 + jZ_{\mathrm{L}}\tan\beta l} \qquad (2.58)
$$

任意の点での電圧反射係数 $\Gamma(l)$ を，その点での電圧の入射波 $V^+e^{j\beta l}$，反射波 $V^-e^{-j\beta l}$ の比より次のように定義する．

$$
\Gamma(l) \equiv \frac{V^-e^{-j\beta l}}{V^+e^{j\beta l}} = \frac{V^-}{V^+}e^{-j2\beta l} = \Gamma_{\mathrm{L}}e^{-j2\beta l} \qquad (2.59)
$$

入力インピーダンス $Z_{\mathrm{in}}(l)$ は，式 (2.59) より，

$$
Z_{\mathrm{in}}(l) = Z_0\frac{1 + \Gamma_{\mathrm{L}}e^{-j2\beta l}}{1 - \Gamma_{\mathrm{L}}e^{-j2\beta l}} = Z_0\frac{1 + \Gamma(l)}{1 - \Gamma(l)} \qquad (2.60)
$$

伝送線路の特性インピーダンス Z_0 に対する比で表した**規格化入力インピーダンス**（normalized input impedance）$z_{\mathrm{in}}(l)$ は，式 (2.58) より，

$$
z_{\mathrm{in}}(l) \equiv \frac{Z_{\mathrm{in}}(l)}{Z_0} = \frac{1 + \Gamma(l)}{1 - \Gamma(l)} = \frac{\frac{Z_{\mathrm{L}}}{Z_0} + j\tan\beta l}{1 + j\frac{Z_{\mathrm{L}}}{Z_0}\tan\beta l} = \frac{z_{\mathrm{L}} + j\tan\beta l}{1 + jz_{\mathrm{L}}\tan\beta l} \qquad (2.61)
$$

逆に，電圧反射係数 $\varGamma(l)$ は，

$$\varGamma(l) = \frac{Z_{\mathrm{in}}(l) - Z_0}{Z_{\mathrm{in}}(l) + Z_0} = \frac{z_{\mathrm{in}}(l) - 1}{z_{\mathrm{in}}(l) + 1}$$

●入力アドミタンス　入力アドミタンス（input admittance）$Y_{\mathrm{in}}(l)$，および**規格化入力アドミタンス**（normalized input admittance）$y_{\mathrm{in}}(l)$ は

$$Y_{\mathrm{in}}(l) = Y_0 \frac{Y_{\mathrm{L}} + jY_0 \tan\beta l}{Y_0 + jY_{\mathrm{L}} \tan\beta l} \tag{2.62}$$

$$y_{\mathrm{in}}(l) \equiv \frac{Y_{\mathrm{in}}(l)}{Y_0} = \frac{y_{\mathrm{L}} + j\tan\beta l}{1 + jy_{\mathrm{L}} \tan\beta l} \tag{2.63}$$

これより，電圧反射係数 $\varGamma(l)$ は，

$$\varGamma(l) = \frac{\dfrac{1}{Y_{\mathrm{in}}(l)} - \dfrac{1}{Y_0}}{\dfrac{1}{Y_{\mathrm{in}}(l)} + \dfrac{1}{Y_0}} = \frac{Y_0 - Y_{\mathrm{in}}(l)}{Y_0 + Y_{\mathrm{in}}(l)} = \frac{1 - y_{\mathrm{in}}(l)}{1 + y_{\mathrm{in}}(l)} \tag{2.64}$$

●終端短絡した伝送線路　**図2.9**に示すように，伝送線路の終端（$z = 0$）を**短絡**（short circuit）すると，その点の電圧 $V(0)$ は，

$$V(0) = V^+ + V^- = 0$$

よって，負荷点での電圧反射係数 $\varGamma_{\mathrm{L}}$ は，

$$\varGamma_{\mathrm{L}} = \frac{V^-}{V^+} = -1$$

これより，伝送線路の電圧 $V(z)$，電流 $I(z)$ は，

$$V(z) = V^+\left\{e^{-j\beta z} + (-1)e^{j\beta z}\right\} = -2jV^+ \sin\beta z$$

$$I(z) = Y_0 V^+\left\{e^{-j\beta z} - (-1)e^{j\beta z}\right\} = 2Y_0 V^+ \cos\beta z$$

負荷を見た入力インピーダンスは，$z = -l$ とおいて，

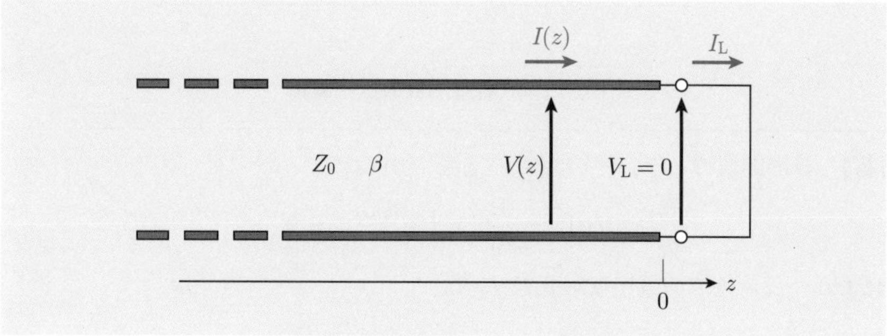

図2.9　終端短絡した伝送線路

$$Z_{\rm in}\Big|_{z=-l} = \frac{V(-l)}{I(-l)} = \frac{-2jV^{+}\sin\beta(-l)}{2Y_0V^{+}\cos\beta(-l)} = jZ_0\tan\beta l$$

あるいは，式(2.58)より，$Z_{\rm L}=0$とおけば同様の結果が得られる．入力インピーダンスの値は，tanの周期$\pi=\beta l=\frac{2\pi}{\lambda_{\rm g}}l$より，$l=\frac{\lambda_{\rm g}}{2}$の周期で繰り返される．あるいは，終端短絡した点での電圧$V(0)=0$より，

$$V(-l) = \cos\beta(-l)\cdot V(0) - jZ_0\sin\beta(-l)\cdot I(0) = jZ_0\sin\beta l\cdot I(0)$$

$$I(-l) = -jY_0\sin\beta(-l)\cdot V(0) + \cos\beta(-l)\cdot I(0) = \cos\beta l\cdot I(0)$$

よって，入力インピーダンス$Z_{\rm in}$，規格化入力インピーダンス$z_{\rm in}$は，

$$Z_{\rm in}\Big|_{z=-l} = \frac{V(-l)}{I(-l)} = \frac{jZ_0\sin\beta l\cdot I(0)}{\cos\beta l\cdot I(0)} = jZ_0\tan\beta l$$

$$z_{\rm in} = \frac{Z_{\rm in}\Big|_{z=-l}}{Z_0} = j\tan\beta l$$

例題2.4（終端開放の伝送線路）

図2.10に示すように，伝送線路の終端を**開放**（open circuit）したとき，終端の電圧反射係数$\mathit{\Gamma}_{\rm L}$はいくらか．また，終端から距離lの位置における入力インピーダンス$Z_{\rm in}(l)$，および規格化入力インピーダンス$z_{\rm in}(l)$を求めよ．

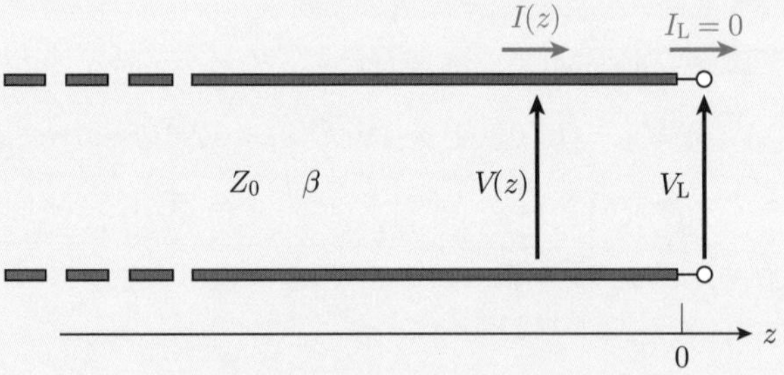

図2.10　終端開放の伝送線路

【解答】　終端開放のとき，その点での電流$I(0)$は，

$$I(0) = \frac{1}{Z_0}\left(V^{+} - V^{-}\right) = 0$$

これより，負荷点での電圧反射係数$\mathit{\Gamma}_{\rm L}$は，

$$\mathit{\Gamma}_{\rm L} = \frac{V^{-}}{V^{+}} = 1$$

電圧 $V(z)$，電流 $I(z)$ は，

$$V(z) = V^+\left\{e^{-j\beta z} + (+1)e^{j\beta z}\right\} = 2V^+ \cos\beta z$$
$$I(z) = Y_0V^+\left\{e^{-j\beta z} - (+1)e^{j\beta z}\right\} = -2jY_0V^+ \sin\beta z$$

これより，$z = -l$ とおいて，

$$Z_{\rm in}\Big|_{z=-l} = \frac{V(-l)}{I(-l)} = \frac{2V^+\cos\beta(-l)}{-2jY_0V^+\sin\beta(-l)} = \frac{Z_0}{j\tan\beta l} = -jZ_0\cot\beta l$$

あるいは，式 (2.58) より，$Z_{\rm L} = \infty$ とおけば，

$$Z_{\rm in}(l)\Big|_{Z_{\rm L}=\infty} = \lim_{Z_{\rm L}\to\infty} Z_0\frac{1 + j\frac{Z_0}{Z_{\rm L}}\tan\beta l}{\frac{Z_0}{Z_{\rm L}} + j\tan\beta l} = \frac{Z_0}{j\tan\beta l} = -jZ_0\cot\beta l$$

規格化入力インピーダンス $z_{\rm in}$ は，

$$z_{\rm in}(l) = \frac{Z_{\rm in}(l)}{Z_0} = -j\cot\beta l$$

また，終端開放した点での電流 $I(0) = 0$ より，

$$V(-l) = \cos\beta(-l)\cdot V(0) - jZ_0\sin\beta(-l)\cdot I(0) = \cos\beta l\cdot V(0)$$
$$I(-l) = -jY_0\sin\beta(-l)\cdot V(0) + \cos\beta(-l)\cdot I(0) = jY_0\sin\beta l\cdot V(0)$$

これより，同様に $Z_{\rm in}$ を求めることができる．■

●信号源と負荷が接続された伝送線路　図2.11 に示すように，無損失伝送線路（特性インピーダンス Z_0 は実数）に信号源（内部インピーダンス $Z_{\rm g}$）と負荷 $Z_{\rm L}$ が接続された場合を考える．半無限長の伝送線路の一端に負荷があるときの電圧反射係数 $\Gamma_{\rm L}, \Gamma_{\rm g}$ は，

$$\Gamma_{\rm L} = \frac{Z_{\rm L} - Z_0}{Z_{\rm L} + Z_0}, \quad \Gamma_{\rm g} = \frac{Z_{\rm g} - Z_0}{Z_{\rm g} + Z_0}$$

まず，信号源の接続部 $z = -l$ の電圧 $V(-l)$ は，

$$V(-l) = V^+e^{-j\beta(-l)} + V^-e^{j\beta(-l)} = V^+e^{j\beta l} + V^-e^{-j\beta l}$$
$$= V^+e^{j\beta l}(1 + \Gamma_{\rm L}e^{-j2\beta l})$$

信号源から見た入力インピーダンス $Z_{\rm in}$ を用いれば，

$$V(-l) = \frac{Z_{\rm in}}{Z_{\rm g} + Z_{\rm in}}E_{\rm g}$$

よって，

$$\frac{Z_{\rm in}}{Z_{\rm g} + Z_{\rm in}}E_{\rm g} = V^+e^{j\beta l}(1 + \Gamma_{\rm L}e^{-j2\beta l})$$

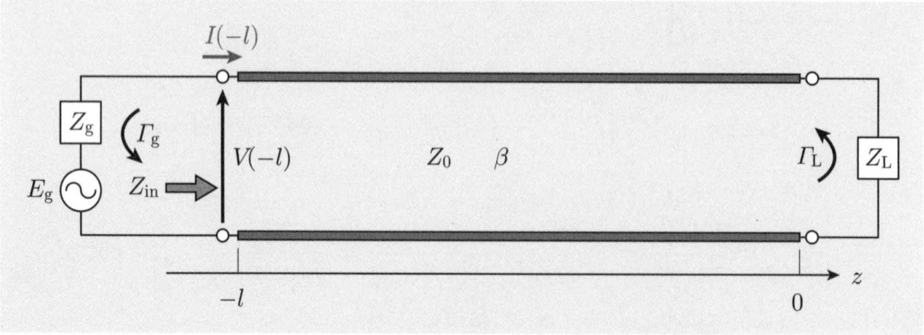

図2.11　信号源と負荷が接続された伝送線路

$$V^{+} = E_{\mathrm{g}} \frac{Z_{\mathrm{in}}}{Z_{\mathrm{g}} + Z_{\mathrm{in}}} \frac{e^{-j\beta l}}{1 + \Gamma_{\mathrm{L}} e^{-j2\beta l}} \tag{2.65}$$

また，

$$Z_{\mathrm{in}} = Z_0 \frac{1 + \Gamma_{\mathrm{L}} e^{-j2\beta l}}{1 - \Gamma_{\mathrm{L}} e^{-j2\beta l}}, \quad Z_{\mathrm{g}} = Z_0 \frac{1 + \Gamma_{\mathrm{g}}}{1 - \Gamma_{\mathrm{g}}}$$

より，

$$\begin{aligned} \frac{Z_{\mathrm{in}}}{Z_{\mathrm{in}} + Z_{\mathrm{g}}} &= \frac{Z_0 \frac{1 + \Gamma_{\mathrm{L}} e^{-j2\beta l}}{1 - \Gamma_{\mathrm{L}} e^{-j2\beta l}}}{Z_0 \frac{1 + \Gamma_{\mathrm{L}} e^{-j2\beta l}}{1 - \Gamma_{\mathrm{L}} e^{-j2\beta l}} + Z_0 \frac{1 + \Gamma_{\mathrm{g}}}{1 - \Gamma_{\mathrm{g}}}} \\ &= \frac{(1 + \Gamma_{\mathrm{L}} e^{-j2\beta l})(1 - \Gamma_{\mathrm{g}})}{(1 + \Gamma_{\mathrm{L}} e^{-j2\beta l})(1 - \Gamma_{\mathrm{g}}) + (1 + \Gamma_{\mathrm{g}})(1 - \Gamma_{\mathrm{L}} e^{-j2\beta l})} \\ &= \frac{(1 + \Gamma_{\mathrm{L}} e^{-j2\beta l})(1 - \Gamma_{\mathrm{g}})}{2(1 - \Gamma_{\mathrm{L}} \Gamma_{\mathrm{g}} e^{-j2\beta l})} \end{aligned} \tag{2.66}$$

ここで，

$$1 - \Gamma_{\mathrm{g}} = 1 - \frac{Z_{\mathrm{g}} - Z_0}{Z_{\mathrm{g}} + Z_0} = \frac{2Z_0}{Z_{\mathrm{g}} + Z_0}$$

より，

$$\frac{Z_{\mathrm{in}}}{Z_{\mathrm{in}} + Z_{\mathrm{g}}} = \frac{Z_0}{Z_{\mathrm{g}} + Z_0} \frac{1 + \Gamma_{\mathrm{L}} e^{-j2\beta l}}{1 - \Gamma_{\mathrm{L}} \Gamma_{\mathrm{g}} e^{-j2\beta l}}$$

これより，式 (2.65) は，次のようになる．

$$\begin{aligned} V^{+} &= E_{\mathrm{g}} \frac{Z_0}{Z_{\mathrm{g}} + Z_0} \frac{1 + \Gamma_{\mathrm{L}} e^{-j2\beta l}}{1 - \Gamma_{\mathrm{L}} \Gamma_{\mathrm{g}} e^{-j2\beta l}} \frac{e^{-j\beta l}}{1 + \Gamma_{\mathrm{L}} e^{-j2\beta l}} \\ &= E_{\mathrm{g}} \frac{Z_0}{Z_{\mathrm{g}} + Z_0} \frac{e^{-j\beta l}}{1 - \Gamma_{\mathrm{L}} \Gamma_{\mathrm{g}} e^{-j2\beta l}} \end{aligned}$$

上式の V^{+} より，電圧 $V(-l)$ を求めることができる．

2.3　損失のある伝送線路

●損失を考慮した分布定数回路　伝送線路に用いられる導体は，一般に有限の導電率 σ をもつので抵抗がある．周波数が高くなると，**表皮効果**（skin effect）のため電流は**表皮厚**（skin depth）$\delta = \sqrt{\frac{2}{\omega\mu\sigma}}$ の導体表面に集中し，その影響が大きくなる．分布定数線路では，この効果を**単位長当たりの直列抵抗**（series resistance per unit length）R として考慮する．伝送線路を構成する 2 導体の間に誘電体があると，誘電体損が生じる．また，線路がシールドされていなければ，漏れコンダクタンスが生じる．このような損失を**単位長当たりの並列コンダクタンス**（shunt conductance per unit length）G として考慮する．

図2.12に示すように微小区間 dz に対する分布定数回路モデルは，無損失の場合の回路に直列抵抗 $R\,dz$，並列コンダクタンス $G\,dz$ を加えた形となり，その結果，伝送方程式は次のようになる．

$$\frac{\partial v}{\partial z} = -Ri - L\frac{\partial i}{\partial t}, \quad \frac{\partial i}{\partial z} = -Gv - C\frac{\partial v}{\partial t} \tag{2.67}$$

ただし，R, L, C, G は単位長当たりの値である．式 (2.67) の第 1 式を z で微分，第 2 式を t で微分すると，

$$\frac{\partial^2 v}{\partial z^2} = -R\frac{\partial i}{\partial z} - L\frac{\partial^2 i}{\partial t \partial z}, \quad \frac{\partial^2 i}{\partial t \partial z} = -G\frac{\partial v}{\partial t} - C\frac{\partial^2 v}{\partial t^2} \tag{2.68}$$

これより電流 i を消去すると，

$$\frac{\partial^2 v}{\partial z^2} = R\left(Gv + C\frac{\partial v}{\partial t}\right) + L\left(G\frac{\partial v}{\partial t} + C\frac{\partial^2 v}{\partial t^2}\right)$$

整理して，次のように損失のある線路についての 1 次元波動方程式が得られる．

$$\frac{\partial^2 v}{\partial z^2} = RGv + \left(LG + RC\right)\frac{\partial v}{\partial t} + LC\frac{\partial^2 v}{\partial t^2} \tag{2.69}$$

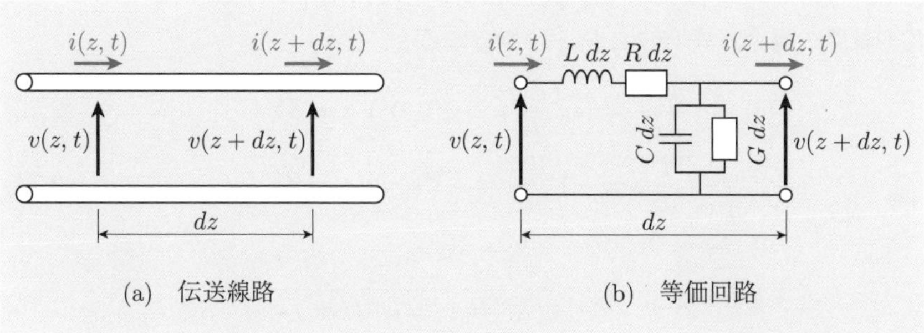

図2.12　損失のある伝送線路の微小区間 dz に対する分布定数回路

逆に v を消去すると，

$$\frac{\partial^2 i}{\partial z^2} = RGi + \bigl(LG + RC\bigr)\frac{\partial i}{\partial t} + LC\frac{\partial^2 i}{\partial t^2} \tag{2.70}$$

上式で $R = 0, G = 0$ とおけば，次のようにもちろん無損失の場合の式となる．

$$\frac{\partial^2 v}{\partial z^2} = LC\frac{\partial^2 v}{\partial t^2}, \quad \frac{\partial^2 i}{\partial z^2} = LC\frac{\partial^2 i}{\partial t^2}$$

●時間的に正弦波振動する場合　電圧，電流が時間的に正弦波状に変化するとき，複素電圧 V，複素電流 I を用いると，損失のある線路の伝送方程式は次のようになる．

$$\frac{dV(z)}{dz} = -\bigl(R + j\omega L\bigr)I(z), \quad \frac{dI(z)}{dz} = -\bigl(G + j\omega C\bigr)V(z) \tag{2.71}$$

いま，**単位長当たりの直列インピーダンス**（series impedance per unit length）Z，および**単位長当たりの並列アドミタンス**（shunt admittance per unit length）Y を，

$$Z \equiv R + j\omega L, \quad Y \equiv G + j\omega C$$

で定義すると，式 (2.71) は次のようになる．

$$\frac{dV}{dz} = -ZI, \quad \frac{dI}{dz} = -YV \tag{2.72}$$

図2.13(a)のように微小区間 dz による電圧の増分 dV，電流の増分 dI を考え，同図 (b)の等価回路を考えると，キルヒホフの電圧則，電流則より，

$$\begin{aligned} V &= IZ\,dz + (V + dV), & I &= (V + dV)Y\,dz + (I + dI) \\ 0 &= IZ\,dz + dV, & 0 &= (V + dV)Y\,dz + dI \\ dV &= -IZ\,dz, & dI &= -(V + dV)Y\,dz \end{aligned}$$

$dz \to 0$ の極限（$V + dV \to V$）より求めても式 (2.72) が得られる．

均一線路の場合，式 (2.72) を z で微分すると，

$$\frac{d^2 V}{dz^2} = -Z\frac{dI}{dz} = -Z(-YV) = ZYV \tag{2.73}$$

$$\frac{d^2 I}{dz^2} = -Y\frac{dV}{dz} = -Y(-ZI) = ZYI \tag{2.74}$$

ここで，

$$\gamma \equiv \sqrt{ZY} = \sqrt{(R + j\omega L)(G + j\omega C)} \tag{2.75}$$

とおくと，式 (2.73)，式 (2.74) は，

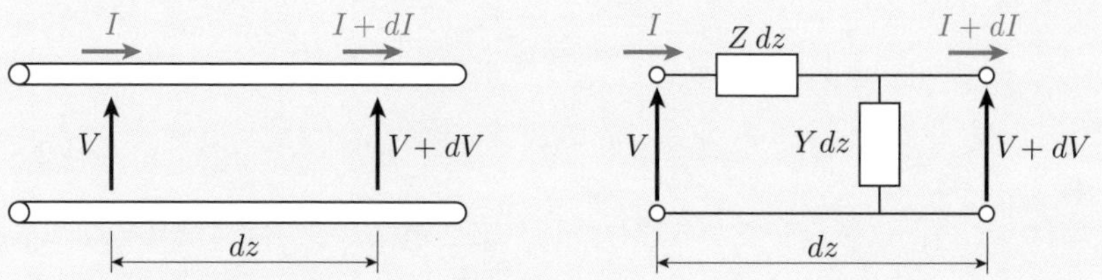

(a)　伝送線路　　(b)　等価回路

図2.13　時間的に正弦波振動する場合の微小区間 dz の線路に対する損失を考慮した分布定数回路

$$\frac{d^2V}{dz^2} = \gamma^2 V, \quad \frac{d^2I}{dz^2} = \gamma^2 I \tag{2.76}$$

式 (2.76) は**1 次元ヘルムホルツ方程式**（one-dimensional Helmholtz equations）[3)]であり，伝送線路の電圧，電流を求める基本方程式である．これより，まず電圧 V は，

$$V(z) = V^+ e^{-\gamma z} + V^- e^{\gamma z} \tag{2.77}$$

ただし，γ を**伝搬定数**（propagation constant）と呼び，V^+, V^- は境界条件によって決まる定数（複素数）である．また，電流 I は，式 (2.72) の第 1 式より，

$$I = -\frac{1}{Z}\frac{d}{dz}\left(V^+ e^{-\gamma z} + V^- e^{\gamma z}\right) = \frac{\gamma}{Z}\left(V^+ e^{-\gamma z} - V^- e^{\gamma z}\right) \tag{2.78}$$

伝送線路の**特性インピーダンス**（characteristic impedance）Z_0 は，

$$Z_0 = \frac{Z}{\gamma} = \frac{Z}{\sqrt{ZY}} = \sqrt{\frac{Z}{Y}} = \sqrt{\frac{R + j\omega L}{G + j\omega C}} = \frac{1}{Y_0} \tag{2.79}$$

式 (2.78)，式 (2.79) より，電流 $I(z)$ は，

$$I(z) = \frac{1}{Z_0}\left(V^+ e^{-\gamma z} - V^- e^{\gamma z}\right) \tag{2.80}$$

また，**特性アドミタンス**（characteristic admittance）Y_0 は，

$$Y_0 = \frac{1}{Z_0} = \sqrt{\frac{Y}{Z}} = \frac{Y}{\sqrt{ZY}} = \frac{Y}{\gamma} \tag{2.81}$$

式 (2.79)，式 (2.81) を用いると式 (2.72) の伝送方程式は次のようになり，伝送線路の電圧，電流は伝搬定数 γ と特性インピーダンス Z_0 によって決まる．

$$\frac{dV}{dz} = -\gamma Z_0 I, \quad \frac{dI}{dz} = -\gamma Y_0 V$$

[3)] 平面波の電界，磁界ベクトルのスカラ成分も 1 次元ヘルムホルツ方程式で表される．

●**減衰定数**　伝搬定数を，$\gamma \equiv \alpha + j\beta$ とおくと，式 (2.77)，式 (2.80) は，

$$V(z) = V^+ e^{-(\alpha + j\beta)z} + V^- e^{(\alpha + j\beta)z} \tag{2.82}$$

$$I(z) = \frac{V^+}{Z_0} e^{-(\alpha + j\beta)z} - \frac{V^-}{Z_0} e^{(\alpha + j\beta)z} \tag{2.83}$$

第1項は $+z$ 方向に減衰しながら進む波動，第2項は $-z$ 方向に減衰しながら進む波動を示す．したがって，α（≥ 0）を**減衰定数**（attenuation constant）という．ある方向に進む一つの波動として，例えば，式 (2.82) の電圧の第1項を考え，波の減衰について考える（電流でも同様）．

- $z = 0$ において，$V_0 = V^+ e^{-(\alpha + j\beta) \cdot 0}$

$$= V^+$$

- $z = s$ において，$V_s = V^+ e^{-(\alpha + j\beta)s}$

$$= V_0 e^{-j\beta s} e^{-\alpha s}$$

これより，$|V_s| = |V_0| e^{-\alpha s}$．よって，

$$-\alpha s = \ln \left| \frac{V_s}{V_0} \right| \quad [\mathrm{Np}] \tag{2.84}$$

電圧の比の自然対数の値を**ネーパ**（neper）[Np] という単位で呼ぶ．式 (2.84) より減衰定数 α [Np/m] は，

$$\begin{aligned} \alpha &= -\frac{1}{s} \ln \left| \frac{V_s}{V_0} \right| \\ &= -\frac{1}{s} \ln \left| \frac{I_s}{I_0} \right| \end{aligned}$$

角周波数 $\omega \to 0$ を考えると，伝搬定数 γ，減衰定数 α，位相定数 β は，

$$\begin{aligned} \lim_{\omega \to 0} \gamma &= \lim_{\omega \to 0} \sqrt{RG + j\omega(RC + LG) - \omega^2 LC} \\ &= \sqrt{RG} \end{aligned}$$

$$\lim_{\omega \to 0} \alpha = \sqrt{RG}$$

$$\lim_{\omega \to 0} \beta = 0$$

●電力 前進波の電力について考える．複素電圧 $V(z)$ の係数 V^+ を位相の基準として（V^+ を正の実数とする），$V(z)$ および複素電流 $I(z)$ は，$\gamma = \alpha + j\beta$ より，

$$V(z) = V^+ e^{-\gamma z} = |V^+| e^{-\alpha z} e^{-j\beta z}$$
$$I(z) = Y_0 V^+ e^{-\gamma z} = \left|Y_0 V^+\right| e^{-\alpha z} e^{-j\beta z} e^{-j\phi}$$

ここで，

$$V^+ = |V^+|, \quad Y_0 V^+ = \left|Y_0 V^+\right| e^{-j\phi}, \quad Z_0 = |Z_0| e^{j\phi}$$

これより，複素電力 P^+（前進波）は，

$$\begin{aligned} P^+ &= V I^* \\ &= \left(|V^+| e^{-\alpha z} e^{-j\beta z}\right)\left(\left|Y_0 V^+\right| e^{-\alpha z} e^{-j\beta z} e^{-j\phi}\right)^* \\ &= |Y_0||V^+|^2 e^{-2\alpha z} \cdot e^{j\phi} \end{aligned}$$

よって，平均電力 P^+_{avg}（前進波）は，

$$P^+_{\text{avg}} = \Re(V I^*) = |Y_0||V^+|^2 e^{-2\alpha z} \cos\phi \qquad (2.85)$$

前進波の瞬時電圧 v，瞬時電流 i は，

$$\begin{aligned} v &= \sqrt{2}\,\Re\big(V(z) e^{j\omega t}\big) \\ &= \sqrt{2}\,|V^+| e^{-\alpha z}\,\Re\big(e^{j(\omega t - \beta z)}\big) \\ &= \sqrt{2}\,|V^+| e^{-\alpha z} \cos(\omega t - \beta z) \\ i &= \sqrt{2}\,\Re\big(I(z) e^{j\omega t}\big) \\ &= \sqrt{2}\,\left|Y_0 V^+\right| e^{-\alpha z}\,\Re\big(e^{j(\omega t - \beta z - \phi)}\big) \\ &= \sqrt{2}\,\left|Y_0 V^+\right| e^{-\alpha z} \cos(\omega t - \beta z - \phi) \end{aligned}$$

これより，瞬時電力 p（前進波）は，

$$\begin{aligned} p = vi &= \sqrt{2}\,|V^+| e^{-\alpha z} \cos(\omega t - \beta z) \\ &\quad \times \sqrt{2}\,\left|Y_0 V^+\right| e^{-\alpha z} \cos(\omega t - \beta z - \phi) \\ &= 2|Y_0||V^+|^2 e^{-2\alpha z} \frac{1}{2}\Big\{\cos(2\omega t - 2\beta z - \phi) + \cos\phi\Big\} \end{aligned}$$

平均電力 P_{avg} は，複素電力より求めた結果（式 (2.85) 参照）と一致する．

$$P_{\text{avg}} = \frac{1}{T}\int_0^T p\,dt = |Y_0||V^+|^2 e^{-2\alpha z} \cos\phi$$

●境界条件（負荷点での電圧，電流） 負荷点での電圧 $V_{\rm L}$，電流 $I_{\rm L}$ がわかっているとき，

$$V(0) = V^+ + V^- = V_{\rm L}, \quad I(0) = \frac{V^+}{Z_0} - \frac{V^-}{Z_0} = I_{\rm L} \tag{2.86}$$

式 (2.86) の第2式を変形して，

$$V^+ - V^- = Z_0 I_{\rm L} \tag{2.87}$$

式 (2.86) の第1式，式 (2.87) を連立して V^+, V^- について解くと，

$$V^+ = \frac{V_{\rm L} + Z_0 I_{\rm L}}{2}, \quad V^- = \frac{V_{\rm L} - Z_0 I_{\rm L}}{2} \tag{2.88}$$

式 (2.77) に式 (2.88) を代入すると電圧 $V(z)$（$z < 0$）は，

$$\begin{aligned} V(z) &= \frac{V_{\rm L} + Z_0 I_{\rm L}}{2} e^{-\gamma z} + \frac{V_{\rm L} - Z_0 I_{\rm L}}{2} e^{\gamma z} \\ &= V_{\rm L} \frac{e^{\gamma z} + e^{-\gamma z}}{2} - Z_0 I_{\rm L} \frac{e^{\gamma z} - e^{-\gamma z}}{2} \end{aligned}$$

双曲線関数[4]を用いれば，

$$V(z) = V_{\rm L} \cosh \gamma z - Z_0 I_{\rm L} \sinh \gamma z$$

同様にして，線路上（$z < 0$）の電流 $I(z)$ は，

$$\begin{aligned} I(z) &= \frac{V_{\rm L} + Z_0 I_{\rm L}}{2Z_0} e^{-\gamma z} - \frac{V_{\rm L} - Z_0 I_{\rm L}}{2Z_0} e^{\gamma z} \\ &= -\frac{V_{\rm L}}{Z_0} \frac{e^{\gamma z} - e^{-\gamma z}}{2} + I_{\rm L} \frac{e^{\gamma z} + e^{-\gamma z}}{2} \\ &= -\frac{V_{\rm L}}{Z_0} \sinh \gamma z + I_{\rm L} \cosh \gamma z \end{aligned}$$

$z = -l$ とおくと電圧，電流は，双曲線関数の偶・奇特性[5]より，

$$\begin{aligned} V(-l) &= V_{\rm L} \cosh \gamma(-l) - Z_0 I_{\rm L} \sinh \gamma(-l) \\ &= V_{\rm L} \cosh \gamma l + Z_0 I_{\rm L} \sinh \gamma l \\ I(-l) &= -\frac{V_{\rm L}}{Z_0} \sinh \gamma(-l) + I_{\rm L} \cosh \gamma(-l) \\ &= \frac{V_{\rm L}}{Z_0} \sinh \gamma l + I_{\rm L} \cosh \gamma l \end{aligned}$$

---

[4] $\cosh x = \frac{e^x + e^{-x}}{2}, \sinh x = \frac{e^x - e^{-x}}{2}$

[5] $\cosh(-x) = \frac{e^{-x} + e^{-(-x)}}{2} = \cosh x$, $\sinh(-x) = \frac{e^{-x} - e^{-(-x)}}{2} = -\sinh x$

●入力インピーダンス　図2.14に示すように伝送線路終端の負荷インピーダンスが Z_L のとき，$V_\mathrm{L}=Z_\mathrm{L}I_\mathrm{L}$．このとき，$z=-l$ から負荷を見た入力インピーダンス $Z_\mathrm{in}(-l)$ は，

$$Z_\mathrm{in}(-l)=\frac{V(-l)}{I(-l)}=\frac{Z_\mathrm{L}\cosh\gamma l+Z_0\sinh\gamma l}{\frac{Z_\mathrm{L}}{Z_0}\sinh\gamma l+\cosh\gamma l}=Z_0\frac{Z_\mathrm{L}+Z_0\tanh\gamma l}{Z_0+Z_\mathrm{L}\tanh\gamma l}$$

これより規格化入力インピーダンス $z_\mathrm{in}(-l)$ は，

$$z_\mathrm{in}(-l)=\frac{Z_\mathrm{in}(-l)}{Z_0}=\frac{z_\mathrm{L}+\tanh\gamma l}{1+z_\mathrm{L}\tanh\gamma l},\quad z_\mathrm{L}=\frac{Z_\mathrm{L}}{Z_0}$$

ただし，z_L は規格化負荷インピーダンスを示す．

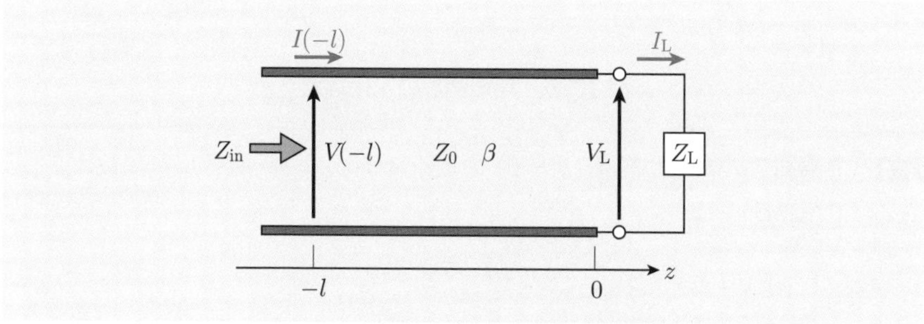

図2.14　負荷で終端した伝送線路

■ 例題2.5（損失の十分小さい伝送線路の伝搬定数）■

伝送線路の損失が十分小さい場合，減衰定数 α，位相定数 β は次式で近似できることを示せ．

$$\alpha\simeq\frac{\sqrt{LC}}{2}\left(\frac{R}{L}+\frac{G}{C}\right),\quad \beta\simeq\omega\sqrt{LC}$$

【解答】　$\frac{R}{\omega L}\ll 1,\ \frac{G}{\omega C}\ll 1$ のとき，

$$\begin{aligned}\gamma&=\omega\sqrt{LC}\sqrt{\frac{RG}{\omega^2LC}+j\frac{\omega(RC+LG)}{\omega^2LC}-1}\\&\simeq j\omega\sqrt{LC}\sqrt{1-\frac{j}{\omega}\left(\frac{R}{L}+\frac{G}{C}\right)}\simeq j\omega\sqrt{LC}\left\{1-\frac{j}{2\omega}\left(\frac{R}{L}+\frac{G}{C}\right)\right\}\\&=\frac{\sqrt{LC}}{2}\left(\frac{R}{L}+\frac{G}{C}\right)+j\omega\sqrt{LC}\\&=\alpha+j\beta\end{aligned}$$

■

例題2.6（終端開放の伝送線路）

図2.15に示すように，損失のある伝送線路（特性インピーダンス Z_0，伝搬定数 $\gamma = \alpha + j\beta$）の終端（$z = 0$）を開放している．終端から距離 l の位置における入力インピーダンス $Z_{\rm in}$，規格化入力インピーダンス $z_{\rm in}$ を求めよ．

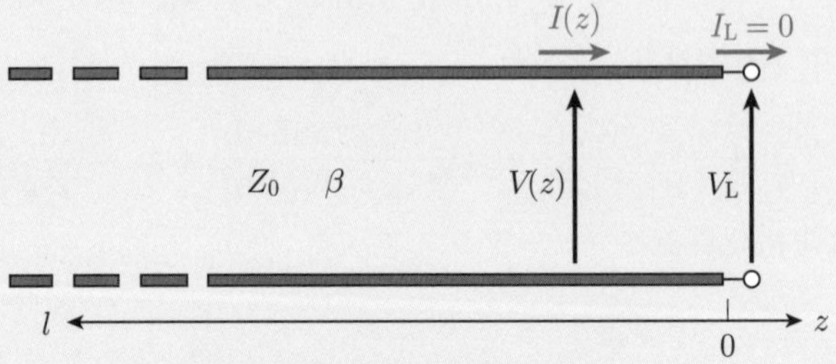

図2.15　終端開放の伝送線路

【解答】 終端開放のとき，終端（$z = 0$）の電流は $I(0) = 0$，電圧反射係数は $\Gamma_{\rm L} = 1$ である．$V(z), I(z)$ は，

$$V(z) = V^+\left\{e^{-\gamma z} + (+1)e^{\gamma z}\right\} = 2V^+ \cosh \gamma z$$

$$I(z) = Y_0 V^+\left\{e^{-\gamma z} - (+1)e^{\gamma z}\right\} = -2Y_0 V^+ \sinh \gamma z$$

これより，$z = -l$ とおいて，入力インピーダンス $Z_{\rm in}$，規格化入力インピーダンス $z_{\rm in}$ は，

$$Z_{\rm in} = \frac{V(-l)}{I(-l)} = \frac{2V^+ \cosh \gamma(-l)}{-2Y_0 V^+ \sinh \gamma(-l)} = -Z_0 \frac{\cosh \gamma l}{-\sinh \gamma l} = Z_0 \coth \gamma l$$

$$z_{\rm in} = \coth \gamma l$$

あるいは，$Z_{\rm L} = \infty$ とおいて入力インピーダンスの公式より求めると，

$$Z_{\rm in}(l)\Big|_{Z_{\rm L}=\infty} = \lim_{Z_{\rm L}\to\infty} Z_0 \frac{1 + \frac{Z_0}{Z_{\rm L}} \tanh \gamma l}{\frac{Z_0}{Z_{\rm L}} + \tanh \gamma l} = Z_0 \coth \gamma l$$

また，終端開放した点での電流 $I(0) = 0$ より，

$$V(-l) = V(0) \cosh \gamma l + Z_0 I(0) \sinh \gamma l = V(0) \cosh \gamma l$$

$$I(-l) = Y_0 V(0) \sinh \gamma l + I(0) \cosh \gamma l = Y_0 V(0) \sinh \gamma l$$

したがって，

$$Z_{\rm in}\Big|_{z=-l} = \frac{V(-l)}{I(-l)} = \frac{V(0) \cosh \gamma l}{Y_0 V(0) \sinh \gamma l} = Z_0 \coth \gamma l$$

■

例題2.7（損失のある伝送線路の減衰定数，位相定数）

損失のある伝送線路の減衰定数 α および位相定数 β を導け．ただし，伝送線路の単位長当たりの直列，並列素子値を各々，$Z=R+j\omega L, Y=G+j\omega C$ とする．

【解答】 損失のある伝送線路の伝搬定数 γ は，

$$\gamma=\sqrt{ZY}=\sqrt{(R+j\omega L)(G+j\omega C)}=\alpha+j\beta$$

ここで，α（≥ 0）は減衰定数，β は位相定数である．いま，n を整数，$-\pi\leq\theta<\pi$ として，

$$ZY=(RG-\omega^2 LC)+j\omega(RC+GL)\equiv|U|e^{j(\theta+2n\pi)}$$

とおくと，

$$\gamma=\sqrt{ZY}=(ZY)^{\frac{1}{2}}=\left(|U|e^{j(\theta+2n\pi)}\right)^{\frac{1}{2}}=\pm\sqrt{|U|}\,e^{j\frac{\theta}{2}}$$

$\alpha\geq 0$ より，$+$ 符号をとって，

$$\gamma=\sqrt{|U|}\left(\cos\frac{\theta}{2}+j\sin\frac{\theta}{2}\right)=\sqrt{|U|}\left(\sqrt{\frac{1+\cos\theta}{2}}+j\sqrt{\frac{1-\cos\theta}{2}}\right)$$
$$=\sqrt{\frac{1}{2}(|U|+|U|\cos\theta)}+j\sqrt{\frac{1}{2}(|U|-|U|\cos\theta)}=\alpha+j\beta$$

これより，減衰定数 α，位相定数 β は，

$$\alpha=\sqrt{\frac{1}{2}(|U|+|U|\cos\theta)},\quad \beta=\sqrt{\frac{1}{2}(|U|-|U|\cos\theta)}$$

ここで，

$$|U|=\sqrt{(ZY)(ZY)^*}=\sqrt{ZZ^*YY^*}$$
$$=\sqrt{(R+j\omega L)(R-j\omega L)(G+j\omega C)(G-j\omega C)}$$
$$=\sqrt{(R^2+\omega^2L^2)(G^2+\omega^2C^2)}$$

また，

$$|U|\cos\theta=\Re\big(|U|e^{j\theta}\big)=\Re\big(ZY\big)=\Re\Big((R+j\omega L)(G+j\omega C)\Big)$$
$$=RG-\omega^2 LC$$

ただし，* は複素共役，$\Re(\ )$ は実部を示す．したがって，

$$\alpha=\sqrt{\frac{1}{2}\left\{\sqrt{(R^2+\omega^2L^2)(G^2+\omega^2C^2)}+(RG-\omega^2LC)\right\}} \tag{2.89}$$

$$\beta=\sqrt{\frac{1}{2}\left\{\sqrt{(R^2+\omega^2L^2)(G^2+\omega^2C^2)}-(RG-\omega^2LC)\right\}} \tag{2.90}$$

■

例題2.8（損失のある伝送線路の特性インピーダンスの実部，虚部）

損失のある伝送線路の特性インピーダンス Z_0（複素数）の実部，虚部を示せ．

【解答】 特性インピーダンス Z_0 は，

$$
\begin{aligned}
Z_0 &= \frac{Z}{\gamma} = \frac{R + j\omega L}{\alpha + j\beta} \\
&= \frac{(R\alpha + \omega L\beta) + j(-R\beta + \omega L\alpha)}{\alpha^2 + \beta^2}
\end{aligned}
$$

実際の線路では，$R \geq 0, L \geq 0$ ゆえ，特性インピーダンス Z_0 の実部は正になる．

あるいは，実部，虚部は，伝搬定数の計算と同様にして，$\frac{Z}{Y} \equiv |U'|e^{j\theta'}$ とおくと，

$$
Z_0 = \sqrt{\frac{Z}{Y}} = \sqrt{\frac{1}{2}(|U'| + |U'|\cos\theta')} \pm j\sqrt{\frac{1}{2}(|U'| - |U'|\cos\theta')}
$$

ここで，

$$
|U'| = \sqrt{\frac{ZZ^*}{YY^*}} = \sqrt{\frac{(R + j\omega L)(R - j\omega L)}{(G + j\omega C)(G - j\omega C)}} = \sqrt{\frac{R^2 + \omega^2 L^2}{G^2 + \omega^2 C^2}}
$$

また，$\frac{Z}{Y} \equiv |U'|(\cos\theta' + j\sin\theta')$ より，

$$
|U'|\cos\theta' = \Re\left(\frac{Z}{Y}\right) = \Re\left(\frac{R + j\omega L}{G + j\omega C}\right) = \frac{RG + \omega^2 LC}{G^2 + \omega^2 C}
$$

損失のある伝送線路の特性インピーダンス Z_0（複素数）の実部 $\Re(Z_0)$，虚部 $\Im(Z_0)$ は，

$$
\Re(Z_0) = \sqrt{\frac{1}{2}\left(\sqrt{\frac{R^2 + \omega^2 L^2}{G^2 + \omega^2 C^2}} + \frac{RG + \omega^2 LC}{G^2 + \omega^2 C}\right)}
$$

$$
\Im(Z_0) = \pm\sqrt{\frac{1}{2}\left(\sqrt{\frac{R^2 + \omega^2 L^2}{G^2 + \omega^2 C^2}} - \frac{RG + \omega^2 LC}{G^2 + \omega^2 C}\right)}
$$

■

●異なる伝送線路を挿入したときの特性　図2.16に示すように異なる特性インピーダンスの伝送線路が挿入されている．同図の左側の線路（$z \leq 0$）の電圧 $V_1(z)$，電流 $I_1(z)$ は，

$$
V_1(z) = V_1^+ e^{-\gamma_1 z} + V_1^- e^{\gamma_1 z}, \quad I_1(z) = \frac{1}{Z_1}\left(V_1^+ e^{-\gamma_1 z} - V_1^- e^{\gamma_1 z}\right)
$$

中央の線路（$0 \leq z \leq d$）の電圧 $V_2(z)$，電流 $I_2(z)$ は，

$$V_2(z) = V_2^+ e^{-\gamma_2 z} + V_2^- e^{\gamma_2 z}, \quad I_2(z) = \frac{1}{Z_2}\left(V_2^+ e^{-\gamma_2 z} - V_2^- e^{\gamma_2 z}\right)$$

右側の線路（$z \geq d$）の電圧 $V_3(z)$，電流 $I_3(z)$ は，

$$V_3(z) = V_3^+ e^{-\gamma_1 (z-d)} + V_3^- e^{\gamma_1 (z-d)}$$

$$I_3(z) = \frac{1}{Z_1}\left(V_3^+ e^{-\gamma_1 (z-d)} - V_3^- e^{\gamma_1 (z-d)}\right)$$

伝送線路が接続された境界 $z = 0, z = d$ において，電圧，電流の連続条件は，

$$V_1(0) = V_2(0), \quad V_2(d) = V_3(d) \tag{2.91}$$

$$I_1(0) = I_2(0), \quad I_2(d) = I_3(d) \tag{2.92}$$

これより，電圧については，

$$V_1^+ + V_1^- = V_2^+ + V_2^- \tag{2.93}$$

$$V_2^+ e^{-\gamma_2 d} + V_2^- e^{\gamma_2 d} = V_3^+ + V_3^- \tag{2.94}$$

同様にして，電流については，

$$\frac{1}{Z_1}\left(V_1^+ - V_1^-\right) = \frac{1}{Z_2}\left(V_2^+ - V_2^-\right) \tag{2.95}$$

$$\frac{1}{Z_2}\left(V_2^+ e^{-\gamma_2 d} - V_2^- e^{\gamma_2 d}\right) = \frac{1}{Z_1}\left(V_3^+ - V_3^-\right) \tag{2.96}$$

まず，V_2^+ を消去するため，式 (2.93) $\times Z_1 -$ 式 (2.95) $\times Z_1 Z_2$ より，

$$(Z_1 - Z_2)V_1^+ + (Z_1 + Z_2)V_1^- = 2Z_1 V_2^- \tag{2.97}$$

また，式 (2.94) $\times Z_1 -$ 式 (2.96) $\times Z_1 Z_2$ より，

$$2Z_1 V_2^- e^{\gamma_2 d} = (Z_1 - Z_2)V_3^+ + (Z_1 + Z_2)V_3^- \tag{2.98}$$

これより，さらに V_2^- を消去すると，

$$\left\{(Z_1 - Z_2)V_1^+ + (Z_1 + Z_2)V_1^-\right\} e^{\gamma_2 d} = (Z_1 - Z_2)V_3^+ + (Z_1 + Z_2)V_3^- \tag{2.99}$$

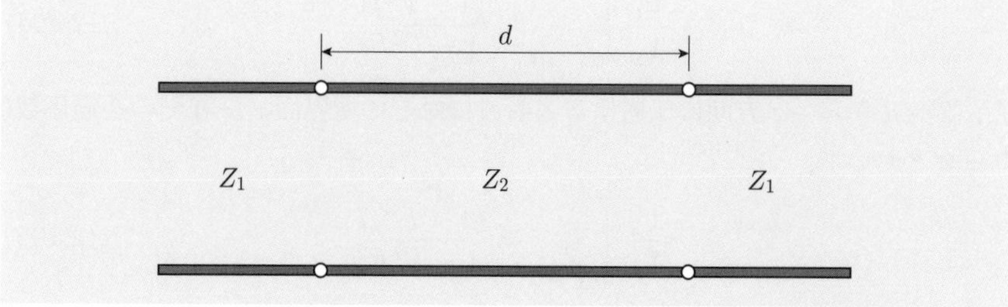

図2.16　異なる特性インピーダンスの線路を接続した伝送線路

同様にして，V_2^- を消去するため，式 (2.93) $\times Z_1+$ 式 (2.95) $\times Z_1Z_2$ より，

$$(Z_1+Z_2)V_1^+ + (Z_1-Z_2)V_1^- = 2Z_1V_2^+ \tag{2.100}$$

また，式 (2.94) $\times Z_1+$ 式 (2.96) $\times Z_1Z_2$ より，

$$2Z_1V_2^+e^{-\gamma_2 d} = (Z_1+Z_2)V_3^+ + (Z_1-Z_2)V_3^- \tag{2.101}$$

これより，さらに V_2^+ を消去すると，

$$\left\{(Z_1+Z_2)V_1^+ + (Z_1-Z_2)V_1^-\right\}e^{-\gamma_2 d} = (Z_1+Z_2)V_3^+ + (Z_1-Z_2)V_3^- \tag{2.102}$$

式 (2.99)/$(Z_1-Z_2)-$ 式 (2.102)/(Z_1+Z_2) より，V_3^+ を消去すると，

$$(e^{\gamma_2 d}-e^{-\gamma_2 d})\frac{Z_1-Z_2}{Z_1+Z_2}V_1^+ + \left\{e^{\gamma_2 d}-\left(\frac{Z_1-Z_2}{Z_1+Z_2}\right)^2 e^{-\gamma_2 d}\right\}V_1^-$$
$$=\left\{1-\left(\frac{Z_1-Z_2}{Z_1+Z_2}\right)^2\right\}V_3^-$$

ここで，

$$\Gamma \equiv \frac{Z_2-Z_1}{Z_2+Z_1}, \quad T\equiv e^{-\gamma_2 d} \tag{2.103}$$

とおくと，

$$-(1-T^2)\Gamma V_1^+ + (1-\Gamma^2T^2)V_1^- = T(1-\Gamma^2)V_3^-$$

変形して，V_1^- は，

$$V_1^- = \frac{(1-T^2)\Gamma V_1^+ + (1-\Gamma^2)TV_3^-}{1-T^2\Gamma^2}$$

よって，$z<0$ から $+z$ 方向に伝搬する入射波に対して境界面 $z=0$ での電圧反射係数は，$V_3^-=0$ とおいて，

$$\left.\frac{V_1^-}{V_1^+}\right|_{V_3^-=0} = \frac{(1-T^2)\Gamma}{1-T^2\Gamma^2} \tag{2.104}$$

また，$z>d$ から $-z$ 方向に伝搬する入射波に対して境界面 $z=0$ での透過係数は，$V_1^+=0$ とおいて，

$$\left.\frac{V_1^-}{V_3^-}\right|_{V_1^+=0} = \frac{(1-\Gamma^2)T}{1-T^2\Gamma^2} \tag{2.105}$$

2.4 電圧，電流の行列表示

●伝送線路の基本行列 特性インピーダンス Z_0，位相定数 β の伝送線路上の電圧 $V(z)$，電流 $I(z)$ は，オイラーの公式[6]を用いると，

$$\begin{aligned}V(z) &= V^+e^{-j\beta z} + V^-e^{j\beta z}\\ &= V^+(\cos\beta z - j\sin\beta z) + V^-(\cos\beta z + j\sin\beta z)\\ &= (V^+ + V^-)\cos\beta z - j(V^+ - V^-)\sin\beta z\\ I(z) &= \frac{1}{Z_0}(V^+e^{-j\beta z} - V^-e^{j\beta z})\\ &= \frac{V^+}{Z_0}(\cos\beta z - j\sin\beta z) - \frac{V^-}{Z_0}(\cos\beta z + j\sin\beta z)\\ &= \frac{1}{Z_0}(V^+ - V^-)\cos\beta z - j\frac{1}{Z_0}(V^+ + V^-)\sin\beta z\end{aligned}$$

いま，$z = 0$ のとき，$V(0) = V^+ + V^-, Z_0 I(0) = V^+ - V^-$ より，

$$V(z) = V(0)\cos\beta z - jZ_0 I(0)\sin\beta z$$

$$I(z) = I(0)\cos\beta z - j\frac{V(0)}{Z_0}\sin\beta z$$

行列表示して，

$$\begin{pmatrix} V(z) \\ I(z) \end{pmatrix} = \begin{pmatrix} \cos\beta z & -jZ_0\sin\beta z \\ -\dfrac{j}{Z_0}\sin\beta z & \cos\beta z \end{pmatrix} \begin{pmatrix} V(0) \\ I(0) \end{pmatrix}$$

逆の関係を求めると，

$$\begin{pmatrix} V(0) \\ I(0) \end{pmatrix} = \begin{pmatrix} \cos\beta z & jZ_0\sin\beta z \\ \dfrac{j}{Z_0}\sin\beta z & \cos\beta z \end{pmatrix} \begin{pmatrix} V(z) \\ I(z) \end{pmatrix} \tag{2.106}$$

次に，図2.17に示すように，伝搬定数 γ の伝送線路上の電圧 V_1，電流 I_1 は，距離 l 離れた位置での電圧 V_2，電流 I_2 を用いて，

$$V_1 = V_2\cosh\gamma l + Z_0 I_2\sinh\gamma l, \quad I_1 = \frac{V_2}{Z_0}\sinh\gamma l + I_2\cosh\gamma l$$

これを行列表示すると，

$$\begin{pmatrix} V_1 \\ I_1 \end{pmatrix} = \begin{pmatrix} \cosh\gamma l & Z_0\sinh\gamma l \\ \dfrac{1}{Z_0}\sinh\gamma l & \cosh\gamma l \end{pmatrix} \begin{pmatrix} V_2 \\ I_2 \end{pmatrix} = [\boldsymbol{F}] \begin{pmatrix} V_2 \\ I_2 \end{pmatrix} \tag{2.107}$$

---

6) $e^{\mp j\beta z} = \cos\beta z \mp j\sin\beta z$

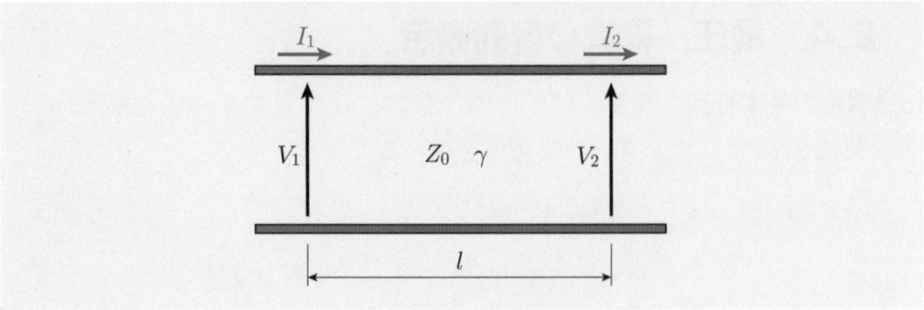

図2.17　伝送線路上の電圧，電流

この行列 $[\boldsymbol{F}]$ を**基本行列**（fundamental matrix）という[7]．長さ l の伝送線路（特性インピーダンス Z_0，伝搬定数 γ）の基本行列 $[\boldsymbol{F}]$ は，

$$[\boldsymbol{F}] = \begin{pmatrix} \cosh\gamma l & Z_0 \sinh\gamma l \\ \dfrac{1}{Z_0}\sinh\gamma l & \cosh\gamma l \end{pmatrix} \tag{2.108}$$

無損失の場合，$\alpha = 0$ より，$\gamma = j\beta$ とおけば，双曲線関数と三角関数の関係[8]を用いて，長さ l の無損失伝送線路（特性インピーダンス Z_0，位相定数 β）の基本行列 $[\boldsymbol{F}]$ は次のようになる．

$$[\boldsymbol{F}] = \begin{pmatrix} \cos\beta l & jZ_0 \sin\beta l \\ \dfrac{j}{Z_0}\sin\beta l & \cos\beta l \end{pmatrix} \tag{2.109}$$

●伝送線路の規格化基本行列　基本行列 $[\boldsymbol{F}]$ を，

$$\begin{pmatrix} V_1 \\ I_1 \end{pmatrix} = [\boldsymbol{F}]\begin{pmatrix} V_2 \\ I_2 \end{pmatrix}, \quad [\boldsymbol{F}] = \begin{pmatrix} A_1 & B \\ C & A_2 \end{pmatrix}$$

として，基準インピーダンスを $Z_0 = \frac{1}{Y_0}$ とする規格化電圧 $\overline{V}_n$，規格化電流 $\overline{I}_n$ を次のように定義する．

$$\overline{V}_1 \equiv \frac{V_1}{\sqrt{Z_0}} = \frac{A_1 V_2 + B I_2}{\sqrt{Z_0}} \equiv A_1 \overline{V}_2 + \frac{B}{Z_0}\overline{I}_2 \tag{2.110}$$

$$\overline{I}_1 \equiv \sqrt{Z_0}\, I_1 = \sqrt{Z_0}\left(C V_2 + A_2 I_2\right) \equiv Z_0 C \overline{V}_2 + A_2 \overline{I}_2 \tag{2.111}$$

---

[7] 伝送行列（transmission matrix），縦続行列（chain matrix）ともいう．

[8] $\gamma = j\beta$ とおくと，

$$\sinh\gamma l = \frac{e^{\gamma l} - e^{-\gamma l}}{2} = \frac{e^{j\beta l} - e^{-j\beta l}}{2} = j\sin\beta l$$

$$\cosh\gamma l = \frac{e^{\gamma l} + e^{-\gamma l}}{2} = \frac{e^{j\beta l} + e^{-j\beta l}}{2} = \cos\beta l$$

行列表示して，

$$\begin{pmatrix} \overline{V}_1 \\ \overline{I}_1 \end{pmatrix} = [\overline{\boldsymbol{F}}] \begin{pmatrix} \overline{V}_2 \\ \overline{I}_2 \end{pmatrix}, \quad [\overline{\boldsymbol{F}}] = \begin{pmatrix} A_1 & \frac{B}{Z_0} \\ Z_0 C & A_2 \end{pmatrix} \equiv \begin{pmatrix} A_1 & \overline{B} \\ \overline{C} & A_2 \end{pmatrix} \tag{2.112}$$

例えば，電気長 θ の無損失伝送線路の**規格化基本行列** $[\overline{\boldsymbol{F}}_\theta]$ は次のようになり，行列要素中は電気長 θ のみで表される.

$$[\overline{\boldsymbol{F}}_\theta] = \begin{pmatrix} \cos\theta & j\sin\theta \\ j\sin\theta & \cos\theta \end{pmatrix} \tag{2.113}$$

●伝送線路のインピーダンス行列　基本行列 $[\boldsymbol{F}]$ をインピーダンス行列要素で表すと，

$$[\boldsymbol{F}] = \frac{1}{Z_{12}} \begin{pmatrix} Z_{11} & Z_{11}Z_{22} - Z_{12}^2 \\ 1 & Z_{22} \end{pmatrix}$$

これと式 (2.109) を比較すると，無損失伝送線路を表すインピーダンス行列要素が得られ（対称ゆえ $Z_{11} = Z_{22}$），

$$Z_{12} = -j\frac{Z_0}{\sin\beta l} = -jZ_0 \operatorname{cosec}\beta l \quad (= -jZ_0 \csc\beta l)$$

$$Z_{11} = Z_{22} = -j\frac{Z_0}{\tan\beta l} = -jZ_0 \cot\beta l$$

行列表示すると，インピーダンス行列 $[\boldsymbol{Z}]$ は，

$$[\boldsymbol{Z}] = \begin{pmatrix} Z_{11} & Z_{12} \\ Z_{21} & Z_{22} \end{pmatrix} = \begin{pmatrix} -jZ_0 \cot\beta l & -jZ_0 \csc\beta l \\ -jZ_0 \csc\beta l & -jZ_0 \cot\beta l \end{pmatrix}$$

伝搬定数 γ のとき，双曲線関数と三角関数の関係 [9] より，伝送線路のインピーダンス行列 $[\boldsymbol{Z}]$ は次のようになる.

$$[\boldsymbol{Z}] = \begin{pmatrix} \dfrac{Z_0}{\tanh\gamma l} & \dfrac{Z_0}{\sinh\gamma l} \\ \dfrac{Z_0}{\sinh\gamma l} & \dfrac{Z_0}{\tanh\gamma l} \end{pmatrix}$$

例題2.9（伝送線路のアドミタンス行列）

伝送線路（特性インピーダンス Z_0，長さ l）のアドミタンス行列 $[\boldsymbol{Y}]$ を，伝搬定数 γ の場合，位相定数 β の無損失の場合の各々について求めよ.

---

[9] $\tanh\gamma l = \dfrac{\sinh\gamma l}{\cosh\gamma l} = \dfrac{j\sin\beta l}{\cos\beta l} = j\tan\beta l$

【解答】 基本行列 $[\boldsymbol{F}]$ をアドミタンス行列要素で表すと，

$$[\boldsymbol{F}] = -\frac{1}{Y_{12}}\begin{pmatrix} Y_{22} & 1 \\ Y_{11}Y_{22} - Y_{12}^2 & Y_{11} \end{pmatrix}$$

上の結果と式 (2.109) を比較すると無損失伝送線路を表すアドミタンス行列要素が得られ（対称ゆえ $Y_{11} = Y_{22}$），

$$Y_{12} = jY_0 \operatorname{cosec}\beta l \quad (= jY_0 \csc\beta l), \quad Y_{11} = Y_{22} = -jY_0 \cot\beta l$$

アドミタンス行列 $[\boldsymbol{Y}]$ は，

$$[\boldsymbol{Y}] = \begin{pmatrix} Y_{11} & Y_{12} \\ Y_{21} & Y_{22} \end{pmatrix} = \begin{pmatrix} -jY_0 \cot\beta l & jY_0 \csc\beta l \\ jY_0 \csc\beta l & -jY_0 \cot\beta l \end{pmatrix}$$

伝搬定数 γ のとき，伝送線路のアドミタンス行列 $[\boldsymbol{Y}]$ は次のようになる．

$$[\boldsymbol{Y}] = \begin{pmatrix} \dfrac{Y_0}{\tanh\gamma l} & -\dfrac{Y_0}{\sinh\gamma l} \\ -\dfrac{Y_0}{\sinh\gamma l} & \dfrac{Y_0}{\tanh\gamma l} \end{pmatrix}$$

■

●直列インピーダンス素子　図2.18に示す直列インピーダンス Z_s からなる回路では，

$$V_1 = Z_\mathrm{s} I_1 + V_2, \quad I_1 = -I_2, \quad Z_\mathrm{s} = \frac{1}{Y_\mathrm{s}}$$

よって，

$$[\boldsymbol{F}] = \begin{pmatrix} 1 & Z_\mathrm{s} \\ 0 & 1 \end{pmatrix}, \quad [\boldsymbol{Y}] = \begin{pmatrix} Y_\mathrm{s} & -Y_\mathrm{s} \\ -Y_\mathrm{s} & Y_\mathrm{s} \end{pmatrix}, \quad [\boldsymbol{Z}] = \begin{pmatrix} \infty & \infty \\ \infty & \infty \end{pmatrix}$$

基本行列 $[\boldsymbol{F}_i]$ に直列インピーダンス素子 Z_s を縦続接続したときの基本行列 $[\boldsymbol{F}_{i+1}]$ は，次のようになる．

$$[\boldsymbol{F}_{i+1}] = [\boldsymbol{F}_i]\begin{pmatrix} 1 & Z_\mathrm{s} \\ 0 & 1 \end{pmatrix} = \begin{pmatrix} A_i & B_i \\ C_i & D_i \end{pmatrix}\begin{pmatrix} 1 & Z_\mathrm{s} \\ 0 & 1 \end{pmatrix} = \begin{pmatrix} A_i & A_i Z_\mathrm{s} + B_i \\ C_i & C_i Z_\mathrm{s} + D_i \end{pmatrix}$$

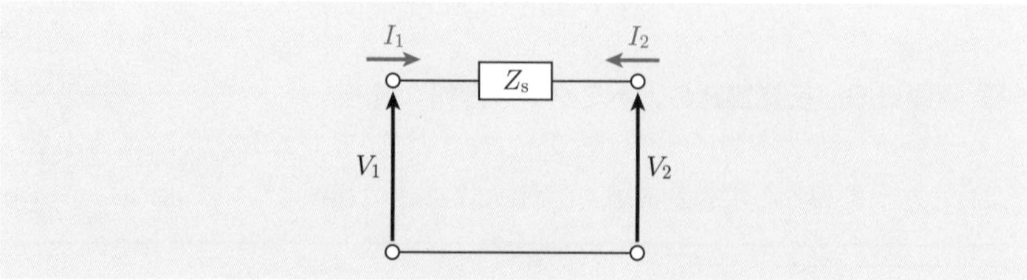

図2.18　直列インピーダンス素子

●並列アドミタンス素子　図2.19に示す並列アドミタンス Y_{p} からなる回路では，

$$V_1 = V_2, \quad I_1 + I_2 = Y_{\mathrm{p}} V_2, \quad Y_{\mathrm{p}} = \frac{1}{Z_{\mathrm{p}}}$$

よって，

$$[\boldsymbol{F}] = \begin{pmatrix} 1 & 0 \\ Y_{\mathrm{p}} & 1 \end{pmatrix}, \quad [\boldsymbol{Z}] = \begin{pmatrix} Z_{\mathrm{p}} & Z_{\mathrm{p}} \\ Z_{\mathrm{p}} & Z_{\mathrm{p}} \end{pmatrix}, \quad [\boldsymbol{Y}] = \begin{pmatrix} \infty & -\infty \\ -\infty & \infty \end{pmatrix}$$

基本行列 $[\boldsymbol{F}_i]$ に並列アドミタンス素子 Y_{p} を縦続接続したときの基本行列 $[\boldsymbol{F}_{i+1}]$ は，次のようになる．

$$[\boldsymbol{F}_{i+1}] = [\boldsymbol{F}_i] \begin{pmatrix} 1 & 0 \\ Y_{\mathrm{p}} & 1 \end{pmatrix} = \begin{pmatrix} A_i & B_i \\ C_i & D_i \end{pmatrix} \begin{pmatrix} 1 & 0 \\ Y_{\mathrm{p}} & 1 \end{pmatrix} = \begin{pmatrix} A_i + B_i Y_{\mathrm{p}} & B_i \\ C_i + D_i Y_{\mathrm{p}} & D_i \end{pmatrix}$$

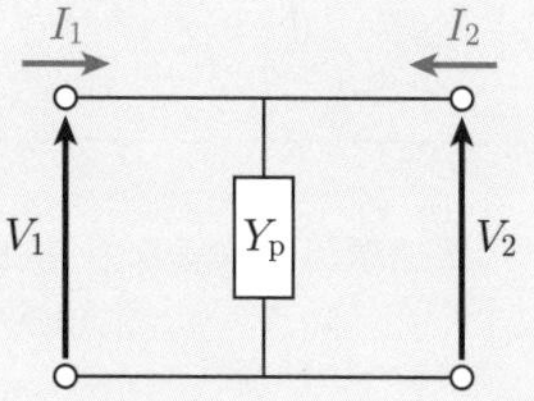

図2.19　並列アドミタンス素子

●伝送線路に等価な対称 T 形回路　図2.20に示す対称 T 形回路の基本行列 $[\boldsymbol{F}]$ は，直列インピーダンス Z_1 および並列アドミタンス Y_2 の基本行列を縦続接続すれば求めることができ，さらに伝送線路の基本行列と比較すれば，伝送線路に等価な対称 T 形回路が得られる．まず，対称 T 形回路の基本行列 $[\boldsymbol{F}]$ は，

$$[\boldsymbol{F}] = \begin{pmatrix} A & B \\ C & D \end{pmatrix} = \begin{pmatrix} 1 & Z_1 \\ 0 & 1 \end{pmatrix} \begin{pmatrix} 1 & 0 \\ Y_2 & 1 \end{pmatrix} \begin{pmatrix} 1 & Z_1 \\ 0 & 1 \end{pmatrix}$$

$$= \begin{pmatrix} 1 + Z_1 Y_2 & Z_1 \\ Y_2 & 1 \end{pmatrix} \begin{pmatrix} 1 & Z_1 \\ 0 & 1 \end{pmatrix} = \begin{pmatrix} 1 + Z_1 Y_2 & (2 + Z_1 Y_2) Z_1 \\ Y_2 & 1 + Z_1 Y_2 \end{pmatrix}$$

これを伝送線路の基本行列と等しくおけば，

$$\begin{pmatrix} 1 + Z_1 Y_2 & (2 + Z_1 Y_2) Z_1 \\ Y_2 & 1 + Z_1 Y_2 \end{pmatrix} = \begin{pmatrix} \cos\beta l & j Z_0 \sin\beta l \\ \dfrac{j}{Z_0} \sin\beta l & \cos\beta l \end{pmatrix}$$

ただし，$Z_i = \frac{1}{Y_i}$ $(i = 1, 2)$．四端子定数 C, A については，

$$Y_2 = j Y_0 \sin\beta l, \quad 1 + Z_1 Y_2 = 1 + Z_1 j Y_0 \sin\beta l = \cos\beta l$$

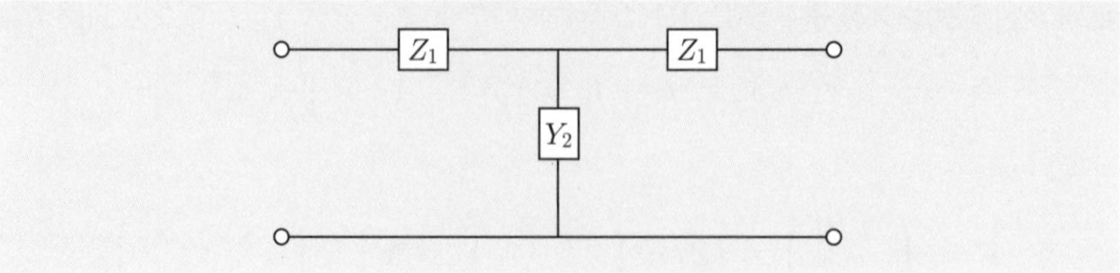

図2.20　対称 T 形回路

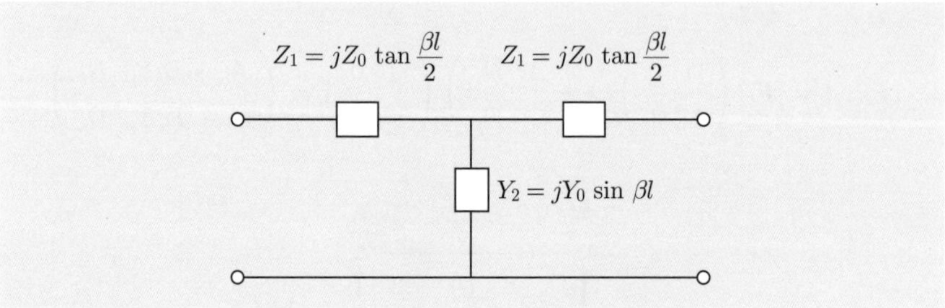

図2.21　伝送線路に等価な対称 T 形回路

第2式を変形して Z_1 は,

$$Z_1 = \frac{-1 + \cos \beta l}{jY_0 \sin \beta l} = jZ_0 \frac{1 - \cos \beta l}{\sin \beta l} \tag{2.114}$$

三角関数の加法定理[10)]より,

$$Z_1 = jZ_0 \frac{2 \sin^2 \frac{\beta l}{2}}{2 \sin \frac{\beta l}{2} \cos \frac{\beta l}{2}} = jZ_0 \tan \frac{\beta l}{2}$$

伝送線路に等価な対称 T 形回路は，図2.21に示すようになる.

長さ l を十分小さくとって微小区間 $\varDelta z$ を考えると,

$$\begin{aligned} 2Z_1 &= j2Z_0 \tan \frac{\beta \varDelta z}{2} \simeq j2\beta Z_0 \frac{\varDelta z}{2} = j2\omega\sqrt{LC}\sqrt{\frac{L}{C}}\frac{\varDelta z}{2} \\ &= j\omega L \varDelta z \\ Y_2 &= jY_0 \sin(\beta \varDelta z) \simeq j\beta Y_0 \varDelta z = j\omega\sqrt{LC}\sqrt{\frac{C}{L}}\varDelta z \\ &= j\omega C \varDelta z \end{aligned}$$

が得られ，伝送線路の微小区間での分布定数回路と一致することがわかる.

[10)] $\sin\theta = \sin\left(\frac{\theta}{2} + \frac{\theta}{2}\right) = 2\sin\frac{\theta}{2}\cos\frac{\theta}{2}$

$\cos\theta = \cos\left(\frac{\theta}{2} + \frac{\theta}{2}\right) = \cos^2\frac{\theta}{2} - \sin^2\frac{\theta}{2} = 1 - 2\sin^2\frac{\theta}{2}$. これより，$1 - \cos\theta = 2\sin^2\frac{\theta}{2}$

例題2.10（伝送線路に等価な対称 π 形回路）

(a) 図2.22の対称 π 形回路の基本行列 $[\boldsymbol{F}]$

$$[\boldsymbol{F}] = \begin{pmatrix} 1 + Y_1 Z_2 & Z_2 \\ (2 + Y_1 Z_2) Y_1 & 1 + Y_1 Z_2 \end{pmatrix}$$

を導出せよ．ただし，Y_1 はアドミタンス，Z_2 はインピーダンスを示す．

(b) 無損失伝送線路（長さ l，位相定数 β，特性インピーダンス Z_0）と等価な π 形回路を導出せよ．

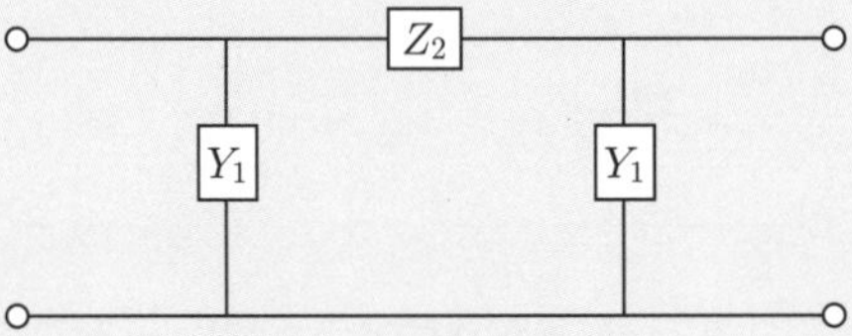

図2.22 対称 π 形回路

【解答】 (a) 並列素子ならびに直列素子の基本行列を縦続接続すれば，次のようにして π 型回路の基本行列 $[\boldsymbol{F}]$ を求めることができる．

$$\begin{aligned}
[\boldsymbol{F}] = \begin{pmatrix} A & B \\ C & D \end{pmatrix} &= \begin{pmatrix} 1 & 0 \\ Y_1 & 1 \end{pmatrix} \begin{pmatrix} 1 & Z_2 \\ 0 & 1 \end{pmatrix} \begin{pmatrix} 1 & 0 \\ Y_1 & 1 \end{pmatrix} \\
&= \begin{pmatrix} 1 & Z_2 \\ Y_1 & Y_1 Z_2 + 1 \end{pmatrix} \begin{pmatrix} 1 & 0 \\ Y_1 & 1 \end{pmatrix} \\
&= \begin{pmatrix} 1 + Y_1 Z_2 & Z_2 \\ (2 + Y_1 Z_2) Y_1 & 1 + Y_1 Z_2 \end{pmatrix}
\end{aligned}$$

(b) π 形回路と伝送線路の基本行列を等しくおけばよい．

$$\begin{pmatrix} 1 + Y_1 Z_2 & Z_2 \\ (2 + Y_1 Z_2) Y_1 & 1 + Y_1 Z_2 \end{pmatrix} = \begin{pmatrix} \cos \beta l & j Z_0 \sin \beta l \\ \dfrac{j}{Z_0} \sin \beta l & \cos \beta l \end{pmatrix} \tag{2.115}$$

まず，四端子定数 B, A については，

$$\begin{aligned}
Z_2 &= j Z_0 \sin \beta l \\
1 + Y_1 Z_2 &= 1 + Y_1 j Z_0 \sin \beta l \\
&= \cos \beta l
\end{aligned}$$

第2式を，三角関数の加法定理を用いて変形して，

$$Y_1 = \frac{-1+\cos\beta l}{jZ_0 \sin\beta l} = jY_0 \frac{1-\cos\beta l}{\sin\beta l} = jY_0 \frac{2\sin^2\frac{\beta l}{2}}{2\sin\frac{\beta l}{2}\cos\frac{\beta l}{2}}$$
$$= jY_0 \tan\frac{\beta l}{2}$$

伝送線路に等価な対称 π 形回路は，図2.23に示すようになる．

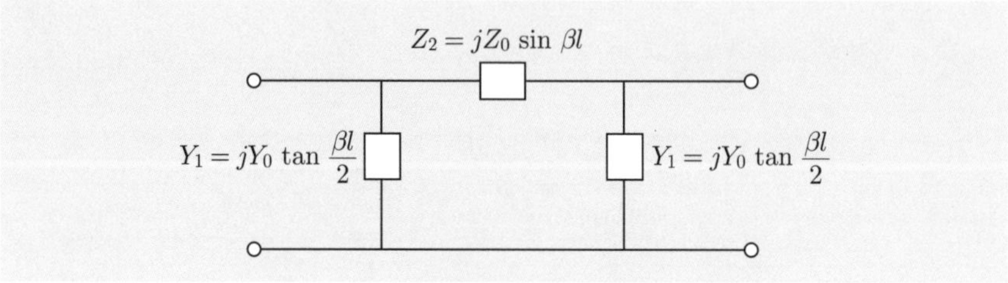

図2.23　伝送線路に等価な対称 π 形回路

■ 例題2.11（伝送線路と集中定数素子の縦続接続）■

図2.24に示すように，並列にアドミタンス Y_1 の集中定数素子，長さ $d_1 = \frac{\lambda}{4}$ の無損失分布定数線路，直列にインピーダンス Z_2 の集中定数素子，長さ $d_2 = \frac{\lambda}{2}$ の無損失分布定数線路が接続され，端子 4-4′ で終端短絡されている．ただし，2つの無損失分布定数線路は，特性インピーダンス Z_0，位相定数 $\beta = \frac{2\pi}{\lambda}$ である（λ は管内波長）．次の問に各々答えよ．

(a)　端子 2-2′ から終端側を見た入力インピーダンス $Z_{\text{in},2}$ を求めよ．

(b)　端子 0-0′ から終端側を見た入力アドミタンス Y_{in} を求めよ．

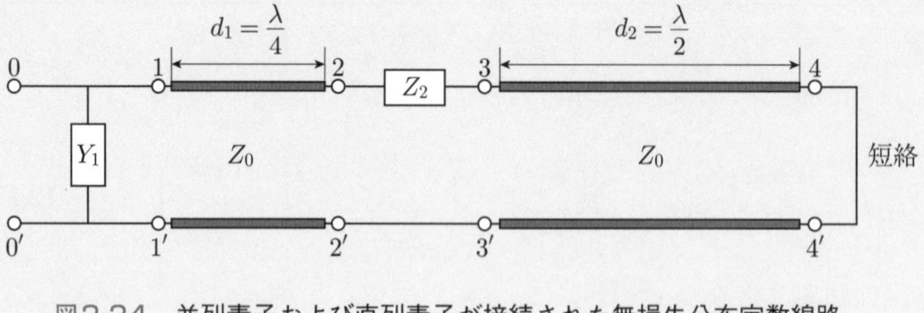

図2.24　並列素子および直列素子が接続された無損失分布定数線路

【解答】 (a) 端子 3-3′ から終端側を見た入力インピーダンス $Z_{\mathrm{in},3}$ は，線路が半波長ゆえ，$\beta d_2 = \frac{2\pi}{\lambda}\frac{\lambda}{2} = \pi$ より，

$$\begin{aligned} Z_{\mathrm{in},3} &= jZ_0 \tan\beta d_2 = jZ_0 \frac{\sin\pi}{\cos\pi} \\ &= 0 \end{aligned}$$

よって，端子 2-2′ から終端側を見た入力インピーダンス $Z_{\mathrm{in},2}$ は，

$$\begin{aligned} Z_{\mathrm{in},2} &= Z_2 + Z_{\mathrm{in},3} \\ &= Z_2 \end{aligned}$$

(b) 端子 1-1′ から終端側を見た入力インピーダンスを $Y_{\mathrm{in},1}$ とおくと，端子 0-0′ から終端側を見た入力アドミタンス Y_{in} は，

$$Y_{\mathrm{in}} = Y_1 + Y_{\mathrm{in},1}$$

このとき，4 分の 1 波長線路ゆえ，端子 1-1′ から終端側を見た入力インピーダンス $Z_{\mathrm{in},1}$ は，$\beta d_1 = \frac{2\pi}{\lambda}\frac{\lambda}{4} = \frac{\pi}{2}$ より，

$$\begin{aligned} Z_{\mathrm{in},1} &= Z_0 \frac{Z_{\mathrm{in},2} + jZ_0 \tan\beta d_1}{Z_0 + jZ_{\mathrm{in},2}\tan\beta d_1} = Z_0 \frac{Z_0}{Z_{\mathrm{in},2}} = \frac{Z_0^2}{Z_{\mathrm{in},2}} \\ &= \frac{1}{Y_{\mathrm{in},1}} \end{aligned}$$

よって，

$$Y_{\mathrm{in}} = Y_1 + \frac{Z_{\mathrm{in},2}}{Z_0^2} = Y_1 + \frac{Z_2}{Z_0^2}$$ ■

●前進波，後進波 位相定数 β の均一な無損失伝送線路の $z = z_1, z = z_2$ において，前進波，後進波を各々，次のようにおく．

$$\begin{aligned} V(z_1) &= V^+ e^{-j\beta z_1} + V^- e^{j\beta z_1} \equiv V_1^+ + V_1^- \\ V(z_2) &= V^+ e^{-j\beta z_2} + V^- e^{j\beta z_2} \equiv V_2^+ + V_2^- \end{aligned}$$

これより，

$$\begin{aligned} V_1^- &= V^- e^{j\beta z_1} = V_2^- e^{-j\beta z_2} \cdot e^{j\beta z_1} \\ &= V_2^- e^{-j\beta(z_2 - z_1)} \\ V_2^+ &= V^+ e^{-j\beta z_2} = V_1^+ e^{j\beta z_1} \cdot e^{-j\beta z_2} \\ &= V_1^+ e^{-j\beta(z_2 - z_1)} \end{aligned}$$

ここで，$d \equiv z_2 - z_1, \theta \equiv \beta d$ とおき，行列表示すると，

$$\begin{pmatrix} V_1^- \\ V_2^+ \end{pmatrix} = \begin{pmatrix} 0 & e^{-j\theta} \\ e^{-j\theta} & 0 \end{pmatrix} \begin{pmatrix} V_1^+ \\ V_2^- \end{pmatrix}$$

あるいは，

$$\begin{pmatrix} V_1^- \\ V_1^+ \end{pmatrix} = \begin{pmatrix} e^{-j\theta} & 0 \\ 0 & e^{j\theta} \end{pmatrix} \begin{pmatrix} V_2^- \\ V_2^+ \end{pmatrix}$$

電流についても同様の関係が得られる．

●インピーダンス不連続部　図2.25に示すように，特性インピーダンスの異なる線路が接続されている．特性インピーダンス Z_n，位相定数 β_n（$n = i, i+1$）の線路の電圧 $V_n(z)$，電流 $I_n(z)$ は，

$$V_n(z) = V_n^+ e^{-j\beta_n z} + V_n^- e^{j\beta_n z}$$

$$I_n(z) = Y_n (V_n^+ e^{-j\beta_n z} - V_n^- e^{j\beta_n z})$$

$$Y_n = \frac{1}{Z_n}$$

特性インピーダンス Z_i と Z_{i+1} の伝送線路の接続部（$z = 0$）における電圧，電流の連続条件は，

$$V_i(0) = V_{i+1}(0), \quad I_i(0) = I_{i+1}(0)$$

これより，

$$V_i^+ + V_i^- = V_{i+1}^+ + V_{i+1}^-, \quad Y_i\bigl(V_i^+ - V_i^-\bigr) = Y_{i+1}\bigl(V_{i+1}^+ - V_{i+1}^-\bigr)$$

連立して変形すると，

$$V_i^+ = \frac{1}{2Y_i}\bigl\{(Y_i + Y_{i+1})V_{i+1}^+ + (Y_i - Y_{i+1})V_{i+1}^-\bigr\}$$

$$V_i^- = \frac{1}{2Y_i}\bigl\{(Y_i - Y_{i+1})V_{i+1}^+ + (Y_i + Y_{i+1})V_{i+1}^-\bigr\}$$

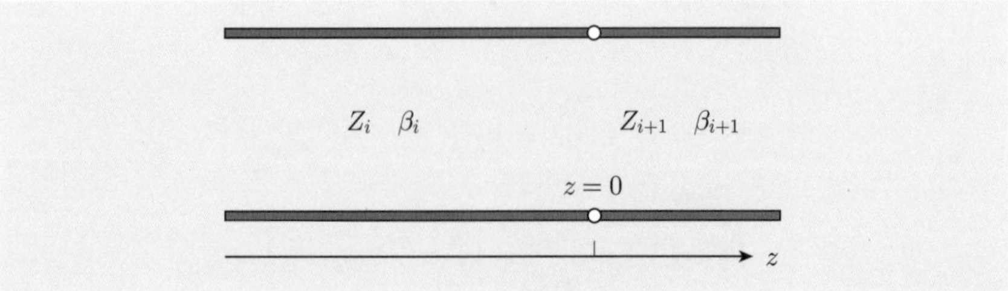

図2.25　異なる伝送線路の接続部

ここで，

$$
\begin{aligned}
\Gamma_i &= \frac{Z_{i+1} - Z_i}{Z_{i+1} + Z_i} = \frac{\frac{1}{Y_{i+1}} - \frac{1}{Y_i}}{\frac{1}{Y_{i+1}} + \frac{1}{Y_i}} \\
&= \frac{Y_i - Y_{i+1}}{Y_i + Y_{i+1}} \\
1 + \Gamma_i &= 1 + \frac{Y_i - Y_{i+1}}{Y_i + Y_{i+1}} \\
&= \frac{2Y_i}{Y_i + Y_{i+1}} \\
\frac{1}{1 + \Gamma_i} &= \frac{Y_i + Y_{i+1}}{2Y_i} \\
\frac{\Gamma_i}{1 + \Gamma_i} &= \frac{Y_i + Y_{i+1}}{2Y_i} \frac{Y_i - Y_{i+1}}{Y_i + Y_{i+1}} \\
&= \frac{Y_i - Y_{i+1}}{2Y_i}
\end{aligned}
$$

これより，

$$
V_i^+ = \frac{1}{1 + \Gamma_i}\left(V_{i+1}^+ + \Gamma_i V_{i+1}^-\right), \quad V_i^- = \frac{1}{1 + \Gamma_i}\left(\Gamma_i V_{i+1}^+ + V_{i+1}^-\right)
$$

行列表示すると，

$$
\begin{pmatrix} V_i^+ \\ V_i^- \end{pmatrix} = \frac{1}{1 + \Gamma_i} \begin{pmatrix} 1 & \Gamma_i \\ \Gamma_i & 1 \end{pmatrix} \begin{pmatrix} V_{i+1}^+ \\ V_{i+1}^- \end{pmatrix} \tag{2.116}
$$

●不連続部と無損失伝送線路　図2.26に示すように，長さ d_i の線路に特性インピーダンスの異なる線路が接続されている．伝送線路の接続部（$z = 0$）から特性インピーダンス Z_i の線路上に d_i 離れた位置における電圧の前進波を $V_{i,\theta}^+$，後進波を $V_{i,\theta}^-$ とすると，

$$
V_i^+ = V_{i,\theta}^+ e^{-j\theta_i}, \quad V_{i,\theta}^- = V_i^- e^{j\theta_i}, \quad \theta_i = \beta_i d_i
$$

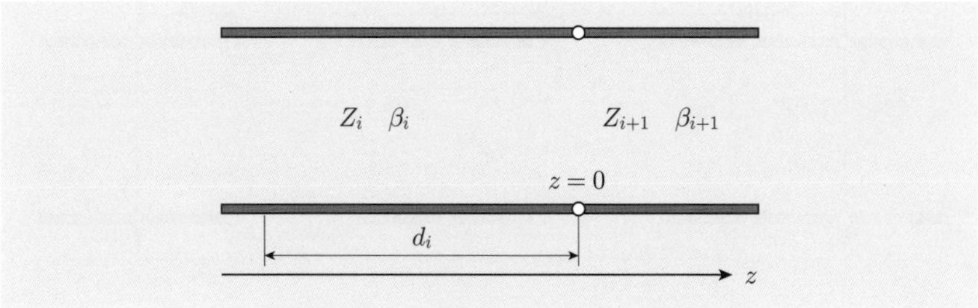

図2.26　不連続部と無損失伝送線路

これより，

$$
\begin{aligned}
\begin{pmatrix} V_{i,\theta}^{+} \\ V_{i,\theta}^{-} \end{pmatrix} &= \begin{pmatrix} V_i^{+} e^{j\theta_i} \\ V_i^{-} e^{-j\theta_i} \end{pmatrix} = \begin{pmatrix} e^{j\theta_i} & 0 \\ 0 & e^{-j\theta_i} \end{pmatrix} \begin{pmatrix} V_i^{+} \\ V_i^{-} \end{pmatrix} \\
&= \frac{1}{1+\Gamma_i} \begin{pmatrix} e^{j\theta_i} & 0 \\ 0 & e^{-j\theta_i} \end{pmatrix} \begin{pmatrix} 1 & \Gamma_i \\ \Gamma_i & 1 \end{pmatrix} \begin{pmatrix} V_{i+1}^{+} \\ V_{i+1}^{-} \end{pmatrix} \\
&= \frac{1}{1+\Gamma_i} \begin{pmatrix} e^{j\theta_i} & \Gamma e^{j\theta_i} \\ \Gamma e^{-j\theta_i} & e^{-j\theta_i} \end{pmatrix} \begin{pmatrix} V_{i+1}^{+} \\ V_{i+1}^{-} \end{pmatrix} \\
&\equiv [\boldsymbol{T}_i'] \begin{pmatrix} V_{i+1}^{+} \\ V_{i+1}^{-} \end{pmatrix}
\end{aligned}
\tag{2.117}
$$

ここで，

$$
[\boldsymbol{T}_i'] = \frac{1}{1+\Gamma_i} \begin{pmatrix} e^{j\theta_i} & \Gamma_i e^{j\theta_i} \\ \Gamma_i e^{-j\theta_i} & e^{-j\theta_i} \end{pmatrix} \tag{2.118}
$$

●N 段伝送線路　図2.27に示すように，特性インピーダンス Z_0 の線路と Z_{N+1} の線路間に，縦続接続された特性インピーダンスの異なる線路が同図のように挿入されている．各々の電気長は，$\theta_1 = \beta_1 d_1, \theta_2 = \beta_2 d_2, \ldots, \theta_N = \beta_N d_N$ である．特性インピーダンス Z_0 の線路に接続された位置での電圧 V_0^{+}, V_0^{-} は，次のようにして求めることができる．

$$
\begin{aligned}
\begin{pmatrix} V_0^{+} \\ V_0^{-} \end{pmatrix} &= [\boldsymbol{T}_0']\Big|_{\theta_0=0} \begin{pmatrix} V_1^{+} \\ V_1^{-} \end{pmatrix} \\
&= [\boldsymbol{T}_0']\Big|_{\theta_0=0} [\boldsymbol{T}_1'] \cdots [\boldsymbol{T}_i'] \cdots [\boldsymbol{T}_N'] \begin{pmatrix} V_{N+1}^{+} \\ V_{N+1}^{-} \end{pmatrix}
\end{aligned}
\tag{2.119}
$$

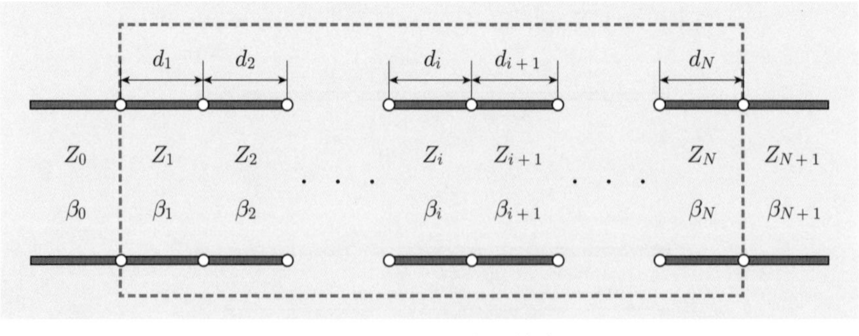

図2.27　N 段伝送線路

2章の演習問題

□**2.1**　終端に負荷を接続した無損失伝送線路がある．伝送線路の単位長当たりの直列，および並列素子値を各々，$Z \equiv j\omega L, Y \equiv j\omega C$ とする．伝送線路終端から距離 x の位置において，負荷側を見た入力インピーダンス $Z_{\rm in}(x)$ に関する微分方程式を導出し，入力インピーダンスを求めよ．

□**2.2**　損失のある伝送線路において，前進波と後進波の電圧，電流より，各種電力を求めよ．

□**2.3**　図2.28に示すように，長さ $d = \frac{\lambda}{4}$ の無損失伝送線路（位相定数は $\beta = \frac{2\pi}{\lambda}$）の間に並列アドミタンス $Y_{\rm p}$，また終端にインピーダンス $Z_{\rm L}$ の負荷が接続されている．次の問に各々答えよ．

(a)　端子 1-1′ と端子 4-4′ 間の基本行列を求めよ．

(b)　端子 1-1′ から負荷側を見た入力インピーダンス $Z_{\rm in}$ を求めよ．

(c)　端子 1-1′ と端子 4-4′ 間を一つの直列インピーダンス Z_s で置き換え，この回路の入力インピーダンスが $Z_{\rm in}$ と等しくなるよう Z_s を定めよ．

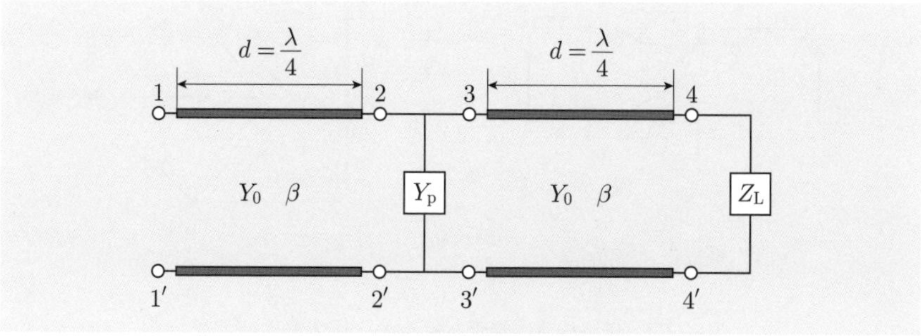

図2.28　無損失伝送線路と並列素子

□**2.4**　図2.29に示すように，電圧 $E_{\rm g}$ [V] の信号源およびインピーダンス Z_0 の負荷が端子 0-0′ で，無損失伝送線路（特性インピーダンス Z_0，位相定数 β [rad/m]，長さ d [m]）に接続されている．端子 1-1′ および端子 2-2′ の 2 端子対回路は，

$$[\boldsymbol{Y}] = \begin{pmatrix} Y_{11} & Y_{12} \\ Y_{21} & Y_{22} \end{pmatrix} \tag{2.120}$$

としてアドミタンス行列 $[\boldsymbol{Y}]$ が与えられ，終端（端子 2-2′）は短絡されている．次の問に各々答えよ．

(a)　端子 1-1′ から終端側を見たときの電圧反射係数 $\mathit{\Gamma}_1$ を求めよ．

(b)　端子 1-1′ における電圧 V_1 を求めよ．

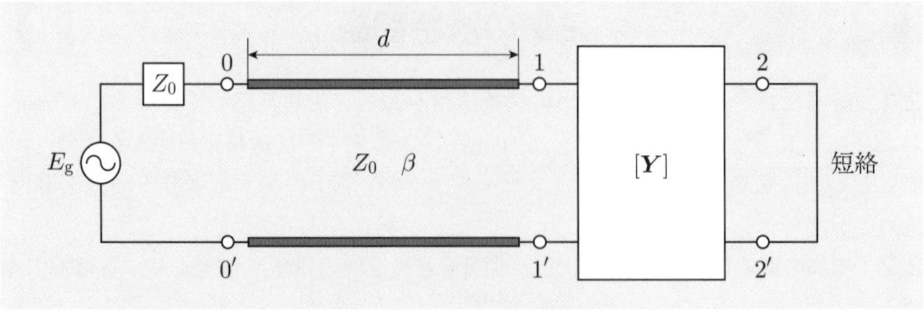

図2.29　信号源が接続された無損失伝送線路およびアドミタンス行列

□**2.5**　図2.30(a)に示す**対称格子形 2 端子対回路**（symmetrical lattice two-port network）は，同図 (b)のようなブリッジ回路で表すことができる．伝送線路（特性インピーダンス Z_0，伝搬定数 γ，位相定数 β，長さ l）に等価な対称格子形回路の Z_1, Z_2 を導出せよ．

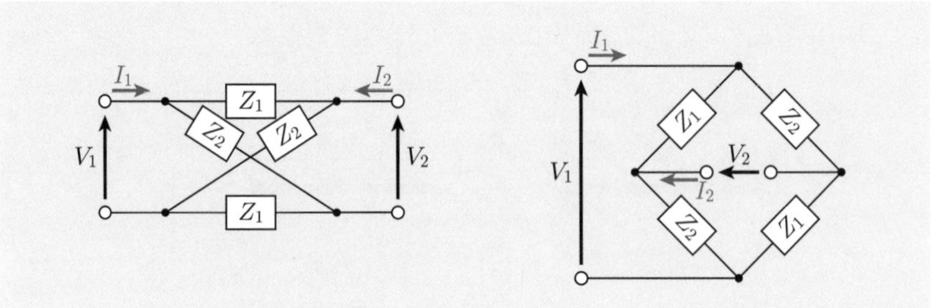

(a)　対称格子形回路　　(b)　ブリッジ回路

図2.30　伝送線路に等価な対称格子形 2 端子対回路

第3章

伝送線路の電磁界解析

伝送波の基本特性を得るため，マクスウェルの方程式から波動方程式を求め，正弦波信号に対する伝送波を解析し，電界および磁界ともに伝送方向の成分をもたない TEM 波を取り上げ，分布定数回路の伝送波と同じ形の式で表されることを示す．代表的な例として，円形同軸導波管の基本 TEM モードの電界，磁界を求め，線路長が微小な場合の等価回路定数を示し，分布定数回路と対比する．次に，スカラヘルムホルツ方程式より，TE 波および TM 波の電磁界を求める方法を説明し，その振幅からモード電圧，モード電流を定義することによって，分布定数回路の電圧，電流と同様に扱えることを示す．伝送波の電磁界解析を行えば，電磁界は直交するモード関数によって表すことができ，一つの端子に複数のモード電圧，モード電流を定義して，多モード多端子対回路網の行列表示についても説明する．

3.1　伝送波の基本特性

●波動方程式　マクスウェルの方程式より，

$$\nabla \times \boldsymbol{\mathcal{E}} = -\frac{\partial \boldsymbol{\mathcal{B}}}{\partial t}, \quad \nabla \times \boldsymbol{\mathcal{H}} = \frac{\partial \boldsymbol{\mathcal{D}}}{\partial t} + \sigma \boldsymbol{\mathcal{E}} \tag{3.1}$$

ただし，$\boldsymbol{\mathcal{E}}$ は電界，$\boldsymbol{\mathcal{B}}$ は磁束密度，$\boldsymbol{\mathcal{H}}$ は磁界，$\boldsymbol{\mathcal{D}}$ は電束密度，σ は導電率を示す．また，誘電率を ϵ，透磁率を μ とすると，構成方程式は，

$$\boldsymbol{\mathcal{D}} = \epsilon \boldsymbol{\mathcal{E}}, \quad \boldsymbol{\mathcal{B}} = \mu \boldsymbol{\mathcal{H}} \tag{3.2}$$

式 (3.1) の第 1 式の両辺に回転をとり，式 (3.2) を用いて，

$$\nabla \times (\nabla \times \boldsymbol{\mathcal{E}}) = \nabla \times \left(-\frac{\partial \boldsymbol{\mathcal{B}}}{\partial t}\right) = -\frac{\partial (\nabla \times \boldsymbol{\mathcal{B}})}{\partial t} = -\mu \frac{\partial (\nabla \times \boldsymbol{\mathcal{H}})}{\partial t}$$

上式左辺はベクトル公式[1]を用い，また，右辺は式 (3.1) の第 2 式を代入して，

$$\nabla \nabla \cdot \boldsymbol{\mathcal{E}} - \nabla^2 \boldsymbol{\mathcal{E}} = -\mu \left(\epsilon \frac{\partial^2 \boldsymbol{\mathcal{E}}}{\partial t^2} + \sigma \frac{\partial \boldsymbol{\mathcal{E}}}{\partial t}\right)$$

---

[1] $\nabla \times (\nabla \times \boldsymbol{a}) = \nabla \nabla \cdot \boldsymbol{a} - \nabla^2 \boldsymbol{a}$

電荷密度 $\rho = 0$ のとき，電界に対するガウスの法則 [2)] より，

$$\nabla^2 \boldsymbol{\mathcal{E}} - \mu\sigma \frac{\partial \boldsymbol{\mathcal{E}}}{\partial t} - \mu\epsilon \frac{\partial^2 \boldsymbol{\mathcal{E}}}{\partial t^2} = 0 \tag{3.3}$$

これを 3 次元の**波動方程式**（wave equation）という．誘電体媒質の場合，$\sigma = 0$ より，

$$\nabla^2 \boldsymbol{\mathcal{E}} - \mu\epsilon \frac{\partial^2 \boldsymbol{\mathcal{E}}}{\partial t^2} = \nabla^2 \boldsymbol{\mathcal{E}} - \frac{1}{v_{\mathrm{p}}^2} \frac{\partial^2 \boldsymbol{\mathcal{E}}}{\partial t^2} = 0 \tag{3.4}$$

ここで，$v_{\mathrm{p}} = \frac{1}{\sqrt{\epsilon\mu}}$．直角座標系 (x, y, z) では，$\boldsymbol{\mathcal{E}} = \mathcal{E}_x \boldsymbol{a}_x + \mathcal{E}_y \boldsymbol{a}_y + \mathcal{E}_z \boldsymbol{a}_z$ より，

$$\nabla^2 \boldsymbol{\mathcal{E}} = \nabla^2 \mathcal{E}_x \boldsymbol{a}_x + \nabla^2 \mathcal{E}_y \boldsymbol{a}_y + \nabla^2 \mathcal{E}_z \boldsymbol{a}_z$$

よって，各成分を $\mathcal{E}_i$ とおくと次式が成り立つ．

$$\nabla^2 \mathcal{E}_i - \frac{1}{v_{\mathrm{p}}^2} \frac{\partial^2 \mathcal{E}_i}{\partial t^2} = 0 \tag{3.5}$$

誘電体媒質（比透磁率 $\mu_{\mathrm{r}} = 1$）の場合，真空中の誘電率を ϵ_0，透磁率を μ_0，比誘電率を ϵ_{r} とすると，

$$v_{\mathrm{p}} = \frac{1}{\sqrt{\epsilon\mu}} = \frac{1}{\sqrt{\epsilon_0 \epsilon_{\mathrm{r}} \mu_0}} = \frac{c}{\sqrt{\epsilon_{\mathrm{r}}}} \tag{3.6}$$

ただし，光速 $c = 2.9979 \times 10^8$ [m/s] である．一方，無損失の分布定数回路線路では，$v_{\mathrm{p}} = \frac{1}{\sqrt{LC}}$．これより，特性インピーダンス Z_0 は次のようにして求めることもできる．

$$Z_0 = \sqrt{\frac{L}{C}} = \frac{\sqrt{LC}}{C} = \frac{1}{C v_{\mathrm{p}}} = \frac{\sqrt{\epsilon_{\mathrm{r}}}}{Cc}$$

●正弦波信号　正弦波信号の場合，時間因子 $e^{j\omega t}$ を導入すると電界の**瞬時値**（instantaneous quantity）$\boldsymbol{\mathcal{E}}$ は，

$$\boldsymbol{\mathcal{E}} = \sqrt{2}\,\Re(\boldsymbol{E} e^{j\omega t})$$

ただし，$\boldsymbol{E}$ は時間因子を省略した空間座標の複素量であり，複素電界の振幅は瞬時値の実効値である．このような複素量を時間 t で微分すると，

$$\frac{\partial}{\partial t}(e^{j\omega t}) = j\omega e^{j\omega t}, \quad \frac{\partial^2}{\partial t^2}(e^{j\omega t}) = -\omega^2 e^{j\omega t}$$

よって，マクスウェルの方程式は，

$$\nabla \times \boldsymbol{E} = -j\omega\mu \boldsymbol{H}, \quad \nabla \times \boldsymbol{H} = (\sigma + j\omega\epsilon)\boldsymbol{E} \tag{3.7}$$

[2)] 電荷密度 ρ，誘電率 ϵ に対して，電界 $\boldsymbol{\mathcal{E}}$ に対するガウスの法則は，$\nabla \cdot \boldsymbol{\mathcal{E}} = \frac{\rho}{\epsilon}$

ここで，$k^2 \equiv -j\omega\mu(\sigma + j\omega\epsilon) = \omega^2\epsilon\mu - j\omega\mu\sigma$ とおくと，

$$\nabla^2 \boldsymbol{E} + k^2 \boldsymbol{E} = 0, \quad \nabla^2 \boldsymbol{H} + k^2 \boldsymbol{H} = 0 \tag{3.8}$$

これらを，**ヘルムホルツ方程式**（Helmholtz equations）という．

●伝送波の電界，磁界　導電率 $\sigma = 0$ のとき，マクスウェルの方程式は，

$$\nabla \times \boldsymbol{E} = -j\omega\mu \boldsymbol{H}, \quad \nabla \times \boldsymbol{H} = j\omega\epsilon \boldsymbol{E} \tag{3.9}$$

3 次元微分演算子 ∇ を，次のように 2 次元微分演算子 ∇_t，z 軸方向の単位ベクトル $\boldsymbol{a}_z$ を用いて，

$$\nabla = \nabla_t + \boldsymbol{a}_z \frac{\partial}{\partial z} \tag{3.10}$$

とする．また，z 軸方向に沿う電磁界 $\boldsymbol{E}_z, \boldsymbol{H}_z$ とそれに直交する横断面内成分 $\boldsymbol{E}_t, \boldsymbol{H}_t$ に分離して，$\boldsymbol{E} = \boldsymbol{E}_t + \boldsymbol{E}_z, \boldsymbol{H} = \boldsymbol{H}_t + \boldsymbol{H}_z$ とおくと，マクスウェルの方程式は次のようになる．

$$\left(\nabla_t + \boldsymbol{a}_z \frac{\partial}{\partial z}\right) \times (\boldsymbol{E}_t + \boldsymbol{E}_z) = -j\omega\mu \boldsymbol{H}$$

$$\left(\nabla_t + \boldsymbol{a}_z \frac{\partial}{\partial z}\right) \times (\boldsymbol{H}_t + \boldsymbol{H}_z) = j\omega\epsilon \boldsymbol{E}$$

これより，

$$\nabla_t \times \boldsymbol{E}_t + \nabla_t \times \boldsymbol{E}_z + \boldsymbol{a}_z \times \frac{\partial \boldsymbol{E}_t}{\partial z} = -j\omega\mu \boldsymbol{H} \tag{3.11}$$

$$\nabla_t \times \boldsymbol{H}_t + \nabla_t \times \boldsymbol{H}_z + \boldsymbol{a}_z \times \frac{\partial \boldsymbol{H}_t}{\partial z} = j\omega\epsilon \boldsymbol{E} \tag{3.12}$$

そして，式 (3.11)，式 (3.12) の両辺に，各々，順次，$\boldsymbol{a}_z$ のスカラ積，$\boldsymbol{a}_z$ のベクトル積をとって計算していく．まず，式 (3.11) の両辺に $\boldsymbol{a}_z$ のスカラ積をとると，

$$\left(\nabla_t \times \boldsymbol{E}_t + \nabla_t \times \boldsymbol{E}_z + \boldsymbol{a}_z \times \frac{\partial \boldsymbol{E}_t}{\partial z}\right) \cdot \boldsymbol{a}_z = -j\omega\mu \boldsymbol{H} \cdot \boldsymbol{a}_z \tag{3.13}$$

上式の左辺の第 2 項，および第 3 項は，

$$(\nabla_t \times \boldsymbol{E}_z) \cdot \boldsymbol{a}_z = 0, \quad \left(\boldsymbol{a}_z \times \frac{\partial \boldsymbol{E}_t}{\partial z}\right) \cdot \boldsymbol{a}_z = 0$$

式 (3.13) は，ベクトル公式 [3] より，

$$\boldsymbol{a}_z \cdot (\nabla_t \times \boldsymbol{E}_t) = \nabla_t \cdot (\boldsymbol{E}_t \times \boldsymbol{a}_z) = -j\omega\mu H_z$$

よって，

---

[3] $\nabla \cdot (\boldsymbol{a} \times \boldsymbol{b}) = \boldsymbol{b} \cdot \nabla \times \boldsymbol{a} - \boldsymbol{a} \cdot \nabla \times \boldsymbol{b}$

$$H_z = -\frac{1}{j\omega\mu}\nabla_t \cdot (\boldsymbol{E}_t \times \boldsymbol{a}_z) = \frac{1}{j\omega\mu}\nabla_t \cdot (\boldsymbol{a}_z \times \boldsymbol{E}_t) \tag{3.14}$$

同様にして，式 (3.12) の両辺に $\boldsymbol{a}_z$ のスカラ積をとると，

$$E_z = \frac{1}{j\omega\epsilon}\nabla_t \cdot (\boldsymbol{H}_t \times \boldsymbol{a}_z) \tag{3.15}$$

次に，式 (3.11) の両辺に $\boldsymbol{a}_z$ のベクトル積をとると，

$$\left(\nabla_t \times \boldsymbol{E}_t + \nabla_t \times \boldsymbol{E}_z + \boldsymbol{a}_z \times \frac{\partial \boldsymbol{E}_t}{\partial z}\right) \times \boldsymbol{a}_z = -j\omega\mu\boldsymbol{H} \times \boldsymbol{a}_z \tag{3.16}$$

上式の左辺の第 1 項は，

$$(\nabla_t \times \boldsymbol{E}_t) \times \boldsymbol{a}_z = 0$$

第 2 項，および第 3 項は，ベクトル公式[4]より，

$$(\nabla_t \times E_z\boldsymbol{a}_z) \times \boldsymbol{a}_z = \boldsymbol{a}_z \times (\boldsymbol{a}_z \times \nabla_t E_z) = -\nabla_t E_z$$

$$\left(\boldsymbol{a}_z \times \frac{\partial \boldsymbol{E}_t}{\partial z}\right) \times \boldsymbol{a}_z = \frac{\partial \boldsymbol{E}_t}{\partial z}$$

これより，式 (3.16) は，

$$-\nabla_t E_z + \frac{\partial \boldsymbol{E}_t}{\partial z} = -j\omega\mu\boldsymbol{H}_t \times \boldsymbol{a}_z \tag{3.17}$$

式 (3.15) より，

$$\begin{aligned}
\frac{\partial \boldsymbol{E}_t}{\partial z} &= -j\omega\mu\boldsymbol{H}_t \times \boldsymbol{a}_z + \nabla_t \frac{1}{j\omega\epsilon}\nabla_t \cdot (\boldsymbol{H}_t \times \boldsymbol{a}_z) \\
&= -j\omega\mu\left(\boldsymbol{H}_t \times \boldsymbol{a}_z + \frac{1}{k^2}\nabla_t\nabla_t \cdot (\boldsymbol{H}_t \times \boldsymbol{a}_z)\right) \\
&= -j\omega\mu\left(\bar{\bar{\mathbf{I}}} + \frac{1}{k^2}\nabla_t\nabla_t\right) \cdot (\boldsymbol{H}_t \times \boldsymbol{a}_z)
\end{aligned} \tag{3.18}$$

ただし，$\bar{\bar{\mathbf{I}}}$ は恒等ダイアディック（unit dyadic，または idem factor）[5]を示す．同様にして，式 (3.12) の両辺に $\boldsymbol{a}_z$ のベクトル積をとって求めると，

$$-\nabla_t H_z + \frac{\partial \boldsymbol{H}_t}{\partial z} = -j\omega\epsilon\boldsymbol{a}_z \times \boldsymbol{E}_t \tag{3.19}$$

よって，

$$\frac{\partial \boldsymbol{H}_t}{\partial z} = -j\omega\epsilon\left(\bar{\bar{\mathbf{I}}} + \frac{1}{k^2}\nabla_t\nabla_t\right) \cdot (\boldsymbol{a}_z \times \boldsymbol{E}_t) \tag{3.20}$$

式 (3.18)，式 (3.20) の右辺の各々，第 2 項は，2 次元微分演算子のダイアディック

---

[4] $\boldsymbol{a} \times (\boldsymbol{b} \times \boldsymbol{c}) = \boldsymbol{b}(\boldsymbol{a} \cdot \boldsymbol{c}) - \boldsymbol{c}(\boldsymbol{a} \cdot \boldsymbol{b})$

[5] $\bar{\bar{\mathbf{I}}} \cdot \boldsymbol{a} = \boldsymbol{a} \cdot \bar{\bar{\mathbf{I}}} = \boldsymbol{a}$

を用いて表されているが，電界，磁界の z 成分 E_z, H_z を求める計算である．

均一な伝送線路において，あるモードの電界 $\boldsymbol{E}_t$，磁界 $\boldsymbol{H}_t$ を，次のように z の関数と z 軸に直交する面内の位置ベクトル $\boldsymbol{\rho}$ の関数で変数分離すると，

$$\boldsymbol{E}_t(\boldsymbol{\rho}, z) \equiv V(z)\boldsymbol{e}(\boldsymbol{\rho}), \quad \boldsymbol{H}_t(\boldsymbol{\rho}, z) \equiv I(z)\boldsymbol{h}(\boldsymbol{\rho}) \tag{3.21}$$

ただし，$\boldsymbol{e}(\boldsymbol{\rho}), \boldsymbol{h}(\boldsymbol{\rho})$ は断面内の電界および磁界の分布を表す**モード関数**（mode functions）である．また，複素係数 $V(z)$ は**モード電圧**（mode voltage），$I(z)$ は**モード電流**（mode current）である．これより，導波路断面 S で面積分して z 方向の複素電力 P は，

$$\begin{aligned} P &= \iint_S (\boldsymbol{E} \times \boldsymbol{H}^*) \cdot \boldsymbol{a}_z \, dS = \iint_S (\boldsymbol{E}_t \times \boldsymbol{H}_t^*) \cdot \boldsymbol{a}_z \, dS \\ &= \iint_S (V\boldsymbol{e} \times I^*\boldsymbol{h}) \cdot \boldsymbol{a}_z \, dS \\ &= VI^* \iint_S (\boldsymbol{e} \times \boldsymbol{h}) \cdot \boldsymbol{a}_z \, dS \end{aligned}$$

ただし，$\boldsymbol{e}(\boldsymbol{\rho}), \boldsymbol{h}(\boldsymbol{\rho})$ は次のように正規化されている場合を考える．

$$\iint_S (\boldsymbol{e} \times \boldsymbol{h}) \cdot \boldsymbol{a}_z \, dS = 1 \tag{3.22}$$

よって，

$$\begin{aligned} P &= VI^* \iint_S (\boldsymbol{e} \times \boldsymbol{h}) \cdot \boldsymbol{a}_z \, dS \\ &= VI^* \end{aligned} \tag{3.23}$$

●伝送波の分類　伝送方向を z 軸方向として，伝送波は電界の z 成分 E_z，磁界の z 成分 H_z に着目して次のように分類される．

- **TEM 波**（transverse electromagnetic wave）：$E_z = 0, H_z = 0$．例えば，同軸線路，同軸導波管の基本モード．
- **TE 波**（transverse electric wave）：$E_z = 0, H_z \neq 0$．例えば，導波管の基本モードや高次モード．
- **TM 波**（transverse magnetic wave）：$E_z \neq 0, H_z = 0$．例えば，導波管の高次モード．
- **混成波**（hybrid wave）：$E_z \neq 0, H_z \neq 0$．例えば，周期構造のコルゲート導波管の基本モードや高次モード．

3.2 TEM 波

●z 軸方向に関する TEM 波 式 (3.14)，式 (3.15) より，TEM 波では $E_z = 0, H_z = 0$ とおき，

$$E_z = \frac{1}{j\omega\epsilon}\nabla_t \cdot (\boldsymbol{H}_t \times \boldsymbol{a}_z) = 0, \quad H_z = \frac{1}{j\omega\mu}\nabla_t \cdot (\boldsymbol{a}_z \times \boldsymbol{E}_t) = 0$$

よって，

$$\nabla_t \cdot (\boldsymbol{H}_t \times \boldsymbol{a}_z) = 0, \quad \nabla_t \cdot (\boldsymbol{a}_z \times \boldsymbol{E}_t) = 0$$

ベクトル公式 $\nabla_t \cdot (\nabla_t \times \boldsymbol{A}) = 0$ ゆえ，ベクトル $\boldsymbol{A}$ が存在する．しかも，上式より，$\nabla_t \times \boldsymbol{A}$ は z 軸に直交するので，スカラ関数 $\varPhi(\boldsymbol{\rho})$ をさらに考え，

$$\nabla_t \times \boldsymbol{A} = \nabla_t \times (\varPhi \boldsymbol{a}_z) = \nabla_t \varPhi \times \boldsymbol{a}_z = \boldsymbol{a}_z \times (-\nabla_t \varPhi)$$

これより，モード関数 $\boldsymbol{e}$ について，

$$\boldsymbol{e} = -\nabla \varPhi_e \tag{3.24}$$

を満たすスカラ関数 $\varPhi_e$ が定義できる．さらに電荷がない場合，

$$\nabla \cdot \boldsymbol{E} = \nabla \cdot \boldsymbol{E}_t = \nabla \cdot (V(z)\boldsymbol{e}) = 0$$

よって，$V \neq 0$ より，次の 2 次元のラプラスの方程式が得られる．

$$\nabla_t \cdot \boldsymbol{e} = \nabla_t \cdot (-\nabla \varPhi_e) = -\nabla_t^2 \varPhi_e = 0$$

式 (3.17) に $E_z = 0$，式 (3.19) に $H_z = 0$ を各々，代入して，

$$\frac{\partial \boldsymbol{E}_t}{\partial z} = -j\omega\mu \boldsymbol{H}_t \times \boldsymbol{a}_z, \quad \frac{\partial \boldsymbol{H}_t}{\partial z} = -j\omega\epsilon \boldsymbol{a}_z \times \boldsymbol{E}_t \tag{3.25}$$

モード関数 $\boldsymbol{e}, \boldsymbol{h}$ を用いると，

$$\frac{\partial V}{\partial z}\boldsymbol{e} = -j\omega\epsilon I \boldsymbol{h} \times \boldsymbol{a}_z, \quad \frac{\partial I}{\partial z}\boldsymbol{h} = -j\omega\epsilon V \boldsymbol{a}_z \times \boldsymbol{e} \tag{3.26}$$

上式の第 1 式より，$\boldsymbol{h} = \boldsymbol{a}_z \times \boldsymbol{e}$ とすると，ベクトル公式 [6)]より，

$$\begin{aligned} \boldsymbol{h} \times \boldsymbol{a}_z &= (\boldsymbol{a}_z \times \boldsymbol{e}) \times \boldsymbol{a}_z = (\boldsymbol{a}_z \cdot \boldsymbol{a}_z)\boldsymbol{e} - (\boldsymbol{e} \cdot \boldsymbol{a}_z)\boldsymbol{a}_z \\ &= \boldsymbol{e} \end{aligned}$$

このとき，$V(z), I(z)$ の関係は次のようになる．

$$\frac{\partial I(z)}{\partial z} = -j\omega\epsilon V(z), \quad \frac{\partial V(z)}{\partial z} = -j\omega\mu I(z)$$

[6)] $(\boldsymbol{a} \times \boldsymbol{b}) \times \boldsymbol{c} = (\boldsymbol{a} \cdot \boldsymbol{c})\boldsymbol{b} - (\boldsymbol{b} \cdot \boldsymbol{c})\boldsymbol{a}$

これは TEM 波の伝送方程式である．導電率 $\sigma \neq 0$ のとき，TEM 波の伝搬定数を $\gamma \equiv \sqrt{j\omega\mu(\sigma + j\omega\epsilon)}$ とおくと，

$$\begin{aligned}\frac{\partial^2 V}{\partial z^2} &= -j\omega\mu\frac{\partial I}{\partial z} = j\omega\mu(\sigma + j\omega\epsilon)V \\ &= \gamma^2 V \\ \frac{\partial^2 I}{\partial z^2} &= -(\sigma + j\omega\epsilon)\frac{\partial V}{\partial z} = (\sigma + j\omega\epsilon)j\omega\mu I \\ &= \gamma^2 I\end{aligned}$$

が得られ，TEM 波のモード電圧，モード電流に関する方程式は，分布定数回路の電圧，電流と同じ形で表される．これより，電圧 $V(z)$，電流 $I(z)$ は，

$$V(z) = V^+ e^{-\gamma z} + V^- e^{\gamma z} \tag{3.27}$$

$$\begin{aligned}I(z) &= -\frac{1}{j\omega\mu}\frac{dV}{dz} \\ &= \frac{\gamma}{j\omega\mu}\Big(V^+ e^{-\gamma z} - V^- e^{\gamma z}\Big)\end{aligned} \tag{3.28}$$

式 (3.27)，式 (3.28) より，電波インピーダンス Z_{w} は，

$$\begin{aligned}Z_{\mathrm{w}} &= \frac{j\omega\mu}{\gamma} = \frac{j\omega\mu}{\sqrt{j\omega\mu(\sigma + j\omega\epsilon)}} = \sqrt{\frac{j\omega\mu}{\sigma + j\omega\epsilon}} \\ &= \frac{1}{Y_{\mathrm{w}}}\end{aligned}$$

これより，TEM 波の伝送方程式は，

$$\begin{aligned}\frac{\partial V}{\partial z} &= -\gamma Z_{\mathrm{w}} I \\ \frac{\partial I}{\partial z} &= -\gamma Y_{\mathrm{w}} V\end{aligned}$$

なお，$\sigma = 0$ のとき，

$$\begin{aligned}Z_{\mathrm{w}}\Big|_{\sigma=0} &= \eta = \frac{j\omega\mu}{\gamma} \\ &= \frac{j\omega\mu}{\sqrt{j\omega\mu \cdot j\omega\epsilon}}\frac{\sqrt{\frac{j\omega\epsilon}{j\omega\mu}}}{\sqrt{\frac{j\omega\epsilon}{j\omega\mu}}} = \frac{\sqrt{j\omega\mu \cdot j\omega\epsilon}}{j\omega\epsilon} \\ &= \frac{\gamma}{j\omega\epsilon}\end{aligned}$$

●直列インダクタンス，並列キャパシタンス　伝送方向を z 軸方向とする完全導体の 2 本線路を考えると，電界の境界条件は，導体表面の電界の接線成分がゼロとなることである．TEM 波の場合，$E_z=0$ ゆえ，すでに境界条件を満足している．z 軸に直交する面内において導体表面の電界の接線成分 E_t については，境界条件より $E_t=0$ となる．また，$\boldsymbol{h}=\boldsymbol{a}_z\times\boldsymbol{e}$ の関係があるので，導体表面では磁界の法線成分 H_n については，$H_n=0$ が成り立つ．静電場の場合でも，導体表面では $E_t=0$ が成り立ち，電界のモード関数 $\boldsymbol{e}=-\nabla_t\varPhi_e$ を表すスカラ関数 $\varPhi_e$ は，ラプラスの方程式 $\nabla_t^2\varPhi_e=0$ を満足する．時間振動する場合の TEM 波においても，静電容量やインダクタンスを用いた計算が役に立つ．伝搬定数を γ として因子 $e^{\mp\gamma z}$ を用いると，式 (3.25) より，TEM 波の電界 $\boldsymbol{E}$（$=\boldsymbol{E}_t$）と磁界 $\boldsymbol{H}$（$=\boldsymbol{H}_t$）の関係は，z の微分を実行して次のようになる．

$$\mp\gamma\boldsymbol{E}=-j\omega\mu\boldsymbol{H}\times\boldsymbol{a}_z,\quad \mp\gamma\boldsymbol{H}=-j\omega\epsilon\boldsymbol{a}_z\times\boldsymbol{E}$$

$$\boldsymbol{E}=\pm\frac{j\omega\mu}{\gamma}\boldsymbol{H}\times\boldsymbol{a}_z=\eta\boldsymbol{H}\times(\pm\boldsymbol{a}_z)$$

$$\boldsymbol{H}=\pm\frac{j\omega\epsilon}{\gamma}\boldsymbol{a}_z\times\boldsymbol{E}=\frac{1}{\eta}(\pm\boldsymbol{a}_z)\times\boldsymbol{E}$$

電気的エネルギー，磁気的エネルギーを考え，次式を用いれば直列インダクタンス L，並列キャパシタンス C を求めることができる．

$$L=\frac{\mu}{I_0I_0^*}\oiint_S\boldsymbol{H}\cdot\boldsymbol{H}^*dS,\quad C=\frac{\epsilon}{V_0V_0^*}\oiint_S\boldsymbol{E}\cdot\boldsymbol{E}^*dS \tag{3.29}$$

ただし，S は伝送方向に直交する面内の電磁界が分布している領域を示す．

●円形同軸導波管の TEM モード　内導体半径が a，外導体半径が b の円形同軸導波管の TEM モードは，$k_\mathrm{c}=0$ より $\nabla_t^2\varPsi=0$ を解けばよい．円筒座標系 (ρ,ϕ,z) で表すと，

$$\frac{\partial}{\partial\rho}\left(\rho\frac{\partial\varPsi}{\partial\rho}\right)+\frac{1}{\rho}\frac{\partial^2\varPsi}{\partial\phi^2}=0$$

変数分離形 $\varPsi(\rho,\phi)=\mathcal{R}(\rho)\varPhi(\phi)$ で表すと，

$$\varPhi\frac{1}{\rho}\frac{d}{d\rho}\left(\rho\frac{d\mathcal{R}}{d\rho}\right)+\mathcal{R}\frac{1}{\rho^2}\frac{d^2\varPhi}{d\phi^2}=0$$

両辺に $\frac{\rho^2}{\varPsi}=\frac{\rho^2}{\mathcal{R}\varPhi}$ を乗じて，

$$\frac{\rho}{\mathcal{R}}\frac{d}{d\rho}\left(\rho\frac{d\mathcal{R}}{d\rho}\right)+\frac{1}{\varPhi}\frac{d^2\varPhi}{d\phi^2}=0 \tag{3.30}$$

第 2 項は ρ に対して独立ゆえ，

$$\frac{1}{\Phi}\frac{\partial^2\Phi}{\partial\phi^2} \equiv -m^2 \quad (\text{constant}), \quad \frac{\rho}{\mathcal{R}}\frac{d}{d\rho}\left(\rho\frac{d\mathcal{R}}{d\rho}\right) - m^2 = 0$$

完全導体表面（$\rho = a, b$）の境界条件より，$\Psi(\rho, \phi)$ は ϕ に依らない関数となるので，$m = 0$ である．したがって，Φ は定数となる．これより，ρ に関する方程式は，両辺に $\frac{\mathcal{R}}{\rho}$ を乗じて

$$\frac{d}{d\rho}\left(\rho\frac{d\mathcal{R}}{d\rho}\right) = 0$$

上式を ρ で不定積分して，

$$\int \frac{d}{d\rho}\left(\rho\frac{d\mathcal{R}}{d\rho}\right) d\rho = \rho\frac{d\mathcal{R}}{d\rho} + A_1 = 0$$

$$\frac{d\mathcal{R}}{d\rho} = -\frac{A_1}{\rho}$$

ただし，A_1 は積分定数を示す．さらに，両辺を ρ で不定積分して，

$$\int \frac{d\mathcal{R}}{d\rho}\, d\rho = -\int \frac{A_1}{\rho}\, d\rho$$

$$\mathcal{R}(\rho) = -A_1 \ln\rho + C_2 = C_1 \ln\rho + C_2 = \Psi(\rho) \tag{3.31}$$

ただし，C_1（$= -A_1$），C_2 は積分定数を示す．これより，モード関数 $\boldsymbol{e}, \boldsymbol{h}$ は次のようになる（図3.1参照）．

$$\boldsymbol{e} = -\nabla_t \Psi(\rho) = -\frac{\partial\mathcal{R}(\rho)}{\partial\rho}\boldsymbol{a}_\rho = -\frac{\partial}{\partial\rho}(C_1 \ln\rho + C_2)\boldsymbol{a}_\rho = -\frac{C_1}{\rho}\boldsymbol{a}_\rho \equiv e_\rho \boldsymbol{a}_\rho$$

$$\boldsymbol{h} = \boldsymbol{a}_z \times \boldsymbol{e} = \boldsymbol{a}_z \times e_\rho \boldsymbol{a}_\rho = e_\rho \boldsymbol{a}_\phi = -\frac{C_1}{\rho}\boldsymbol{a}_\phi \equiv h_\phi \boldsymbol{a}_\phi$$

モード関数の正規化条件より，

$$\int_S \left|\boldsymbol{e}(\rho)\right|^2 dS = \int_0^{2\pi}\int_a^b \left|\boldsymbol{e}(\rho)\right|^2 \rho\, d\rho d\phi = \int_0^{2\pi} d\phi \int_a^b \frac{C_1^2}{\rho^2}\rho\, d\rho$$

$$= 2\pi C_1^2 \int_a^b \frac{d\rho}{\rho} = 2\pi C_1^2 \Big[\ln\rho\Big]_a^b = 2\pi C_1^2 \ln\left(\frac{b}{a}\right) \equiv 1$$

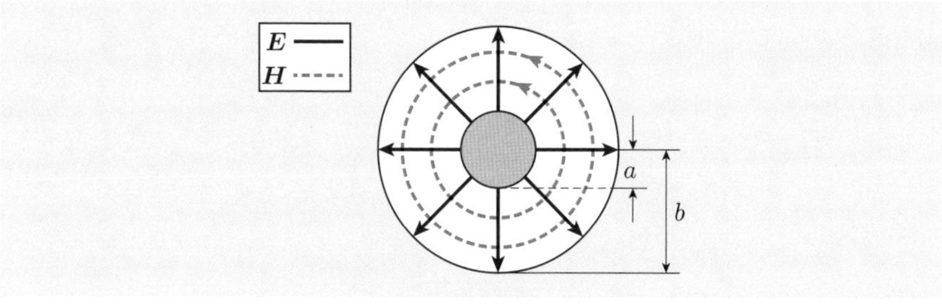

図3.1　円形同軸導波管の TEM モード

これより，正規化係数 C_1 は，$c \equiv \frac{b}{a}$ とおいて，

$$C_1 = \frac{1}{\sqrt{2\pi \ln\left(\frac{b}{a}\right)}} = \frac{1}{\sqrt{2\pi \ln c}} \tag{3.32}$$

このとき，未知係数を $A^{\pm}$ として電界 $\boldsymbol{E}$ を，

$$\boldsymbol{E} = A^{\pm}\boldsymbol{e}(\boldsymbol{\rho})e^{\mp\gamma z} = -A^{\pm}\frac{C_1}{\rho}e^{\mp\gamma z}\boldsymbol{a}_\rho = -\frac{A^{\pm}e^{\mp\gamma z}}{\rho\sqrt{2\pi \ln c}}\boldsymbol{a}_\rho = E_\rho \boldsymbol{a}_\rho \tag{3.33}$$

とすると，内導体の電位 V_0 は，

$$\begin{aligned} V_0 &= -\int_b^a E_\rho \, d\rho = \frac{A^{\pm}e^{\mp\gamma z}}{\sqrt{2\pi \ln c}}\int_b^a \frac{d\rho}{\rho} \\ &= \frac{A^{\pm}e^{\mp\gamma z}}{\sqrt{2\pi \ln c}} \ln\left(\frac{a}{b}\right) \end{aligned} \tag{3.34}$$

よって，

$$\boldsymbol{E} = -\frac{V_0}{\rho \ln\left(\frac{a}{b}\right)}\boldsymbol{a}_\rho = \frac{V_0}{\rho \ln\left(\frac{b}{a}\right)}\boldsymbol{a}_\rho = E_\rho \boldsymbol{a}_\rho, \quad E_\rho = \frac{V_0}{\rho \ln c} \tag{3.35}$$

静電場で求めた電界と $E_\rho \boldsymbol{a}_\rho$ は一致する．また，磁界 $\boldsymbol{H}$ は，

$$\boldsymbol{H} = \frac{A^{\pm}}{\eta}\boldsymbol{h}(\boldsymbol{\rho})e^{\mp\gamma z} = \frac{1}{\eta}\frac{V_0}{\rho \ln c}\boldsymbol{a}_\phi = H_\phi \boldsymbol{a}_\phi \tag{3.36}$$

一方，アンペアの周回積分より，内導体の電流 I_0 だけが鎖交するように，内導体と外導体の間の半径 ρ （$a \leq \rho < b$）の円周にわたって周回積分して，

$$\begin{aligned} I_0 &= \int_0^{2\pi} H_\phi \rho \, d\phi = \int_0^{2\pi} \frac{1}{\eta}\frac{V_0}{\rho \ln c}\rho \, d\phi \\ &= \frac{2\pi}{\eta}\frac{V_0}{\ln c} \end{aligned} \tag{3.37}$$

これより，

$$\boldsymbol{H} = \frac{I_0}{2\pi\rho}\boldsymbol{a}_\phi = H_\phi \boldsymbol{a}_\phi, \quad H_\phi = \frac{I_0}{2\pi\rho} \tag{3.38}$$

直流電流により求めた磁界と $H_0 \boldsymbol{a}_\phi$ は一致する．特性インピーダンス Z_0 は，

$$\begin{aligned} Z_0 &= \frac{V_0}{I_0} = \frac{\eta}{2\pi}\ln c \\ &= \frac{1}{2\pi}\sqrt{\frac{\mu}{\epsilon}}\ln\left(\frac{b}{a}\right) \end{aligned} \tag{3.39}$$

●電気的エネルギー，磁気的エネルギー 単位長の電気的エネルギー W_{e} は，

$$
\begin{aligned}
W_{\mathrm{e}} &= \frac{\epsilon}{2}\iint_S |E_\rho|^2\, dS \\
&= \frac{\epsilon}{2}\int_a^b \int_0^{2\pi} \frac{|V_0|^2}{(\rho \ln c)^2}\rho\, d\phi d\rho \\
&= \frac{\epsilon}{2(\ln c)^2}|V_0|^2 2\pi \int_a^b \frac{d\rho}{\rho} \\
&= \frac{\pi\epsilon}{\ln c}|V_0|^2 \\
&= \frac{1}{2}C|V_0|^2
\end{aligned}
\tag{3.40}
$$

これより，単位長当たりのキャパシタンス C は，

$$
C = \frac{2\pi\epsilon}{\ln\left(\frac{b}{a}\right)} = \frac{2\pi\epsilon}{\ln c} \tag{3.41}
$$

同様にして，単位長の磁気的エネルギー W_{m} は，

$$
\begin{aligned}
W_{\mathrm{m}} &= \frac{\mu}{2}\iint_S |H_\phi|^2\, dS \\
&= \frac{\mu}{2}\int_a^b \int_0^{2\pi} \frac{|I_0|^2}{(2\pi\rho)^2}\rho\, d\phi d\rho \\
&= \frac{\mu}{8\pi^2}|I_0|^2 2\pi \int_a^b \frac{d\rho}{\rho} \\
&= \frac{\mu}{4\pi}|I_0|^2 \ln\left(\frac{b}{a}\right) \\
&= \frac{1}{2}L|I_0|^2
\end{aligned}
\tag{3.42}
$$

これより，単位長当たりのインダクタンス L は，

$$
L = \frac{\mu}{2\pi}\ln\left(\frac{b}{a}\right) = \frac{\mu}{2\pi}\ln c \tag{3.43}
$$

●**磁束，電荷**　内導体と外導体の間の単位長の磁束 ψ は，

$$\begin{aligned}\psi &= \int_0^1 \int_a^b \mu \boldsymbol{H} \cdot \boldsymbol{a}_\phi \, d\rho dz \\ &= \mu \int_a^b H_\phi \, d\rho = \mu \int_a^b \frac{I_0}{2\pi\rho} \, d\rho \\ &= \frac{\mu I_0}{2\pi} \int_a^b \frac{d\rho}{\rho} = \frac{\mu I_0}{2\pi} \ln\left(\frac{b}{a}\right) \end{aligned} \tag{3.44}$$

単位長当たりのインダクタンス L は，$\psi = LI_0$ より，

$$L = \frac{\psi}{I_0} = \frac{\mu}{2\pi} \ln\left(\frac{b}{a}\right) = \frac{\mu}{2\pi} \ln c \tag{3.45}$$

これは磁気的エネルギーより求めた結果と一致する．電界に対するガウスの法則より，内導体単位長当たりの電荷を Q とすると，半径 ρ（$a \leq \rho < b$）の単位長円筒面 S で面積分して，

$$\begin{aligned}Q &= \epsilon \iint_S \boldsymbol{E} \cdot \boldsymbol{a}_\rho \, dS = \epsilon \int_0^1 \int_0^{2\pi} \frac{V_0}{\rho \ln\left(\frac{b}{a}\right)} \rho \, d\phi dz \\ &= \frac{2\pi\epsilon V_0}{\ln\left(\frac{b}{a}\right)} \end{aligned} \tag{3.46}$$

よって，単位長当たりのキャパシタンス C は，$Q = CV_0$ より，

$$C = \frac{2\pi\epsilon}{\ln\left(\frac{b}{a}\right)} = \frac{2\pi\epsilon}{\ln c} \tag{3.47}$$

これは電気的エネルギーより求めた結果と一致する．式 (3.45)，式 (3.47) より，次式が成り立つ．

$$\begin{aligned}LC &= \frac{\mu}{2\pi} \ln c \frac{2\pi\epsilon}{\ln c} \\ &= \epsilon\mu \end{aligned} \tag{3.48}$$

特性インピーダンス Z_0 を L, C から求めると，

$$\begin{aligned}Z_0 &= \sqrt{\frac{L}{C}} = \sqrt{\frac{\frac{\mu}{2\pi} \ln c}{\frac{2\pi\epsilon}{\ln c}}} \\ &= \frac{1}{2\pi} \sqrt{\frac{\mu}{\epsilon}} \ln c \end{aligned} \tag{3.49}$$

3.3 TE波，TM波

●スカラヘルムホルツ方程式 TE 波，TM 波の計算には，磁気的ベクトルポテンシャル $\boldsymbol{A}$，電気的ベクトルポテンシャル $\boldsymbol{F}$ がよく用いられる．ベクトルヘルムホルツ方程式

$$\left(\nabla^2 + k^2\right)\boldsymbol{A} = 0, \quad \left(\nabla^2 + k^2\right)\boldsymbol{F} = 0$$

において，ベクトルポテンシャルを $\psi \boldsymbol{a}_z$ とおくと，$\boldsymbol{a}_z$ 成分から次のようなスカラヘルムホルツ方程式が得られる（$\boldsymbol{a}_z$ は z 軸方向の単位ベクトル）．

$$\nabla^2\psi + k^2\psi = 0 \tag{3.50}$$

いま，z 軸に直交する面内の位置ベクトルを $\boldsymbol{\rho}$ とおき，座標系 $(\boldsymbol{\rho}, z)$ を考える．例えば，直角座標系 (x, y, z) では $\boldsymbol{\rho} = x\boldsymbol{a}_x + y\boldsymbol{a}_y$，円筒座標系 (ρ, ϕ, z) では $\boldsymbol{\rho} = \rho\boldsymbol{a}_\rho$ である．2 次元微分演算子 ∇_t を用いれば，ラプラシアン ∇^2 は，

$$\begin{aligned}\nabla^2 &= \nabla \cdot \nabla = \left(\nabla_t + \boldsymbol{a}_z\frac{\partial}{\partial z}\right) \cdot \left(\nabla_t + \boldsymbol{a}_z\frac{\partial}{\partial z}\right) \\ &= \nabla_t^2 + \frac{\partial^2}{\partial z^2}\end{aligned}$$

変数分離形で $\psi = \Psi(\boldsymbol{\rho})\mathcal{Z}(z)$ とおき，スカラヘルムホルツ方程式に代入して，両辺を $\Psi\mathcal{Z}$（$\neq 0$）で割ると，

$$\frac{1}{\Psi}\nabla_t^2\Psi + \frac{1}{\mathcal{Z}}\frac{\partial^2\mathcal{Z}}{\partial z^2} + k^2 = 0$$

上式の第 1 項および第 3 項は z に対して独立であるから，

$$\begin{aligned}\frac{1}{\mathcal{Z}}\frac{d^2\mathcal{Z}}{dz^2} &= -k_z^2 \quad \text{(constant)} \\ \frac{1}{\Psi}\nabla_t^2\Psi - k_z^2 + k^2 &= 0\end{aligned}$$

ここで，$k_c^2 \equiv k^2 - k_z^2$ とおくと，次式を得る．

$$\frac{d^2\mathcal{Z}}{dz^2} + k_z^2\mathcal{Z} = 0$$

$$\nabla_t^2\Psi + k_c^2\Psi = 0 \tag{3.51}$$

これより，$\mathcal{Z}(z)$ は，

$$\mathcal{Z}(z) = Ae^{-jk_z z} + Be^{jk_z z} \tag{3.52}$$

●TE 波の電磁界　誘電率 ϵ（スカラ）が一定の一様媒質において，電気的ベクトルポテンシャル $\boldsymbol{F}$ より電束密度 $\boldsymbol{D}$ は，

$$\boldsymbol{D} = -\nabla \times \boldsymbol{F} = \epsilon \boldsymbol{E} \tag{3.53}$$

これより，$\boldsymbol{F}$ を z 成分のみとすれば TE 波の電界 $\boldsymbol{E}^{\mathrm{TE}}$ が求められる．そこで，$\boldsymbol{F} = \epsilon \psi^{\mathrm{TE}} \boldsymbol{a}_z$ とおいて，

$$\begin{aligned}\boldsymbol{E}^{\mathrm{TE}} &= -\frac{1}{\epsilon}\nabla \times \boldsymbol{F} = -\nabla \times \left(\psi^{\mathrm{TE}}\boldsymbol{a}_z\right) = -\left(\nabla\psi^{\mathrm{TE}}\right) \times \boldsymbol{a}_z \\ &= \boldsymbol{a}_z \times \left(\nabla\psi^{\mathrm{TE}}\right) = \boldsymbol{a}_z \times \left(\nabla_t + \boldsymbol{a}_z\frac{\partial}{\partial z}\right)\psi^{\mathrm{TE}} = \boldsymbol{a}_z \times \nabla_t\psi^{\mathrm{TE}}\end{aligned}$$

ここで，$\psi^{\mathrm{TE}}(\boldsymbol{\rho}, z) \equiv \Psi^{\mathrm{TE}}(\boldsymbol{\rho})\mathcal{Z}^{\mathrm{TE}}(z)$ とおくと，

$$\boldsymbol{E}^{\mathrm{TE}} = \boldsymbol{a}_z \times \nabla_t\left(\Psi^{\mathrm{TE}}\mathcal{Z}^{\mathrm{TE}}\right) = \mathcal{Z}^{\mathrm{TE}}\boldsymbol{a}_z \times \nabla_t\Psi^{\mathrm{TE}} \tag{3.54}$$

次に，磁界 $\boldsymbol{H}^{\mathrm{TE}}$ を求めるため，上式の回転をとると，

$$\begin{aligned}\nabla \times \boldsymbol{E}^{\mathrm{TE}} &= \left(\nabla_t + \boldsymbol{a}_z\frac{\partial}{\partial z}\right) \times \left(\boldsymbol{a}_z \times \nabla_t\psi^{\mathrm{TE}}\right) \\ &= \nabla_t \times \left(\boldsymbol{a}_z \times \nabla_t\psi^{\mathrm{TE}}\right) + \boldsymbol{a}_z \times \boldsymbol{a}_z \times \frac{\partial}{\partial z}\left(\nabla_t\psi^{\mathrm{TE}}\right)\end{aligned} \tag{3.55}$$

式 (3.55) の第 2 項は，ベクトル公式 [7] を用いて，

$$\begin{aligned}&\boldsymbol{a}_z \times \left\{\boldsymbol{a}_z \times \frac{\partial}{\partial z}\left(\nabla_t\psi^{\mathrm{TE}}\right)\right\} \\ &= \left\{\boldsymbol{a}_z \cdot \frac{\partial}{\partial z}\left(\nabla_t\psi^{\mathrm{TE}}\right)\right\}\boldsymbol{a}_z - (\boldsymbol{a}_z \cdot \boldsymbol{a}_z)\frac{\partial}{\partial z}\left(\nabla_t\psi^{\mathrm{TE}}\right) \\ &= -\frac{\partial}{\partial z}\left(\nabla_t\psi^{\mathrm{TE}}\right) = -\frac{\partial}{\partial z}\left(\mathcal{Z}^{\mathrm{TE}}\nabla_t\Psi^{\mathrm{TE}}\right) = -\left(\nabla_t\Psi^{\mathrm{TE}}\right)\frac{d\mathcal{Z}}{dz}\end{aligned} \tag{3.56}$$

式 (3.55) の第 1 項は，ベクトル公式 [8] を用いて，

$$\begin{aligned}&\nabla_t \times \left(\boldsymbol{a}_z \times \nabla_t\psi^{\mathrm{TE}}\right) \\ &= \left(\nabla_t \cdot \nabla_t\psi^{\mathrm{TE}}\right)\boldsymbol{a}_z + \left(\nabla_t\psi^{\mathrm{TE}} \cdot \nabla_t\right)\boldsymbol{a}_z - (\nabla_t \cdot \boldsymbol{a}_z)\nabla_t\psi^{\mathrm{TE}} - (\boldsymbol{a}_z \cdot \nabla_t)\nabla_t\psi^{\mathrm{TE}}\end{aligned}$$

上式の第 2 項，第 3 項は $\boldsymbol{a}_z$ が定ベクトルゆえ，

$$\left(\nabla_t\psi^{\mathrm{TE}} \cdot \nabla_t\right)\boldsymbol{a}_z = 0, \quad -(\nabla_t \cdot \boldsymbol{a}_z)\nabla_t\psi^{\mathrm{TE}} = 0$$

また，第 4 項もベクトルが直交するので，

$$-(\boldsymbol{a}_z \cdot \nabla_t)\nabla_t\psi^{\mathrm{TE}} = 0$$

[7] $\boldsymbol{a} \times (\boldsymbol{b} \times \boldsymbol{c}) = (\boldsymbol{a} \cdot \boldsymbol{c})\boldsymbol{b} - (\boldsymbol{a} \cdot \boldsymbol{b})\boldsymbol{c}$

[8] $\nabla \times (\boldsymbol{b} \times \boldsymbol{c}) = \boldsymbol{b}(\nabla \cdot \boldsymbol{c}) + (\boldsymbol{c} \cdot \nabla)\boldsymbol{b} - \boldsymbol{c}(\nabla \cdot \boldsymbol{b}) - (\boldsymbol{b} \cdot \nabla)\boldsymbol{c}$

よって，この式は第 1 項のみ値をもち，

$$\begin{aligned}\nabla_t \times \boldsymbol{a}_z \times \nabla_t \psi^{\mathrm{TE}} &= \left(\nabla_t \cdot \nabla_t \psi^{\mathrm{TE}}\right) \boldsymbol{a}_z = \left(\nabla_t^2 \psi^{\mathrm{TE}}\right) \boldsymbol{a}_z \\ &= \nabla_t^2 \left(\Psi^{\mathrm{TE}} \mathcal{Z}^{\mathrm{TE}}\right) \boldsymbol{a}_z \\ &= \left(\mathcal{Z}^{\mathrm{TE}} \nabla_t^2 \Psi^{\mathrm{TE}}\right) \boldsymbol{a}_z\end{aligned}$$

ここで，Ψ^{TE} に関するヘルムホルツ方程式 $\nabla_t^2 \Psi^{\mathrm{TE}} = -k_{\mathrm{c}}^2 \Psi^{\mathrm{TE}}$ より，

$$\begin{aligned}\nabla_t \times \boldsymbol{a}_z \times \nabla_t \psi^{\mathrm{TE}} &= \mathcal{Z}^{\mathrm{TE}} \left(-k_{\mathrm{c}}^2 \Psi^{\mathrm{TE}}\right) \boldsymbol{a}_z \\ &= -k_{\mathrm{c}}^2 \Psi^{\mathrm{TE}} \mathcal{Z}^{\mathrm{TE}} \boldsymbol{a}_z\end{aligned}$$

したがって，TE 波の磁界 $\boldsymbol{H}^{\mathrm{TE}}$ は次のようになる．

$$\begin{aligned}\boldsymbol{H}^{\mathrm{TE}} &= -\frac{1}{j\omega\mu} \nabla \times \boldsymbol{E}^{\mathrm{TE}} \\ &= -\frac{1}{j\omega\mu} \left\{-k_{\mathrm{c}}^2 \Psi^{\mathrm{TE}} \mathcal{Z}^{\mathrm{TE}} \boldsymbol{a}_z - \nabla_t \Psi^{\mathrm{TE}} \frac{d\mathcal{Z}^{\mathrm{TE}}}{dz}\right\} \\ &= \frac{1}{j\omega\mu} \left(\nabla_t \Psi^{\mathrm{TE}}\right) \frac{d\mathcal{Z}^{\mathrm{TE}}}{dz} + \frac{k_{\mathrm{c}}^2}{j\omega\mu} \Psi^{\mathrm{TE}} \mathcal{Z}^{\mathrm{TE}} \boldsymbol{a}_z\end{aligned}$$

横断面内ベクトルと z 方向に沿うベクトルに分けて，

$$\boldsymbol{E}^{\mathrm{TE}} \equiv \boldsymbol{E}_t^{\mathrm{TE}} + E_z^{\mathrm{TE}} \boldsymbol{a}_z, \quad \boldsymbol{H}^{\mathrm{TE}} \equiv \boldsymbol{H}_t^{\mathrm{TE}} + H_z^{\mathrm{TE}} \boldsymbol{a}_z$$

とすると，

$$\boldsymbol{E}_t^{\mathrm{TE}} = \left(\boldsymbol{a}_z \times \nabla_t \Psi^{\mathrm{TE}}\right) \mathcal{Z}^{\mathrm{TE}}, \quad E_z^{\mathrm{TE}} = 0$$

$$\boldsymbol{H}_t^{\mathrm{TE}} = \left(\nabla_t \Psi^{\mathrm{TE}}\right) \frac{1}{j\omega\mu} \frac{d\mathcal{Z}^{\mathrm{TE}}}{dz}, \quad H_z^{\mathrm{TE}} = \frac{k_{\mathrm{c}}^2}{j\omega\mu} \Psi^{\mathrm{TE}} \mathcal{Z}^{\mathrm{TE}}$$

モード関数 $\boldsymbol{e}^{\mathrm{TE}}(\boldsymbol{\rho}), \boldsymbol{h}^{\mathrm{TE}}(\boldsymbol{\rho}), V^{\mathrm{TE}}(z), I^{\mathrm{TE}}(z)$ によって横断面内電磁界を変数分離して，

$$\boldsymbol{E}^{\mathrm{TE}}(\boldsymbol{\rho}, z) \equiv \boldsymbol{e}^{\mathrm{TE}}(\boldsymbol{\rho}) V^{\mathrm{TE}}(z), \quad \boldsymbol{H}_t^{\mathrm{TE}}(\boldsymbol{\rho}, z) \equiv \boldsymbol{h}^{\mathrm{TE}}(\boldsymbol{\rho}) I^{\mathrm{TE}}(z)$$

とおくと，

$$\boldsymbol{e}^{\mathrm{TE}} = \boldsymbol{a}_z \times \nabla_t \Psi^{\mathrm{TE}}, \quad \boldsymbol{h}^{\mathrm{TE}} = -\nabla_t \Psi^{\mathrm{TE}} \tag{3.57}$$

ここで，

$$\boldsymbol{e}^{\mathrm{TE}} = \boldsymbol{h}^{\mathrm{TE}} \times \boldsymbol{a}_z, \quad \boldsymbol{h}^{\mathrm{TE}} = \boldsymbol{a}_z \times \boldsymbol{e}^{\mathrm{TE}}$$

が成り立つ．また，

$$V^{\mathrm{TE}} = \mathcal{Z}^{\mathrm{TE}}, \quad I^{\mathrm{TE}} = -\frac{1}{j\omega\mu} \frac{d\mathcal{Z}^{\mathrm{TE}}}{dz} \tag{3.58}$$

●TM 波の電磁界 透磁率 μ（定数）の一様媒質において，磁気的ベクトルポテンシャル $\boldsymbol{A}$ を用いて電束密度 $\boldsymbol{B}$ は，

$$\boldsymbol{B} = \nabla \times \boldsymbol{A} = \mu \boldsymbol{H} \tag{3.59}$$

これより，$\boldsymbol{A}$ を z 成分のみとすれば TM 波の磁界 $\boldsymbol{H}^{\mathrm{TM}}$ が求められ，$\boldsymbol{A} = \mu\psi^{\mathrm{TM}}\boldsymbol{a}_z$ とおけば，

$$\begin{aligned}\boldsymbol{H}^{\mathrm{TM}} &= -\boldsymbol{a}_z \times \nabla_t \psi^{\mathrm{TM}} \\ &= -\mathcal{Z}^{\mathrm{TM}}\boldsymbol{a}_z \times \nabla_t \Psi^{\mathrm{TM}}\end{aligned}$$

ただし，$\psi^{\mathrm{TM}} \equiv \Psi^{\mathrm{TM}}(\boldsymbol{\rho})\mathcal{Z}^{\mathrm{TM}}(z)$．また，TM 波の電界 $\boldsymbol{E}^{\mathrm{TM}}$ は，

$$\begin{aligned}\boldsymbol{E}^{\mathrm{TM}} &= \frac{1}{j\omega\epsilon}\nabla \times \boldsymbol{H}^{\mathrm{TM}} \\ &= \frac{1}{j\omega\epsilon}\left(\nabla_t \Psi^{\mathrm{TM}}\right)\frac{d\mathcal{Z}^{\mathrm{TM}}}{dz} + \frac{k_{\mathrm{c}}^2}{j\omega\epsilon}\Psi^{\mathrm{TM}}\mathcal{Z}^{\mathrm{TM}}\boldsymbol{a}_z\end{aligned} \tag{3.60}$$

横断面内ベクトルと z 方向に沿うベクトルに分けて．

$$\boldsymbol{E}^{\mathrm{TM}} \equiv \boldsymbol{E}_t^{\mathrm{TM}} + E_z^{\mathrm{TM}}\boldsymbol{a}_z, \quad \boldsymbol{H}^{\mathrm{TM}} \equiv \boldsymbol{H}_t^{\mathrm{TM}} + H_z^{\mathrm{TM}}\boldsymbol{a}_z$$

とすると，

$$\begin{aligned}\boldsymbol{E}_t^{\mathrm{TM}} &= \left(\nabla_t \Psi^{\mathrm{TM}}\right)\frac{1}{j\omega\epsilon}\frac{d\mathcal{Z}^{\mathrm{TM}}}{dz}, \qquad E_z^{\mathrm{TM}} = \frac{k_{\mathrm{c}}^2}{j\omega\epsilon}\Psi^{\mathrm{TM}}\mathcal{Z}^{\mathrm{TM}} \\ \boldsymbol{H}_t^{\mathrm{TM}} &= -\left(\boldsymbol{a}_z \times \nabla_t \Psi^{\mathrm{TM}}\right)\mathcal{Z}^{\mathrm{TM}}, \quad H_z^{\mathrm{TM}} = 0\end{aligned}$$

同様にして，

$$\begin{aligned}\boldsymbol{E}^{\mathrm{TM}}(\boldsymbol{\rho}, z) &\equiv \boldsymbol{e}^{\mathrm{TM}}(\boldsymbol{\rho})V^{\mathrm{TM}}(z) \\ \boldsymbol{H}_t^{\mathrm{TM}}(\boldsymbol{\rho}, z) &\equiv \boldsymbol{h}^{\mathrm{TM}}(\boldsymbol{\rho})I^{\mathrm{TM}}(z)\end{aligned}$$

とおくと，TM 波のモード関数は，

$$\boldsymbol{e}^{\mathrm{TM}} = -\nabla_t \Psi^{\mathrm{TM}}, \quad \boldsymbol{h}^{\mathrm{TM}} = -\boldsymbol{a}_z \times \nabla_t \Psi^{\mathrm{TM}} \tag{3.61}$$

ここで，

$$\boldsymbol{e}^{\mathrm{TM}} = \boldsymbol{h}^{\mathrm{TM}} \times \boldsymbol{a}_z, \quad \boldsymbol{h}^{\mathrm{TM}} = \boldsymbol{a}_z \times \boldsymbol{e}^{\mathrm{TM}}$$

が成り立つ．また，

$$V^{\mathrm{TM}} = -\frac{1}{j\omega\epsilon}\frac{d\mathcal{Z}^{\mathrm{TM}}}{dz}, \quad I^{\mathrm{TM}} = \mathcal{Z}^{\mathrm{TM}} \tag{3.62}$$

●モード電圧，モード電流 TE 波について，

$$V^{\mathrm{TE}} = \mathcal{Z}^{\mathrm{TE}} = V_{\mathrm{TE}}^{+} e^{-jk_z z} + V_{\mathrm{TE}}^{-} e^{jk_z z}$$

とおくと，

$$\begin{aligned} I^{\mathrm{TE}} &= -\frac{1}{j\omega\mu} \cdot \frac{d\mathcal{Z}^{\mathrm{TE}}}{dz} = -\frac{1}{j\omega\mu}\frac{d}{dz}\left(V_{\mathrm{TE}}^{+} e^{-jk_z z} + V_{\mathrm{TE}}^{-} e^{jk_z z}\right) \\ &= \frac{k_z}{\omega\mu}\left(V_{\mathrm{TE}}^{+} e^{-jk_z z} - V_{\mathrm{TE}}^{-} e^{jk_z z}\right) \equiv I_{\mathrm{TE}}^{+} e^{-jk_z z} - I_{\mathrm{TE}}^{-} e^{jk_z z} \end{aligned}$$

ここで，インピーダンス Z_0^{TE}，アドミタンス Y_0^{TE} を次式で定義する．

$$Y_0^{\mathrm{TE}} \equiv \frac{I_{\pm}^{\mathrm{TE}}}{V_{\pm}^{\mathrm{TE}}} = \frac{k_z}{\omega\mu} = \frac{1}{Z_0^{\mathrm{TE}}} \tag{3.63}$$

これより，

$$I^{\mathrm{TE}} = \frac{1}{Z_0^{\mathrm{TE}}}\left(V_{\mathrm{TE}}^{+} e^{-jk_z z} - V_{\mathrm{TE}}^{-} e^{jk_z z}\right)$$

一方，TM 波については，

$$I^{\mathrm{TM}} = \mathcal{Z}^{\mathrm{TM}} = I_{\mathrm{TM}}^{+} e^{-jk_z z} - I_{\mathrm{TM}}^{-} e^{jk_z z}$$

とおくと，

$$\begin{aligned} V^{\mathrm{TM}} &= -\frac{1}{j\omega\epsilon} \cdot \frac{d\mathcal{Z}^{\mathrm{TM}}}{dz} = -\frac{1}{j\omega\epsilon}\frac{d}{dz}\left(I_{\mathrm{TM}}^{+} e^{-jk_z z} - I_{\mathrm{TM}}^{-} e^{jk_z z}\right) \\ &= \frac{k_z}{\omega\epsilon}\left(I_{\mathrm{TM}}^{+} e^{-jk_z z} + I_{\mathrm{TM}}^{-} e^{jk_z z}\right) \equiv V_{\mathrm{TM}}^{+} e^{-jk_z z} + V_{\mathrm{TM}}^{-} e^{jk_z z} \end{aligned}$$

ここで，インピーダンス Z_0^{TM}，アドミタンス Y_0^{TM} を次式で定義する．

$$Z_0^{\mathrm{TM}} \equiv \frac{V_{\pm}^{\mathrm{TM}}}{I_{\pm}^{\mathrm{TM}}} = \frac{k_z}{\omega\epsilon} = \frac{1}{Y_0^{\mathrm{TM}}} \tag{3.64}$$

これより，

$$I^{\mathrm{TM}} = \frac{1}{Z_0^{\mathrm{TM}}}\left(V_{\mathrm{TM}}^{+} e^{-jk_z z} - V_{\mathrm{TM}}^{-} e^{jk_z z}\right)$$

インピーダンスを

$$Z_0 = \begin{cases} Z_0^{\mathrm{TE}} = \dfrac{\omega\mu}{k_z} & (\mathrm{TE\ mode}) \\ Z_0^{\mathrm{TM}} = \dfrac{k_z}{\omega\epsilon} & (\mathrm{TM\ mode}) \end{cases} \tag{3.65}$$

とすると，モード電圧およびモード電流は，TE 波，TM 波ともに同じ形で表され，次のようになる．

$$V(z) = V^{+} e^{-jk_z z} + V^{-} e^{jk_z z}, \quad I(z) = \frac{1}{Z_0}\left(V^{+} e^{-jk_z z} - V^{-} e^{jk_z z}\right)$$

●均一導波管の境界条件（管壁が完全導体の場合）　TE モードについては，$E_z^{\mathrm{TE}}=0$ ゆえ，導波管の管壁上の接線成分に対する境界条件は，導波菅の断面内で考えればよい．管壁 C に沿う接線単位ベクトルを $\boldsymbol{a}_\sigma$，管壁の法線ベクトルを $\boldsymbol{n}$ とおくと，境界条件より，$\boldsymbol{a}_\sigma$ に沿う電界成分（$\boldsymbol{E}^{\mathrm{TE}}\cdot\boldsymbol{a}_\sigma$）は，

$$\begin{aligned}\boldsymbol{E}^{\mathrm{TE}}\cdot\boldsymbol{a}_\sigma &= \mathcal{Z}^{\mathrm{TE}}\left(\boldsymbol{a}_z\times\nabla_t\Psi^{\mathrm{TE}}\right)\cdot\boldsymbol{a}_\sigma\\ &= \mathcal{Z}^{\mathrm{TE}}\left(\boldsymbol{a}_\sigma\times\boldsymbol{a}_z\right)\cdot\nabla_t\Psi^{\mathrm{TE}}\\ &= \mathcal{Z}^{\mathrm{TE}}\boldsymbol{n}\cdot\nabla_t\Psi^{\mathrm{TE}}\end{aligned}$$

導波管の管壁が完全導体の場合，境界条件 $\boldsymbol{E}^{\mathrm{TE}}\cdot\boldsymbol{a}_\sigma=0$ より（$\mathcal{Z}^{\mathrm{TE}}\neq 0$），

$$\boldsymbol{n}\cdot\nabla_t\Psi^{\mathrm{TE}}=\boldsymbol{n}\cdot\left(\frac{\partial\Psi^{\mathrm{TE}}}{\partial n}\boldsymbol{n}+\frac{\partial\Psi^{\mathrm{TE}}}{\partial\sigma}\boldsymbol{a}_\sigma\right)=\frac{\partial\Psi^{\mathrm{TE}}}{\partial n}=0\quad(\text{on }C)\tag{3.66}$$

TM モードについては，導波管の管壁が完全導体の場合，管壁 C 上で電界 $\boldsymbol{E}^{\mathrm{TM}}$ の接線成分はゼロであるので，式 (3.60) において $k_{\mathrm{c}}\neq 0$ のとき，$\mathcal{Z}^{\mathrm{TM}}\neq 0$ より，

$$\Psi^{\mathrm{TM}}=0\quad(\text{on }C)\tag{3.67}$$

式 (3.60) において $k_{\mathrm{c}}=0$ のとき，電界の z 成分はゼロ．また，磁界の z 方向もゼロゆえ，TEM モードである．このとき，

$$\nabla_t^2\Psi=\nabla_t\cdot\nabla_t\Psi=0$$

遮断波数 k_{c} がゼロゆえ，これは全ての周波数で伝搬するモードである．

●モード関数の性質　モードの次数を i とすると，TE モードについては，

$$\boldsymbol{e}_i^{\mathrm{TE}}=\boldsymbol{a}_z\times\nabla_t\Psi_i^{\mathrm{TE}},\quad \boldsymbol{h}_i^{\mathrm{TE}}=-\nabla_t\Psi_i^{\mathrm{TE}}\tag{3.68}$$

また，TM モードについては，

$$\boldsymbol{e}_i^{\mathrm{TM}}=-\nabla_t\Psi_i^{\mathrm{TM}},\quad \boldsymbol{h}_i^{\mathrm{TM}}=-\boldsymbol{a}_z\times\nabla_t\Psi_i^{\mathrm{TM}}\tag{3.69}$$

ただし，$\Psi_i^{\mathrm{TE}},\Psi_i^{\mathrm{TM}}$ をまとめて Ψ_i で表したとき，次式を満足する．

$$\nabla_t^2\Psi_i+k_{\mathrm{c},i}^2\Psi_i=0\tag{3.70}$$

このようなモード関数についてスカラ積をとり，断面にわたって面積分すると，TM モードでは，

$$\iint_S\boldsymbol{e}_i^{\mathrm{TM}}\cdot\boldsymbol{e}_j^{\mathrm{TM}}\,dS=\iint_S\left(\nabla_t\Psi_i^{\mathrm{TM}}\right)\cdot\left(\nabla_t\Psi_j^{\mathrm{TM}}\right)dS$$

グリーンの第一定理[9]を 2 次元演算子 ∇_t を用いて表すと，

$$\iint_S \left(\nabla_t \Psi_i^{\mathrm{TM}}\right) \cdot \left(\nabla_t \Psi_j^{\mathrm{TM}}\right) dS = -\iint_S \Psi_i^{\mathrm{TM}} \nabla_t^2 \Psi_j^{\mathrm{TM}}\, dS + \oint_C \Psi_i^{\mathrm{TM}} \frac{\partial \Psi_j^{\mathrm{TM}}}{\partial n}\, d\sigma$$

このとき，均一導波管の TM モードの境界条件 $\Psi_i^{\mathrm{TM}} = 0$（on C）より，上式右辺の第 2 項は，

$$\oint_C \Psi_i^{\mathrm{TM}} \frac{\partial \Psi_j^{\mathrm{TM}}}{\partial n}\, d\sigma = 0 \tag{3.71}$$

式 (3.70) より，

$$\iint_S \boldsymbol{e}_i^{\mathrm{TM}} \cdot \boldsymbol{e}_j^{\mathrm{TM}}\, dS = \left(k_{\mathrm{c},i}^{\mathrm{TM}}\right)^2 \iint_S \Psi_i^{\mathrm{TM}} \Psi_j^{\mathrm{TM}}\, dS$$

また，Ψ と Φ を交換して同様に求めると，

$$\iint_S \boldsymbol{e}_i^{\mathrm{TM}} \cdot \boldsymbol{e}_j^{\mathrm{TM}}\, dS = \left(k_{\mathrm{c},j}^{\mathrm{TM}}\right)^2 \iint_S \Psi_i^{\mathrm{TM}} \Psi_j^{\mathrm{TM}}\, dS$$

得られた 2 つの式を辺々引けば，

$$0 = \left\{ \left(k_{\mathrm{c},i}^{\mathrm{TM}}\right)^2 - \left(k_{\mathrm{c},j}^{\mathrm{TM}}\right)^2 \right\} \iint_S \Psi_i^{\mathrm{TM}} \Psi_j^{\mathrm{TM}}\, dS \tag{3.72}$$

これより，$\left(k_{\mathrm{c},i}^{\mathrm{TM}}\right)^2 \neq \left(k_{\mathrm{c},j}^{\mathrm{TM}}\right)^2$ のとき，

$$\iint_S \Psi_i^{\mathrm{TM}} \Psi_j^{\mathrm{TM}}\, dS = 0 \tag{3.73}$$

つまり，$i \neq j$ のとき，すなわちモードが異なる場合，TM モード関数には直交性があることがわかる．一方，均一導波管の TE モードの境界条件

$$\frac{\partial \Psi_i^{\mathrm{TE}}}{\partial n} = 0 \quad (\text{on } C)$$

でも式 (3.71) と同様にして，次式が成り立つ．

$$\oint_C \Psi_i^{\mathrm{TE}} \frac{\partial \Psi_j^{\mathrm{TE}}}{\partial n}\, d\sigma = 0 \tag{3.74}$$

これより，

---

[9] ベクトルの発散 $\nabla \cdot (\Phi \boldsymbol{a}) = (\nabla \Phi) \cdot \boldsymbol{a} + \Phi \nabla \cdot \boldsymbol{a}$ において，ベクトル $\boldsymbol{a}$ の代わりに $\nabla \Psi$ を考えると，$\nabla \cdot (\Phi \nabla \Psi) = (\nabla \Phi) \cdot (\nabla \Psi) + \Phi \nabla \cdot (\nabla \Psi) = (\nabla \Phi) \cdot (\nabla \Psi) + \Phi \nabla^2 \Psi$．両辺を体積積分し，ガウスの発散定理を用いて面積分に変換すると，

$$\iiint_V \nabla \cdot (\Phi \nabla \Psi)\, dV = \oiint_S (\Phi \nabla \Psi) \cdot \boldsymbol{n}\, dS = \iiint_V \left(\Phi \nabla^2 \Psi + \nabla \Phi \cdot \nabla \Psi\right) dV$$

よって，次のグリーンの第一定理が得られる．

$$\iiint_V \left(\Phi \nabla^2 \Psi + \nabla \Phi \cdot \nabla \Psi\right) dV = \oiint_S \Phi \frac{\partial \Psi}{\partial n}\, dS$$

$$\iint_S \boldsymbol{h}_i^{\mathrm{TE}} \cdot \boldsymbol{h}_j^{\mathrm{TE}}\, dS = \left(k_{\mathrm{c},j}^{\mathrm{TE}}\right)^2 \iint_S \Psi_i^{\mathrm{TE}} \Psi_j^{\mathrm{TE}}\, dS$$

同様にして，$\left(k_{\mathrm{c},i}^{\mathrm{TE}}\right)^2 \neq \left(k_{\mathrm{c},j}^{\mathrm{TE}}\right)^2$ のとき，

$$\iint_S \Psi_i^{\mathrm{TE}} \Psi_j^{\mathrm{TE}}\, dS = 0 \tag{3.75}$$

これは TE モード関数の直交性を表す式であり，導出は省略するが TM モードと TE モードとの直交性も成り立つ．

TE, TM モードをまとめて，$\boldsymbol{e}$ と $\boldsymbol{h}$ の関係

$$\boldsymbol{e} = \boldsymbol{h} \times \boldsymbol{a}_z, \quad \boldsymbol{h} = \boldsymbol{a}_z \times \boldsymbol{e}$$

より，

$$\begin{aligned}(\boldsymbol{e} \times \boldsymbol{h}) \cdot \boldsymbol{a}_z &= (\boldsymbol{h} \times \boldsymbol{a}_z) \cdot \boldsymbol{e} = \boldsymbol{e} \cdot \boldsymbol{e} = (\boldsymbol{a}_z \times \boldsymbol{e}) \cdot \boldsymbol{h} \\ &= \boldsymbol{h} \cdot \boldsymbol{h} \end{aligned} \tag{3.76}$$

これより，同じ次数のモード関数 $\boldsymbol{e}$ に対する正規化条件は次のようになる．

$$\begin{aligned}\iint_S (\boldsymbol{e} \times \boldsymbol{h}) \cdot \boldsymbol{a}_z\, dS &= \iint_S \boldsymbol{e} \cdot \boldsymbol{e}\, dS = \iint_S \boldsymbol{h} \cdot \boldsymbol{h}\, dS \\ &= 1 \end{aligned} \tag{3.77}$$

TE および TM モード関数について，直交条件も含めて表すと，

$$\begin{aligned}\iint_S \left(\boldsymbol{e}_i^{\mathrm{TM}} \times \boldsymbol{h}_j^{\mathrm{TM}}\right) \cdot \boldsymbol{a}_z\, dS &= \iint_S \boldsymbol{e}_i^{\mathrm{TM}} \cdot \boldsymbol{e}_j^{\mathrm{TM}}\, dS \\ &= \iint_S \boldsymbol{h}_i^{\mathrm{TM}} \cdot \boldsymbol{h}_j^{\mathrm{TM}}\, dS \\ &= \left(k_{\mathrm{c},i}^{\mathrm{TM}}\right)^2 \iint_S \Psi_i^{\mathrm{TM}} \Psi_j^{\mathrm{TM}}\, dS \\ &= \delta_{i,j} \end{aligned}$$

$$\begin{aligned}\iint_S \left(\boldsymbol{e}_i^{\mathrm{TE}} \times \boldsymbol{h}_j^{\mathrm{TE}}\right) \cdot \boldsymbol{a}_z\, dS &= \iint_S \boldsymbol{e}_i^{\mathrm{TE}} \cdot \boldsymbol{e}_j^{\mathrm{TE}}\, dS \\ &= \iint_S \boldsymbol{h}_i^{\mathrm{TE}} \cdot \boldsymbol{h}_j^{\mathrm{TE}}\, dS \\ &= \left(k_{\mathrm{c},i}^{\mathrm{TE}}\right)^2 \iint_S \Psi_i^{\mathrm{TE}} \Psi_j^{\mathrm{TE}}\, dS \\ &= \delta_{i,j} \end{aligned}$$

●**遮断波数** 3 次元発散定理より，次の 2 次元発散定理が得られる．

$$\iint_S \nabla_t \cdot \boldsymbol{a}\, dS = \oint_C \boldsymbol{a} \cdot \boldsymbol{n}\, d\sigma \tag{3.78}$$

ただし，$\boldsymbol{a}$ は任意のベクトル，面 S およびその周回積分経路 C は平面上にとり，$\boldsymbol{n}$ は閉じた経路 C の外向きの法線ベクトルを示す．さて，モードの次数を省略して，

$$\nabla_t^2 \Psi + k_c^2 \Psi = 0$$

を考え，$\boldsymbol{a} = \Psi^* \nabla_t \Psi$ とおいて，式 (3.78) の左辺の被積分項に代入すると（$*$ は複素共役），

$$\begin{aligned}\nabla_t \cdot \boldsymbol{a} &= \nabla_t \cdot (\Psi^* \nabla_t \Psi) = \nabla_t \Psi^* \cdot \nabla_t \Psi + \Psi^* \nabla_t \cdot \nabla_t \Psi = |\nabla_t \Psi|^2 + \Psi^* \nabla_t^2 \Psi \\ &= |\nabla_t \Psi|^2 + \Psi^*(-k_c^2 \Psi) = |\nabla_t \Psi|^2 - k_c^2 |\Psi|^2 \end{aligned} \tag{3.79}$$

また，式 (3.78) の右辺の被積分項は，

$$\boldsymbol{a} \cdot \boldsymbol{n} = \Psi^* (\nabla_t \Psi) \cdot \boldsymbol{n} = \Psi^* \frac{\partial \Psi}{\partial n} \tag{3.80}$$

これより，式 (3.78) の 2 次元発散定理は次のようになる．

$$\iint_S \left(|\nabla_t \Psi|^2 - k_c^2 |\Psi|^2 \right) dS = \oint_C \Psi^* \frac{\partial \Psi}{\partial n}\, d\sigma$$

導波管の管壁に沿う周回積分ゆえ，境界条件より TE, TM モードの両方に対して上式右辺の被積分項の値はゼロになる．

$$\iint_S \left(|\nabla_t \Psi|^2 - k_c^2 |\Psi|^2 \right) dS = 0$$

よって，k_c^2 は次のように正の実数となる．

$$k_c^2 = \frac{\displaystyle\iint_S |\nabla_t \Psi|^2\, dS}{\displaystyle\iint_S |\Psi|^2\, dS} \tag{3.81}$$

遮断波長（cutoff wavelength）λ_c，**遮断周波数**（cutoff frequency）f_c は，遮断波数 k_c より，

$$\lambda_c = \frac{2\pi}{k_c}, \quad f_c = \frac{1}{\lambda_c} \frac{1}{\sqrt{\epsilon\mu}} = \frac{k_c}{2\pi\sqrt{\epsilon\mu}} \tag{3.82}$$

伝搬定数（propagation constant）γ は，$\gamma^2 = k_c^2 - k^2$ より，

$$\gamma = jk_z = \begin{cases} j\beta = j\sqrt{k^2 - k_c^2} = jk\sqrt{1 - \left(\dfrac{f_c}{f}\right)^2} & (f > f_c,\ k > k_c) \\[2ex] \alpha = \sqrt{k_c^2 - k^2} = k_c\sqrt{1 - \left(\dfrac{f}{f_c}\right)^2} & (f < f_c,\ k < k_c) \end{cases}$$

伝搬モード（$f > f_c$）における**管内波長**（guide wavelength）λ_g は，

$$\lambda_g = \frac{2\pi}{\beta} = \frac{\lambda}{\sqrt{1-\left(\frac{f_c}{f}\right)^2}} = \frac{\lambda}{\sqrt{1-\left(\frac{\lambda}{\lambda_c}\right)^2}} \tag{3.83}$$

さらに，**管内位相速度**（guide phase velocity）v_g は，位相速度 v_p より，

$$v_g = \frac{\omega}{\beta} = \frac{v_p}{\sqrt{1-\left(\frac{f_c}{f}\right)^2}} \tag{3.84}$$

●等価回路定数　TE モードの特性インピーダンス Z_0^{TE} は，

$$Z_0^{TE} = \frac{\omega\mu}{k_z} = \frac{j\omega\mu}{\gamma} = \begin{cases} \dfrac{\omega\mu}{\beta} & (f > f_c) \\ \dfrac{j\omega\mu}{\alpha} & (f < f_c) \end{cases} \tag{3.85}$$

これより，TE モードの伝送方程式は，

$$\frac{dV}{dz} = -\gamma Z_0^{TE} I, \quad \frac{dI}{dz} = -\gamma Y_0^{TE} V \tag{3.86}$$

また，TM モードの特性インピーダンス Z_0^{TM} は，

$$Z_0^{TM} = \frac{k_z}{\omega\epsilon} = \frac{\gamma}{j\omega\epsilon} = \begin{cases} \dfrac{\beta}{\omega\epsilon} & (f > f_c) \\ \dfrac{\alpha}{j\omega\epsilon} & (f < f_c) \end{cases} \tag{3.87}$$

これより，TM モードの伝送方程式は，

$$\frac{dV}{dz} = -\gamma Z_0^{TM} I, \quad \frac{dI}{dz} = -\gamma Y_0^{TM} V \tag{3.88}$$

よって，TEM モード，TE モード，TM モードの伝送方程式は，各々の特性インピーダンスを Z_0 とすると，いずれも次のようになる．

$$\frac{dV}{dz} = -\gamma Z_0 I, \quad \frac{dI}{dz} = -\gamma Y_0 V \tag{3.89}$$

一方，分布定数回路における伝送方程式は，直列インピーダンス Z，並列アドミタンス Y を用いて，

$$\frac{dV}{dz} = -ZI, \quad \frac{dI}{dz} = -YV \tag{3.90}$$

両者を係数比較すると，

$$Z = \gamma Z_0, \quad Y = \gamma Y_0 = \frac{\gamma}{Z_0} \tag{3.91}$$

逆の関係は，

$$Z_0 = \sqrt{\frac{Z}{Y}}, \quad \gamma = \sqrt{ZY} \tag{3.92}$$

これより，TE モードの場合，直列インピーダンス Z，並列アドミタンス Y は，

$$\begin{aligned} Z &= \gamma Z_0^{\mathrm{TE}} = \gamma\frac{j\omega\mu}{\gamma} = j\omega\mu \\ &\equiv jX^{\mathrm{TE}} \\ Y &= \gamma Y_0^{\mathrm{TE}} = \frac{\gamma}{Z_0^{\mathrm{TE}}} = \frac{\gamma^2}{j\omega\mu} = \frac{k_{\mathrm{c}}^2 - k^2}{j\omega\mu} = \frac{k_{\mathrm{c}}^2}{j\omega\mu} + \frac{jk^2}{\omega\mu} \\ &\equiv \frac{1}{jX^{\mathrm{TE}}} + jB^{\mathrm{TE}} \end{aligned}$$

ここで，

$$\begin{aligned} jB^{\mathrm{TE}} &= \frac{jk^2}{\omega\mu} = \frac{j\omega^2\epsilon\mu}{\omega\mu} \\ &= j\omega\epsilon \end{aligned} \tag{3.93}$$

よって，TE モードの等価回路は，直列素子はインダクタンス，並列素子はキャパシタンスとインダクタンスによって構成されることがわかる．伝搬モードと遮断モードを分けて考えると，

$$Y = \frac{\gamma^2}{j\omega\mu} = \begin{cases} \dfrac{-\beta^2}{j\omega\mu} = \dfrac{j\beta^2}{\omega\mu} & (f > f_{\mathrm{c}},\ k > k_{\mathrm{c}}) \\ \dfrac{\alpha^2}{j\omega\mu} & (f < f_{\mathrm{c}},\ k < k_{\mathrm{c}}) \end{cases}$$

より，並列素子は，伝搬モードのときキャパシタンス（容量性），遮断モードのときインダクタンス（誘導性）となる（図**3.2(a)**参照）[10)]．

同様にして，TM モードの場合，

$$\begin{aligned} Z &= \gamma Z_0^{\mathrm{TM}} = \frac{\gamma^2}{j\omega\epsilon} = \frac{k_{\mathrm{c}}^2 - k^2}{j\omega\epsilon} = \frac{k_{\mathrm{c}}^2}{j\omega\epsilon} + \frac{jk^2}{\omega\epsilon} \\ &\equiv \frac{1}{jX^{\mathrm{TM}}} + jB^{\mathrm{TM}} \\ Y &= \gamma Y_0^{\mathrm{TM}} = \frac{\gamma}{Z_0^{\mathrm{TM}}} = \gamma\frac{j\omega\epsilon}{\gamma} = j\omega\epsilon \\ &\equiv jB^{\mathrm{TM}} \end{aligned}$$

ここで，

[10)] 遮断 TE モードの並列インダクタンスは，TEM モード（伝搬モード）の分布定数線路では生じない素子である．

$$
\begin{aligned}
jB^{\mathrm{TM}} &= \frac{jk^2}{\omega\epsilon} = \frac{j\omega^2\epsilon\mu}{\omega\epsilon} \\
&= j\omega\mu
\end{aligned}
\tag{3.94}
$$

よって，TM モードの等価回路は，直列素子はキャパシタンスとインダクタンス，並列素子はキャパシタンスによって構成されることがわかる．伝搬モードと遮断モードを分けて考えると，

$$
Z = \frac{\gamma^2}{j\omega\epsilon} = \begin{cases} \dfrac{-\beta^2}{j\omega\epsilon} = \dfrac{j\beta^2}{\omega\epsilon} & (f > f_{\mathrm{c}},\ k > k_{\mathrm{c}}) \\ \dfrac{\alpha^2}{j\omega\epsilon} & (f < f_{\mathrm{c}},\ k < k_{\mathrm{c}}) \end{cases}
$$

より，直列素子は，伝搬モードのときインダクタンス（誘導性），遮断モードのときキャパシタンス（容量性）となる（図3.2(b)参照）[11]．

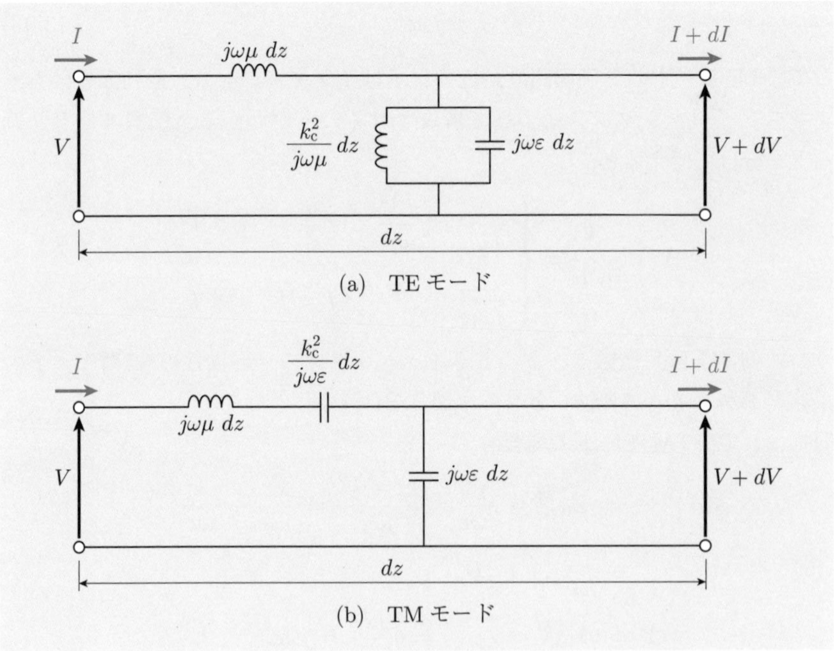

(a)　TE モード

(b)　TM モード

図3.2　伝搬モードおよび遮断モードに対する等価回路

11) 遮断 TM モードの直列キャパシタンスは，TEM モード（伝搬モード）の分布定数線路では生じない素子である．

3.4 電磁波回路の電圧，電流

●ローレンツの相反定理 誘電率 ϵ，および透磁率 μ の媒質において，閉じた面 S で囲まれた領域 V に電磁流源が存在するときの電磁界を考える．領域 V の電流源を $\boldsymbol{J}_{\mathrm{a}}$，等価磁流源[12]を $\boldsymbol{M}_{\mathrm{a}}$ とすると，電界 $\boldsymbol{E}_{\mathrm{a}}$，および磁界 $\boldsymbol{H}_{\mathrm{a}}$ の関係は，マクスウェルの方程式より，

$$\nabla \times \boldsymbol{H}_{\mathrm{a}} = j\omega\epsilon\boldsymbol{E}_{\mathrm{a}} + \boldsymbol{J}_{\mathrm{a}}, \quad -\nabla \times \boldsymbol{E}_{\mathrm{a}} = j\omega\mu\boldsymbol{H}_{\mathrm{a}} + \boldsymbol{M}_{\mathrm{a}} \tag{3.95}$$

また，領域 V に電流源 $\boldsymbol{J}_{\mathrm{b}}$，および等価磁流源 $\boldsymbol{M}_{\mathrm{b}}$ がある場合，電界 $\boldsymbol{E}_{\mathrm{b}}$ および磁界 $\boldsymbol{H}_{\mathrm{b}}$ の関係は，

$$\nabla \times \boldsymbol{H}_{\mathrm{b}} = j\omega\epsilon\boldsymbol{E}_{\mathrm{b}} + \boldsymbol{J}_{\mathrm{b}}, \quad -\nabla \times \boldsymbol{E}_{\mathrm{b}} = j\omega\mu\boldsymbol{H}_{\mathrm{b}} + \boldsymbol{M}_{\mathrm{b}} \tag{3.96}$$

電界 $\boldsymbol{E}_{\mathrm{b}}$ と式 (3.95) の第 1 式のスカラ積，磁界 $\boldsymbol{H}_{\mathrm{a}}$ と式 (3.96) の第 2 式のスカラ積を求め，両者の和よりベクトル公式[13]を用いて，

$$-\nabla \cdot (\boldsymbol{E}_{\mathrm{b}} \times \boldsymbol{H}_{\mathrm{a}}) = j\omega\boldsymbol{E}_{\mathrm{b}} \cdot \epsilon\boldsymbol{E}_{\mathrm{a}} + j\omega\boldsymbol{H}_{\mathrm{a}} \cdot \mu\boldsymbol{H}_{\mathrm{b}} + \boldsymbol{E}_{\mathrm{b}} \cdot \boldsymbol{J}_{\mathrm{a}} + \boldsymbol{H}_{\mathrm{a}} \cdot \boldsymbol{M}_{\mathrm{b}} \tag{3.97}$$

同様に電界 $\boldsymbol{E}_{\mathrm{a}}$ と式 (3.96) の第 1 式のスカラ積，磁界 $\boldsymbol{H}_{\mathrm{b}}$ と式 (3.95) の第 2 式のスカラ積を求め，両者の和より，

$$-\nabla \cdot (\boldsymbol{E}_{\mathrm{a}} \times \boldsymbol{H}_{\mathrm{b}}) = j\omega\boldsymbol{E}_{\mathrm{a}} \cdot \epsilon\boldsymbol{E}_{\mathrm{b}} + j\omega\boldsymbol{H}_{\mathrm{b}} \cdot \mu\boldsymbol{H}_{\mathrm{a}} + \boldsymbol{E}_{\mathrm{a}} \cdot \boldsymbol{J}_{\mathrm{b}} + \boldsymbol{H}_{\mathrm{b}} \cdot \boldsymbol{M}_{\mathrm{a}} \tag{3.98}$$

式 (3.97) と式 (3.98) の差をとれば，

$$\nabla \cdot (\boldsymbol{E}_{\mathrm{a}} \times \boldsymbol{H}_{\mathrm{b}} - \boldsymbol{E}_{\mathrm{b}} \times \boldsymbol{H}_{\mathrm{a}}) = \boldsymbol{E}_{\mathrm{b}} \cdot \boldsymbol{J}_{\mathrm{a}} + \boldsymbol{H}_{\mathrm{a}} \cdot \boldsymbol{M}_{\mathrm{b}} - \boldsymbol{E}_{\mathrm{a}} \cdot \boldsymbol{J}_{\mathrm{b}} - \boldsymbol{H}_{\mathrm{b}} \cdot \boldsymbol{M}_{\mathrm{a}} \tag{3.99}$$

これが ϵ, μ の媒質における**ローレンツの相反定理**（Lorentz reciprocity theorem）である．さらに，式 (3.99) を全ての電磁流源を含む領域 V にわたって体積積分し，ガウスの発散定理[14]により面積分に変換すると，次のローレンツの相反定理の積分形が得られる．

$$\oiint_S (\boldsymbol{E}_{\mathrm{a}} \times \boldsymbol{H}_{\mathrm{b}} - \boldsymbol{E}_{\mathrm{b}} \times \boldsymbol{H}_{\mathrm{a}}) \cdot d\boldsymbol{S}$$

---

12) 磁流は実際には存在しないが，等価定理により磁流を定義することが可能である．

13) $\nabla \cdot (\boldsymbol{a} \times \boldsymbol{b}) = \boldsymbol{b} \cdot (\nabla \times \boldsymbol{a}) - \boldsymbol{a} \cdot (\nabla \times \boldsymbol{b})$

14) $\iiint_V \nabla \cdot \boldsymbol{a}\, dV = \oiint_S \boldsymbol{a} \cdot \boldsymbol{n}\, dS$（$\boldsymbol{n}$ は領域 V から外向き法線方向の単位ベクトル）

$$= \iiint_V (\boldsymbol{E}_{\mathrm{b}} \cdot \boldsymbol{J}_{\mathrm{a}} + \boldsymbol{H}_{\mathrm{a}} \cdot \boldsymbol{M}_{\mathrm{b}} - \boldsymbol{E}_{\mathrm{a}} \cdot \boldsymbol{J}_{\mathrm{b}} - \boldsymbol{H}_{\mathrm{b}} \cdot \boldsymbol{M}_{\mathrm{a}})\, dV \tag{3.100}$$

以降，相反定理の応用例について説明していく．

●モードの直交性について　電磁流源のない（$\boldsymbol{J}_{\mathrm{a}} = \boldsymbol{J}_{\mathrm{b}} = \boldsymbol{M}_{\mathrm{a}} = \boldsymbol{M}_{\mathrm{b}} = \boldsymbol{0}$）点では，ローレンツの相反定理の式 (3.99) の右辺はゼロとなり，2 次元微分演算子 ∇_t を用いると，

$$\left(\nabla_t + \boldsymbol{a}_z \frac{\partial}{\partial z}\right) \cdot (\boldsymbol{E}_{\mathrm{a}} \times \boldsymbol{H}_{\mathrm{b}} - \boldsymbol{E}_{\mathrm{b}} \times \boldsymbol{H}_{\mathrm{a}}) = 0 \tag{3.101}$$

いま，円柱座標系 $(\boldsymbol{\rho}, z)$ において z 軸方向の伝搬定数 γ_n あるいは γ_m の伝送波を考えると，電磁界は因子 $e^{\mp\gamma_n z}$ あるいは $e^{\mp\gamma_m z}$ を含み（$\boldsymbol{r} = \boldsymbol{\rho} + z\boldsymbol{a}_z$），

$$\boldsymbol{E}_{\mathrm{a}}(\boldsymbol{\rho}, z) \equiv \widetilde{\boldsymbol{E}}_n(\boldsymbol{\rho})e^{\mp\gamma_n z}, \quad \boldsymbol{H}_{\mathrm{a}}(\boldsymbol{\rho}, z) \equiv \pm\widetilde{\boldsymbol{H}}_n(\boldsymbol{\rho})e^{\mp\gamma_n z}$$
$$\boldsymbol{E}_{\mathrm{b}}(\boldsymbol{\rho}, z) \equiv \widetilde{\boldsymbol{E}}_m(\boldsymbol{\rho})e^{\mp\gamma_m z}, \quad \boldsymbol{H}_{\mathrm{b}}(\boldsymbol{\rho}, z) \equiv \pm\widetilde{\boldsymbol{H}}_m(\boldsymbol{\rho})e^{\mp\gamma_m z}$$

とおく．ただし，$\widetilde{\boldsymbol{E}}_n(\boldsymbol{\rho}), \widetilde{\boldsymbol{H}}_n(\boldsymbol{\rho})$ は n 次モード，$\widetilde{\boldsymbol{E}}_m(\boldsymbol{\rho}), \widetilde{\boldsymbol{H}}_m(\boldsymbol{\rho})$ は m 次モードの各々，電界ベクトル，磁界ベクトルを示す（$n \neq m$）．式 (3.101) より，z の微分を実行して，

$$\nabla_t \cdot (\boldsymbol{E}_{\mathrm{a}} \times \boldsymbol{H}_{\mathrm{b}} - \boldsymbol{E}_{\mathrm{b}} \times \boldsymbol{H}_{\mathrm{a}}) \mp (\gamma_n + \gamma_m)\boldsymbol{a}_z \cdot (\boldsymbol{E}_{\mathrm{a}} \times \boldsymbol{H}_{\mathrm{b}} - \boldsymbol{E}_{\mathrm{b}} \times \boldsymbol{H}_{\mathrm{a}}) = 0$$

さらに，横断面内のベクトルと z 成分を分けて，

$$\widetilde{\boldsymbol{E}}_n(\boldsymbol{\rho}) = \widetilde{\boldsymbol{e}}_n(\boldsymbol{\rho}) + \widetilde{E}_{z,n}(\boldsymbol{\rho})\boldsymbol{a}_z, \quad \widetilde{\boldsymbol{H}}_n(\boldsymbol{\rho}) = \widetilde{\boldsymbol{h}}_n(\boldsymbol{\rho}) + \widetilde{H}_{z,n}(\boldsymbol{\rho})\boldsymbol{a}_z \tag{3.102}$$
$$\widetilde{\boldsymbol{E}}_m(\boldsymbol{\rho}) = \widetilde{\boldsymbol{e}}_m(\boldsymbol{\rho}) + \widetilde{E}_{z,m}(\boldsymbol{\rho})\boldsymbol{a}_z, \quad \widetilde{\boldsymbol{H}}_m(\boldsymbol{\rho}) = \widetilde{\boldsymbol{h}}_m(\boldsymbol{\rho}) + \widetilde{H}_{z,m}(\boldsymbol{\rho})\boldsymbol{a}_z \tag{3.103}$$

とおくと，$e^{\mp\gamma_n z} \neq 0, e^{\mp\gamma_m z} \neq 0$ より，

$$\nabla_t \cdot (\widetilde{\boldsymbol{E}}_n \times \widetilde{\boldsymbol{H}}_m - \widetilde{\boldsymbol{E}}_m \times \widetilde{\boldsymbol{H}}_n) - (\gamma_n + \gamma_m)\boldsymbol{a}_z \cdot (\widetilde{\boldsymbol{e}}_n \times \widetilde{\boldsymbol{h}}_m - \widetilde{\boldsymbol{e}}_m \times \widetilde{\boldsymbol{h}}_n) = 0$$

導波路断面 S で面積分して，2 次元の発散定理を用いると，

$$\oint_C (\widetilde{\boldsymbol{E}}_n \times \widetilde{\boldsymbol{H}}_m - \widetilde{\boldsymbol{E}}_m \times \widetilde{\boldsymbol{H}}_n) \cdot \boldsymbol{n}\, d\sigma$$
$$= (\gamma_n + \gamma_m) \iint_S (\widetilde{\boldsymbol{e}}_n \times \widetilde{\boldsymbol{h}}_m - \widetilde{\boldsymbol{e}}_m \times \widetilde{\boldsymbol{h}}_n) \cdot \boldsymbol{a}_z\, dS$$

導波路の管壁が完全導体の場合，$\boldsymbol{n} \times \widetilde{\boldsymbol{E}}_n = 0$ および $\boldsymbol{n} \times \widetilde{\boldsymbol{E}}_m = \boldsymbol{0}$ ゆえ，上式の周回積分はゼロである [15]．よって，

[15] 導波路の管壁がインピーダンス境界として $\boldsymbol{E}_t = Z_s(\boldsymbol{n} \times \widetilde{\boldsymbol{H}})$ で表される場合，これを考慮して計算した場合も，同様に周回積分はゼロとなる．

$$(\gamma_n + \gamma_m) \iint_S (\widetilde{\boldsymbol{e}}_n \times \widetilde{\boldsymbol{h}}_m - \widetilde{\boldsymbol{e}}_m \times \widetilde{\boldsymbol{h}}_n) \cdot \boldsymbol{a}_z \, dS = 0 \tag{3.104}$$

また，$\boldsymbol{E}_\mathrm{a}, \boldsymbol{H}_\mathrm{a}$ はそのままで，$\boldsymbol{E}_\mathrm{b}, \boldsymbol{H}_\mathrm{b}$ を

$$\boldsymbol{E}_\mathrm{b}(\boldsymbol{\rho}, z) \equiv \widetilde{\boldsymbol{E}}_m(\boldsymbol{\rho}) e^{\pm\gamma_m z}, \quad \boldsymbol{H}_\mathrm{b}(\boldsymbol{\rho}, z) \equiv \mp \widetilde{\boldsymbol{H}}_m(\boldsymbol{\rho}) e^{\pm\gamma_m z}$$

とすると，式 (3.101) は次のようになる．

$$\nabla_t \cdot (\boldsymbol{E}_\mathrm{a} \times \boldsymbol{H}_\mathrm{b} - \boldsymbol{E}_\mathrm{b} \times \boldsymbol{H}_\mathrm{a}) \mp (\gamma_n - \gamma_m) \boldsymbol{a}_z \cdot (-\boldsymbol{E}_\mathrm{a} \times \boldsymbol{H}_\mathrm{b} - \boldsymbol{E}_\mathrm{b} \times \boldsymbol{H}_\mathrm{a}) = 0$$

同様にして，導波路断面 S で面積分して，2 次元の発散定理を用いると，

$$\oint_C (\widetilde{\boldsymbol{E}}_n \times \widetilde{\boldsymbol{H}}_m - \widetilde{\boldsymbol{E}}_m \times \widetilde{\boldsymbol{H}}_n) \cdot \boldsymbol{n} \, d\sigma$$
$$= (\gamma_n - \gamma_m) \iint_S (-\widetilde{\boldsymbol{e}}_n \times \widetilde{\boldsymbol{h}}_m - \widetilde{\boldsymbol{e}}_m \times \widetilde{\boldsymbol{h}}_n) \cdot \boldsymbol{a}_z \, dS$$

導波管断面の管壁に沿う周回積分はゼロゆえ，

$$(\gamma_n - \gamma_m) \iint_S (-\widetilde{\boldsymbol{e}}_n \times \widetilde{\boldsymbol{h}}_m - \widetilde{\boldsymbol{e}}_m \times \widetilde{\boldsymbol{h}}_n) \cdot \boldsymbol{a}_z \, dS = 0 \tag{3.105}$$

式 (3.104) と式 (3.105) を連立させると，次のようなモードの直交性を表す式が得られる．

$$\iint_S \left(\widetilde{\boldsymbol{e}}_n \times \widetilde{\boldsymbol{h}}_m\right) \cdot \boldsymbol{a}_z \, dS = 0, \quad \iint_S \left(\widetilde{\boldsymbol{e}}_m \times \widetilde{\boldsymbol{h}}_n\right) \cdot \boldsymbol{a}_z \, dS = 0 \tag{3.106}$$

●無損失な場合　媒質が無損失な場合（$\epsilon^* = \epsilon$, $\mu^* = \mu$）を考える．電磁流源がないときのマクスウェルの方程式の複素共役は，

$$\big(\nabla \times \boldsymbol{H}_\mathrm{b}\big)^* = \big(j\omega\epsilon \boldsymbol{E}_\mathrm{b}\big)^*, \quad \big(-\nabla \times \boldsymbol{E}_\mathrm{b}\big)^* = \big(j\omega\mu \boldsymbol{H}_\mathrm{b}\big)^*$$

ただし，* は共役複素数を示す．$\boldsymbol{E}_\mathrm{b}^*, \boldsymbol{H}_\mathrm{b}^*$ の関係は，

$$\nabla \times \boldsymbol{H}_\mathrm{b}^* = -j\omega\epsilon^* \boldsymbol{E}_\mathrm{b}^* = -j\omega\epsilon \boldsymbol{E}_\mathrm{b}^*, \quad -\nabla \times \boldsymbol{E}_\mathrm{b}^* = -j\omega\mu^* \boldsymbol{H}_\mathrm{b}^* = -j\omega\mu \boldsymbol{H}_\mathrm{b}^*$$

これより，

$$\nabla \cdot (\boldsymbol{H}_\mathrm{a} \times \boldsymbol{E}_\mathrm{b}^*) = -\nabla \cdot (\boldsymbol{E}_\mathrm{b}^* \times \boldsymbol{H}_\mathrm{a}) = j\omega\epsilon \boldsymbol{E}_\mathrm{b}^* \cdot \boldsymbol{E}_\mathrm{a} - j\omega\mu \boldsymbol{H}_\mathrm{a} \cdot \boldsymbol{H}_\mathrm{b}^* \tag{3.107}$$

$$\nabla \cdot (\boldsymbol{H}_\mathrm{b}^* \times \boldsymbol{E}_\mathrm{a}) = -\nabla \cdot (\boldsymbol{E}_\mathrm{a} \times \boldsymbol{H}_\mathrm{b}^*) = -j\omega\epsilon \boldsymbol{E}_\mathrm{a} \cdot \boldsymbol{E}_\mathrm{b}^* + j\omega\mu \boldsymbol{H}_\mathrm{b}^* \cdot \boldsymbol{H}_\mathrm{a} \tag{3.108}$$

式 (3.107) と式 (3.108) の和より次式が得られる（式 (3.101) との違いに注意）．

$$\nabla \cdot (\boldsymbol{E}_\mathrm{a} \times \boldsymbol{H}_\mathrm{b}^* + \boldsymbol{E}_\mathrm{b}^* \times \boldsymbol{H}_\mathrm{a}) = 0 \tag{3.109}$$

また，積分形式では，

$$\oiint_S (\boldsymbol{E}_\mathrm{a} \times \boldsymbol{H}_\mathrm{b}^* + \boldsymbol{E}_\mathrm{b}^* \times \boldsymbol{H}_\mathrm{a}) \cdot d\boldsymbol{S} = 0 \tag{3.110}$$

●**複素共役なモードの直交性**　円柱座標系 $(\boldsymbol{\rho}, z)$ において，次のような電磁界を考える．

$$\boldsymbol{E}_\mathrm{a}(\boldsymbol{\rho}, z) \equiv \widetilde{\boldsymbol{E}}_n(\boldsymbol{\rho})e^{\mp\gamma_n z}, \quad \boldsymbol{H}_\mathrm{a}(\boldsymbol{\rho}, z) \equiv \pm\widetilde{\boldsymbol{H}}_n(\boldsymbol{\rho})e^{\mp\gamma_n z}$$

$$\boldsymbol{E}_\mathrm{b}^*(\boldsymbol{\rho}, z) \equiv \widetilde{\boldsymbol{E}}_m^*(\boldsymbol{\rho})e^{\mp\gamma_m^* z}, \quad \boldsymbol{H}_\mathrm{b}^*(\boldsymbol{\rho}, z) \equiv \pm\widetilde{\boldsymbol{H}}_m^*(\boldsymbol{\rho})e^{\mp\gamma_m^* z}$$

ここで，

$$\widetilde{\boldsymbol{E}}_m^*(\boldsymbol{\rho}) = \widetilde{\boldsymbol{e}}_m^*(\boldsymbol{\rho}) + E_{z,m}^*(\boldsymbol{\rho})\boldsymbol{a}_z, \quad \widetilde{\boldsymbol{H}}_m^*(\boldsymbol{\rho}) = \widetilde{\boldsymbol{h}}_m^*(\boldsymbol{\rho}) + H_{z,m}^*(\boldsymbol{\rho})\boldsymbol{a}_z$$

これより，次式が得られる，

$$(\gamma_n + \gamma_m^*) \iint_S (\widetilde{\boldsymbol{e}}_n \times \widetilde{\boldsymbol{h}}_m^* + \widetilde{\boldsymbol{e}}_m^* \times \widetilde{\boldsymbol{h}}_n) \cdot \boldsymbol{a}_z \, dS = 0 \tag{3.111}$$

また，$\boldsymbol{E}_\mathrm{a}, \boldsymbol{H}_\mathrm{a}$ はそのままで，$\boldsymbol{E}_\mathrm{b}^*, \boldsymbol{H}_\mathrm{b}^*$ を，

$$\boldsymbol{E}_\mathrm{b}^*(\boldsymbol{\rho}, z) \equiv \widetilde{\boldsymbol{E}}_m^*(\boldsymbol{\rho})e^{\pm\gamma_m^* z}, \quad \boldsymbol{H}_\mathrm{b}^*(\boldsymbol{\rho}, z) \equiv \mp\boldsymbol{H}_m^*(\boldsymbol{\rho})e^{\pm\gamma_m^* z}$$

とすると次のようになる．

$$(\gamma_n - \gamma_m^*) \iint_S (-\widetilde{\boldsymbol{e}}_n \times \widetilde{\boldsymbol{h}}_m^* + \widetilde{\boldsymbol{e}}_m^* \times \widetilde{\boldsymbol{h}}_n) \cdot \boldsymbol{a}_z \, dS = 0 \tag{3.112}$$

これらを連立させると，m 次モードを複素共役とする直交性が得られる．

$$\iint_S \left(\widetilde{\boldsymbol{e}}_n \times \widetilde{\boldsymbol{h}}_m^*\right) \cdot \boldsymbol{a}_z \, dS = 0, \quad \iint_S \left(\widetilde{\boldsymbol{e}}_m^* \times \widetilde{\boldsymbol{h}}_n\right) \cdot \boldsymbol{a}_z \, dS = 0 \tag{3.113}$$

●**多端子対電磁波回路**　面 S に囲まれた領域 V に電磁流源がない場合，式 (3.100) の積分形式のローレンツの相反定理は次のようになる．

$$\oiint_S (\boldsymbol{E}_\mathrm{a} \times \boldsymbol{H}_\mathrm{b} - \boldsymbol{E}_\mathrm{b} \times \boldsymbol{H}_\mathrm{a}) \cdot d\boldsymbol{S} = 0 \tag{3.114}$$

領域 V として N 端子対の電磁波回路を考え，閉曲面 S を端子面 s_n（$n = 1, 2, \ldots, N$）とそれ以外の面 S_0 に次のように分けて表すと，

$$\left(\iint_{S_0} + \sum_{n=1}^{N} \iint_{s_n}\right) (\boldsymbol{E}_\mathrm{a} \times \boldsymbol{H}_\mathrm{b} - \boldsymbol{E}_\mathrm{b} \times \boldsymbol{H}_\mathrm{a}) \cdot \boldsymbol{n} \, dS = 0 \tag{3.115}$$

ここで，面 S_0 が完全導体のとき，境界条件

$$\boldsymbol{n} \times \boldsymbol{E}_\mathrm{a} = \boldsymbol{n} \times \boldsymbol{E}_\mathrm{b} = 0 \quad (\text{on } S_0)$$

より，面 S_0 上では，被積分項は次のようにゼロになる．

$$
\begin{aligned}
(\boldsymbol{E}_{\mathrm{a}} \times \boldsymbol{H}_{\mathrm{b}}) \cdot \boldsymbol{n} - (\boldsymbol{E}_{\mathrm{b}} \times \boldsymbol{H}_{\mathrm{a}}) \cdot \boldsymbol{n} &= (\boldsymbol{n} \times \boldsymbol{E}_{\mathrm{a}}) \cdot \boldsymbol{H}_{\mathrm{b}} - (\boldsymbol{n} \times \boldsymbol{E}_{\mathrm{b}}) \cdot \boldsymbol{H}_{\mathrm{a}} \\
&= 0
\end{aligned}
$$

あるいは，面 S_0 の表面インピーダンスが与えられる場合も被積分項はゼロになる．したがって，

$$
\sum_{n=1}^{N} \iint_{s_n} (\boldsymbol{E}_{\mathrm{a}} \times \boldsymbol{H}_{\mathrm{b}} - \boldsymbol{E}_{\mathrm{b}} \times \boldsymbol{H}_{\mathrm{a}}) \cdot \boldsymbol{n}\, dS = 0
$$

●モード電圧，モード電流　多端子対回路に伝送線路が接続されているとき，面 s_i の法線方向 $\boldsymbol{n}$ と伝送線路の $-\boldsymbol{a}_z$ 方向を一致させて，$\boldsymbol{E}_{\mathrm{a}}, \boldsymbol{H}_{\mathrm{b}}$ について，z 方向のベクトル $\boldsymbol{E}_z^{\mathrm{a}}, \boldsymbol{H}_z^{\mathrm{b}}$ と直交するベクトル $\boldsymbol{E}_t^{\mathrm{a}}, \boldsymbol{H}_t^{\mathrm{b}}$ に各々，分解すると次式が成り立つ．

$$
\begin{aligned}
(\boldsymbol{E}_{\mathrm{a}} \times \boldsymbol{H}_{\mathrm{b}}) \cdot \boldsymbol{n} &= \{(\boldsymbol{E}_t^{\mathrm{a}} + \boldsymbol{E}_z^{\mathrm{a}}) \times (\boldsymbol{H}_t^{\mathrm{b}} + \boldsymbol{H}_z^{\mathrm{b}})\} \cdot \boldsymbol{n} \\
&= (\boldsymbol{E}_t^{\mathrm{a}} \times \boldsymbol{H}_t^{\mathrm{b}}) \cdot \boldsymbol{n}
\end{aligned}
$$

$\boldsymbol{E}_{\mathrm{b}}, \boldsymbol{H}_{\mathrm{a}}$ についても同様である．いま，端子面の横断面内電磁界として，次のような異なる 2 つの励振条件を考える．

$$
\left.\boldsymbol{E}_t^{\mathrm{a}}\right|_{s_i} \equiv \sum_{n=1}^{N_i} V_n^{\mathrm{a}(i)} \boldsymbol{e}_n^{(i)}, \quad \left.\boldsymbol{H}_t^{\mathrm{a}}\right|_{s_i} \equiv \sum_{n=1}^{N_i} I_n^{\mathrm{a}(i)} \boldsymbol{h}_n^{(i)}
$$

$$
\left.\boldsymbol{E}_t^{\mathrm{b}}\right|_{s_i} \equiv \sum_{m=1}^{N_i} V_m^{\mathrm{b}(i)} \boldsymbol{e}_m^{(i)}, \quad \left.\boldsymbol{H}_t^{\mathrm{b}}\right|_{s_i} \equiv \sum_{m=1}^{N_i} I_m^{\mathrm{b}(i)} \boldsymbol{h}_m^{(i)}
$$

ただし，s_i は端子 $\#i$ における断面を示し，モード関数の正規直交条件は，

$$
\iint_{s_i} \left(\boldsymbol{e}_n^{(i)} \times \boldsymbol{h}_m^{(i)}\right) \cdot d\boldsymbol{S} = \delta_{nm} \tag{3.116}
$$

ここで，$V_n^{\mathrm{a}(i)}, V_n^{\mathrm{b}(i)}$ は端子 i における n 次モードの電界の振幅（モード電圧），また，$I_n^{\mathrm{a}(i)}, I_n^{\mathrm{b}(i)}$ は磁界の振幅（モード電流）である．これより，

$$
\begin{aligned}
\sum_i \iint_{s_i} &\left\{ \left(\sum_{n=1}^{N_i} V_n^{\mathrm{a}(i)} \boldsymbol{e}_n^{(i)} \right) \times \left(\sum_{m=1}^{N_i} I_m^{\mathrm{b}(i)} \boldsymbol{h}_m^{(i)} \right) \right. \\
&\left. - \left(\sum_{n=1}^{N_i} I_n^{\mathrm{a}(i)} \boldsymbol{h}_n^{(i)} \right) \times \left(\sum_{n=1}^{N_i} I_n^{\mathrm{a}(i)} \boldsymbol{h}_n^{(i)} \right) \right\} \cdot \boldsymbol{n}\, dS = 0
\end{aligned} \tag{3.117}
$$

モード関数の直交性より，

$$
\sum_i \sum_n (V_n^{\mathrm{a}(i)} I_n^{\mathrm{b}(i)} - V_n^{\mathrm{b}(i)} I_n^{\mathrm{a}(i)}) \iint_{s_i} (\boldsymbol{e}_n^{(i)} \times \boldsymbol{h}_n^{(i)}) \cdot d\boldsymbol{S} = 0 \tag{3.118}
$$

モード関数の正規化条件より，

$$\sum_i \sum_n (V_n^{\mathrm{a}(i)} I_n^{\mathrm{b}(i)} - V_n^{\mathrm{b}(i)} I_n^{\mathrm{a}(i)}) = 0 \tag{3.119}$$

簡単のため，端子 i とモードの次数 n をまとめて k で表せば，

$$\sum_k (V_k^{\mathrm{a}} I_k^{\mathrm{b}} - V_k^{\mathrm{b}} I_k^{\mathrm{a}}) = 0 \tag{3.120}$$

これより，列ベクトル

$$\boldsymbol{V}^{\mathrm{a}} \equiv \begin{pmatrix} V_1^{\mathrm{a}} \\ V_2^{\mathrm{a}} \\ \vdots \end{pmatrix}, \quad \boldsymbol{I}^{\mathrm{b}} \equiv \begin{pmatrix} I_1^{\mathrm{b}} \\ I_2^{\mathrm{b}} \\ \vdots \end{pmatrix}, \quad \boldsymbol{V}^{\mathrm{b}} \equiv \begin{pmatrix} V_1^{\mathrm{b}} \\ V_2^{\mathrm{b}} \\ \vdots \end{pmatrix}, \quad \boldsymbol{I}^{\mathrm{a}} \equiv \begin{pmatrix} I_1^{\mathrm{a}} \\ I_2^{\mathrm{a}} \\ \vdots \end{pmatrix}$$

を定義すると，式 (3.120) は次のように行列表示できる．

$$\boldsymbol{V}_{\mathrm{T}}^{\mathrm{a}} \boldsymbol{I}^{\mathrm{b}} - \boldsymbol{I}_{\mathrm{T}}^{\mathrm{a}} \boldsymbol{V}^{\mathrm{b}} = 0 \tag{3.121}$$

ここで，$\boldsymbol{V}_{\mathrm{T}}^{\mathrm{a}}, \boldsymbol{I}_{\mathrm{T}}^{\mathrm{a}}$ は $\boldsymbol{V}^{\mathrm{a}}, \boldsymbol{I}^{\mathrm{a}}$ の転置を各々示す．$\boldsymbol{V}^{\mathrm{a}}$ の転置をとれば，

$$\boldsymbol{V}_{\mathrm{T}}^{\mathrm{a}} = ([\boldsymbol{Z}]\boldsymbol{I}^{\mathrm{a}})_{\mathrm{T}} = \boldsymbol{I}_{\mathrm{T}}^{\mathrm{a}}[\boldsymbol{Z}]_{\mathrm{T}}$$

となる．ただし，$[\boldsymbol{Z}]_{\mathrm{T}}$ は $[\boldsymbol{Z}]$ の転置を示す．これより，式 (3.121) は，

$$\boldsymbol{I}_{\mathrm{T}}^{\mathrm{a}}[\boldsymbol{Z}]_{\mathrm{T}}\boldsymbol{I}^{\mathrm{b}} - \boldsymbol{I}_{\mathrm{T}}^{\mathrm{a}}[\boldsymbol{Z}]\boldsymbol{I}^{\mathrm{b}} = 0$$

$$\boldsymbol{I}_{\mathrm{T}}^{\mathrm{a}}\Big([\boldsymbol{Z}]_{\mathrm{T}} - [\boldsymbol{Z}]\Big)\boldsymbol{I}^{\mathrm{b}} = 0 \tag{3.122}$$

ここで，$\boldsymbol{I}_{\mathrm{T}}^{\mathrm{a}} \neq 0, \boldsymbol{I}^{\mathrm{b}} \neq 0$ ゆえ，$[\boldsymbol{Z}]_{\mathrm{T}} - [\boldsymbol{Z}] = 0$．よって

$$[\boldsymbol{Z}]_{\mathrm{T}} = [\boldsymbol{Z}]$$

このように電磁波回路においても，対称性 $Z_{ij} = Z_{ji}$ を有するインピーダンス行列 $[\boldsymbol{Z}]$ を用いることができる．同様にして，アドミタンス行列 $[\boldsymbol{Y}]$ の対称性も得られる．

●**入射波，反射波** 端子 i に接続された伝送線路の横断面内電磁界を，入射波，反射波の項に分けると，次のようになる．

$$\boldsymbol{E}_t^{(i)} = \sum_{n=1}^{N_i} \left(V_n^{(i)+} e^{-\gamma z} + V_n^{(i)-} e^{\gamma z} \right) \boldsymbol{e}_n^{(i)}(\boldsymbol{\rho})$$

$$\boldsymbol{H}_t^{(i)} = \sum_{n=1}^{N_i} \left(I_n^{(i)+} e^{-\gamma z} + I_n^{(i)-} e^{\gamma z} \right) \boldsymbol{h}_n^{(i)}(\boldsymbol{\rho})$$

端子面を $z=0$ とし，特性インピーダンス $Z_n^{(i)}$ を用いると，

$$V_n^{(i)} = V_n^{(i)+} + V_n^{(i)-}, \quad I_n^{(i)} = I_n^{(i)+} - I_n^{(i)-} = \frac{1}{Z_n^{(i)}} \left(V_n^{(i)+} - V_n^{(i)-} \right)$$

ここでも，簡単のため，端子 i とモードの次数 n をまとめて k で表すと，

$$V_k = V_k^+ + V_k^-, \quad I_k = I_k^+ - I_k^- = \frac{1}{Z_k} \left(V_k^+ - V_k^- \right) \tag{3.123}$$

そして，列ベクトル

$$\boldsymbol{V} \equiv \begin{pmatrix} V_1 \\ V_2 \\ \vdots \end{pmatrix}, \quad \boldsymbol{I} \equiv \begin{pmatrix} I_1 \\ I_2 \\ \vdots \end{pmatrix}, \quad \boldsymbol{V}^{\pm} \equiv \begin{pmatrix} V_1^{\pm} \\ V_2^{\pm} \\ \vdots \end{pmatrix}, \quad \boldsymbol{I}^{\pm} \equiv \begin{pmatrix} I_1^{\pm} \\ I_2^{\pm} \\ \vdots \end{pmatrix}$$

を定義すると，次のように行列表示できる．

$$\boldsymbol{V} = \boldsymbol{V}^+ + \boldsymbol{V}^-, \quad \boldsymbol{I} = \boldsymbol{I}^+ - \boldsymbol{I}^- = [\boldsymbol{Y}_0] \left(\boldsymbol{V}^+ - \boldsymbol{V}^- \right) \tag{3.124}$$

ただし，$[\boldsymbol{Y}_0]$ は対角要素を特性インピーダンス Y_k とする対角行列である．

$$[\boldsymbol{Y}_0] = \begin{pmatrix} Y_1 & 0 & \cdots \\ 0 & Y_2 & \\ \vdots & & \ddots \end{pmatrix} \tag{3.125}$$

これを，$\boldsymbol{V} = [\boldsymbol{Z}]\boldsymbol{I}$ に代入して，

$$\boldsymbol{V}^+ + \boldsymbol{V}^- = [\boldsymbol{Z}][\boldsymbol{Y}_0] \left(\boldsymbol{V}^+ - \boldsymbol{V}^- \right) \tag{3.126}$$

変形すると，

$$\boldsymbol{V}^- = \big([\boldsymbol{Z}][\boldsymbol{Y}_0] + [\boldsymbol{U}] \big)^{-1} \big([\boldsymbol{Z}][\boldsymbol{Y}_0] - [\boldsymbol{U}] \big) \boldsymbol{V}^+ \tag{3.127}$$

ただし，$[\boldsymbol{Z}]$ はインピーダンス行列，$[\boldsymbol{U}]$ は単位行列を示す．これより，入射波の電圧 $\boldsymbol{V}^+$ が与えられれば，反射波の電圧 $\boldsymbol{V}^-$ を計算することができる．

3章の演習問題

□**3.1**　方形導波管（断面を xy 座標，寸法を $a\times b$ とする）の $\mathrm{TE}_{m\,n}$ モード（$m=n=0$ を除く，$m,n=0,1,2,\ldots$）の電界のモード関数 $\boldsymbol{e}_{[m\,n]}$，磁界のモード関数 $\boldsymbol{h}_{[m\,n]}$ を，

$$\Psi^{\mathrm{TE}}(x,y)=A^{\mathrm{TE}}_{m\,n}\cos\left(\frac{m\pi x}{a}\right)\cos\left(\frac{n\pi y}{b}\right) \tag{3.128}$$

とおいて求めよ．ただし，$A^{\mathrm{TE}}_{m\,n}$ は正規化係数を示す．

□**3.2**　同様にして，$\mathrm{TM}_{m\,n}$ モード（$m,n=1,2,\ldots$）の電界のモード関数 $\boldsymbol{e}_{(m\,n)}$，磁界のモード関数 $\boldsymbol{h}_{(m\,n)}$ を，

$$\Psi^{\mathrm{TM}}(x,y)=A^{\mathrm{TM}}_{m\,n}\sin\left(\frac{m\pi x}{a}\right)\sin\left(\frac{n\pi y}{b}\right) \tag{3.129}$$

とおいて求めよ．ただし，$A^{\mathrm{TE}}_{m\,n}$ は正規化係数を示す．

□**3.3**　円形導波管（半径 a）の $\mathrm{TE}_{m\,n}$ モードの電界のモード関数 $\boldsymbol{e}_{[m\,n]}$，磁界のモード関数 $\boldsymbol{h}_{[m\,n]}$ を，

$$\Psi^{\mathrm{TE}}(\rho,\phi)=A^{\mathrm{TE}}_{m\,n}J_m\left(\frac{\chi'_{m\,n}\rho}{a}\right)\cos m\phi \tag{3.130}$$

とおいて求めよ．ここで，$J'_m(k_{\mathrm{c}}a)=0, k_{\mathrm{c}}=\frac{\chi'_{mn}}{a}$．ただし，$A^{\mathrm{TE}}_{m\,n}$ は正規化係数，J_m は m 次のベッセル関数を示し，$\chi'_{m\,n}$ は $J'_m(\chi)=0$ を満たす n 番目の零点を示す．

□**3.4**　円形導波管（半径 a）の $\mathrm{TM}_{m\,n}$ モードの電界のモード関数 $\boldsymbol{e}_{(m\,n)}$，磁界のモード関数 $\boldsymbol{h}_{(m\,n)}$ を，

$$\Psi^{\mathrm{TM}}(\rho,\phi)=A^{\mathrm{TM}}_{m\,n}J_m\left(\frac{\chi_{m\,n}\rho}{a}\right)\sin m\phi \tag{3.131}$$

とおいて求めよ．ここで，$J_m(k_{\mathrm{c}}a)=0, k_{\mathrm{c}}=\frac{\chi_{mn}}{a}$．ただし，$A^{\mathrm{TM}}_{m\,n}$ は正規化係数，J_m は m 次のベッセル関数を示し，$\chi_{m\,n}$ は $J_m(\chi)=0$ を満たす n 番目の零点を示す．

□**3.5**　半径 a の円形導波管の $\mathrm{TE}_{m\,n}$ モードの $k_{\mathrm{c}}a$（k_{c} は遮断波数），遮断波長 λ_{c} を $m=1, n\leq 5$ について求め，遮断波長の長い順に示せ．同様にして，$\mathrm{TM}_{m\,n}$ についても求めよ．

第4章

散乱パラメータ

分布定数回路への入射電力・反射電力に注目し，その伝送波の振幅の比によって散乱パラメータを定義していく．集中定数回路の場合でも，整合負荷を接続したときの電圧，電流を入射波とみなし，回路による反射波を仮想的に定義すれば，散乱行列が導入できる．また，電圧，電流に対して縦続接続を行う基本行列と同様にして，散乱行列から動作伝送行列（T, R マトリクス）を定義でき，波動振幅を用いた行列表示とその計算法について説明する．さらに，入出力に信号源や負荷を接続したときの信号の流れ（入射波，反射波，散乱波）を表すシグナルフローグラフについて取り上げ，図の簡約化によって反射特性や透過特性を求める方法について説明する．

4.1 散乱行列

●伝送波の振幅　N 端子対の電磁波回路において，a_i を回路に向かって伝搬する波の振幅，b_i を回路より遠ざかっていく波の振幅とする（$i = 1, 2, \ldots, N$）．全端子が整合された状態を考え，散乱パラメータ S_{jj} を端子 j-j' に入射波があるときの反射波との比，散乱パラメータ S_{kj} を端子 j-j' に入射波があるときの端子 k-k' への透過波との比として，次のように定義する．

$$\begin{pmatrix} b_1 \\ \vdots \\ b_j \\ b_k \\ \vdots \\ b_N \end{pmatrix} = \begin{pmatrix} S_{11} & \cdots & S_{1j} & S_{1k} & \cdots & S_{1N} \\ \vdots & & \vdots & \vdots & & \vdots \\ S_{j1} & \cdots & S_{jj} & S_{jk} & \cdots & S_{jN} \\ S_{k1} & \cdots & S_{kj} & S_{kk} & \cdots & S_{kN} \\ \vdots & & \vdots & \vdots & & \vdots \\ S_{N1} & \cdots & S_{Nj} & S_{Nk} & \cdots & S_{NN} \end{pmatrix} \begin{pmatrix} a_1 \\ \vdots \\ a_j \\ a_k \\ \vdots \\ a_N \end{pmatrix} \tag{4.1}$$

あるいは，

$$\boldsymbol{b} = [\boldsymbol{S}]\boldsymbol{a} \tag{4.2}$$

ただし，$[\boldsymbol{S}]$ は N 端子対の**散乱行列**（scattering matrix）[1]または動作特性行列[2]，$\boldsymbol{a}, \boldsymbol{b}$ は回路へ向かう**波動振幅**（wave amplitudes）a_i，および回路から離れていく波動振幅 b_i を要素とする列ベクトルを各々示す．

●伝送線路の前進波，後進波の電力　特性インピーダンス Z_0 の無損失伝送線路の電圧 $V(z)$，電流 $I(z)$ は，

$$V(z) = V^+ e^{-j\beta z} + V^- e^{j\beta z}, \quad I(z) = I^+ e^{-j\beta z} - I^- e^{j\beta z}, \quad V^\pm = Z_0 I^\pm$$

これより，前進波の複素電力 P^+，後進波の複素電力 P^- は，

$$P^+ = (V^+ e^{-j\beta z})(I^+ e^{-j\beta z})^* = V^+ I^{+*} = Z_0 I^+ I^{+*} = Z_0 |I^+|^2$$
$$P^- = (V^- e^{-j\beta z})(I^- e^{-j\beta z})^* = V^- I^{-*} = Z_0 I^- I^{-*} = Z_0 |I^-|^2$$

いま，Z_0 が純抵抗のときの平均電力を

$$P^+_{\text{avg}} = \Re(P^+) \equiv aa^* = |a|^2, \quad P^-_{\text{avg}} = \Re(P^-) \equiv bb^* = |b|^2$$

とおくと，

$$(\sqrt{Z_0}\, I^+ e^{-j\beta z})(\sqrt{Z_0}\, I^+ e^{-j\beta z})^* \equiv aa^*$$
$$(\sqrt{Z_0}\, I^- e^{j\beta z})(\sqrt{Z_0}\, I^- e^{j\beta z})^* \equiv bb^*$$

より，a, b は次のように表される．

$$a \equiv \sqrt{Z_0}\, I^+ e^{-j\beta z} = \sqrt{Y_0}\, V^+ e^{-j\beta z}, \quad b \equiv \sqrt{Z_0}\, I^- e^{j\beta z} = \sqrt{Y_0}\, V^- e^{j\beta z}$$

これより，

$$a(z) + b(z) = \sqrt{Y_0}\,(V^+ e^{-j\beta z} + V^- e^{j\beta z}) = \sqrt{Y_0}\, V(z) = \overline{V}(z) \tag{4.3}$$
$$a(z) - b(z) = \sqrt{Z_0}\,(I^+ e^{-j\beta z} - I^- e^{j\beta z}) = \sqrt{Z_0}\, I(z) = \overline{I}(z) \tag{4.4}$$

ただし，$\overline{V}(z)$ は規格化電圧，$\overline{I}(z)$ は規格化電流を示す．電圧，電流より，複素電力 P，および平均電力 P_{avg} は，

$$\begin{aligned} P &= V(z) I^*(z) = \sqrt{Z_0}\, \overline{V}(z) \frac{\overline{I}^*(z)}{\sqrt{Z_0}} = \overline{V}(z) \overline{I}^*(z) \\ &= \big(a(z) + b(z)\big)\big(a(z) - b(z)\big)^* \\ &= a(z)a(z)^* - a(z)b(z)^* + b(z)a(z)^* - b(z)b(z)^* \end{aligned}$$

---

[1] C. G. Montgomery, R. H. Dicke, E. M. Purcell, *"Principles of Microwave Circuits" 5.14. Scattering Matrix*, The Institution of Engineering and Technology, Revised (1987).

[2] 滝保夫，"伝送回路" 3.8 動作特性行列，第 2 版，共立出版 (1978).

$$= |a(z)|^2 - |b(z)|^2 + 2j\,\Im\{b(z)a(z)^*\}$$

ただし，$\Im(\ )$ は複素数の虚部を示す．これより，平均電力 P_{avg} は，

$$P_{\mathrm{avg}} = \Re(P) = |a|^2 - |b|^2 = aa^* - bb^* = P_{\mathrm{inc}} - P_{\mathrm{ref}}$$

したがって，$|a|, |b|$ は，入射電力 P_{inc}，反射電力 P_{ref} の平方根（ルート電力）によって定義された波動振幅である．

●伝送方程式　無損失均一伝送線路の伝送方程式を規格化電圧 $\overline{V}(z)$，規格化電流 $\overline{I}(z)$ によって表すと次のようになる．

$$\frac{d\overline{V}}{dz} = -j\beta\overline{I}, \quad \frac{d\overline{I}}{dz} = -j\beta\overline{V}$$

ここで，$Z_0 = \sqrt{\frac{L}{C}}, \beta = \omega\sqrt{LC}$．これを波動振幅 $a(z), b(z)$ を用いれば，

$$\frac{d}{dz}(a+b) = -j\beta(a-b), \quad \frac{d}{dz}(a-b) = -j\beta(a+b)$$

$a(z), b(z)$ について解くため，

$$\frac{da}{dz} = -j\beta a, \qquad \frac{db}{dz} = j\beta b$$
$$\frac{da}{a} = -j\beta a dz, \quad \frac{db}{b} = j\beta b dz$$

両辺を積分すると，

$$\int\frac{da}{a} = -j\beta a\int dz, \quad \int\frac{db}{b} = j\beta b\int dz$$

よって，次式が得られる．

$$a = A^+e^{-j\beta z}, \quad b = A^-e^{j\beta z} \tag{4.5}$$

ただし，A^+, A^- は積分定数を示す．損失のある伝送線路では，伝搬定数 γ より，

$$\frac{da}{dz} = -\gamma a, \quad \frac{db}{dz} = \gamma b \tag{4.6}$$

同様にして，

$$a = A^+e^{-\gamma z}, \quad b = A^-e^{\gamma z} \tag{4.7}$$

●終端した伝送線路　無損失伝送線路（特性インピーダンス Z_0）終端（$z=0$）に負荷 Z_{L} を接続したとき，この負荷点における電圧 V，電流 I は，

$$V = V^+ + V^-, \quad I = I^+ - I^- = \frac{1}{Z_0}(V^+ - V^-)$$

これより，V^+, V^- は，

$$V^+ = \frac{V + Z_0 I}{2}, \quad V^- = \frac{V - Z_0 I}{2} = \Gamma_{\mathrm{L}} V^+$$

ただし，Γ_{L} は負荷点の電圧反射係数を示す．さらに，a, b は，

$$a = \frac{\overline{V} + \overline{I}}{2} = \frac{\frac{V}{\sqrt{Z_0}} + \sqrt{Z_0}\, I}{2} = \frac{V + Z_0 I}{2\sqrt{Z_0}} \tag{4.8}$$

$$b = \frac{\overline{V} - \overline{I}}{2} = \frac{\frac{V}{\sqrt{Z_0}} - \sqrt{Z_0}\, I}{2} = \frac{V - Z_0 I}{2\sqrt{Z_0}} \tag{4.9}$$

このとき，$Z_{\mathrm{L}} = Z_0$ であれば無反射（$\Gamma_{\mathrm{L}} = 0$）ゆえ，$V^- = 0, b = 0$ である．

● 1 端子対回路の入射波，反射波　集中定数回路においても散乱パラメータを定義することができ，まず，1 端子対回路について説明する．**図4.1(a)**に示すように，内部インピーダンス R_{01}（実数）の信号源（電圧 E_1）が接続されているとき，端子 1-1′ の電圧 V_1，電流 I_1 の関係は，

$$E_1 = V_1 + R_{01} I_1 \tag{4.10}$$

いま，1 端子対回路の代わりに整合負荷 R_{01} を接続すると（**図4.1(b)**参照），電圧 V_1'，電流 I_1' は，

$$V_1' = \frac{R_{01}}{R_{01} + R_{01}} E_1 = \frac{E_1}{2}, \quad I_1' = \frac{V_1'}{R_{01}}$$

式 (4.10) より，

$$V_1' = \frac{V_1 + R_{01} I_1}{2}, \quad I_1' = \frac{V_1 + R_{01} I_1}{2R_{01}}$$

整合負荷 R_{01} の回路では反射波は生じないため，I_1' は入射電流波とみなせ，

$$I_1^{\mathrm{inc}} \equiv I_1' = \frac{V_1 + R_{01} I_1}{2R_{01}}$$

とおく．次に，1 端子対回路に戻せば反射波が生じ，これを回路から出る電流，つまり反射電流波 I_1^{ref} とみなして（**図4.2**参照）$I_1 = I_1^{\mathrm{inc}} - I_1^{\mathrm{ref}}$ とし，I_1^{ref} を次のように定義する [3)]．

---

3) R. Mavaddat, *"Network Scattering Parameters" 1. Introduction and The Scattering Parameters of a 1-port Network*, World Scientific (1996).

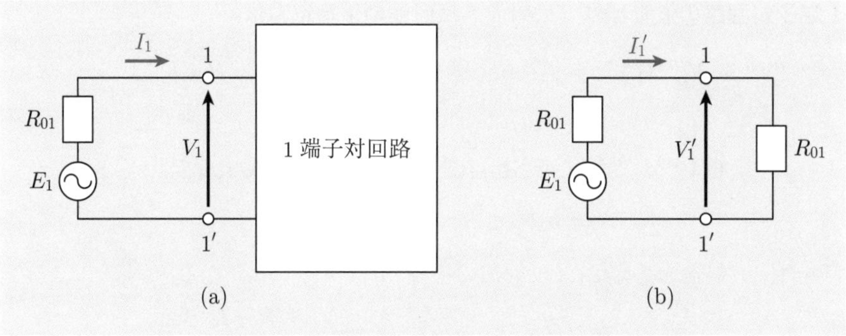

図4.1 **(a) 1 端子対回路で終端，(b) 整合負荷で終端**

$$I_1^{\mathrm{ref}} = I_1^{\mathrm{inc}} - I_1 = \frac{V_1 + R_{01}I_1}{2R_{01}} - I_1 = \frac{V_1 - R_{01}I_1}{2R_{01}}$$

同様にして，入射電圧波を V_1^{inc}，反射電圧波を V_1^{ref} とすると（図4.2参照），$V_1 = V_1^{\mathrm{inc}} + V_1^{\mathrm{ref}}$ として，

$$V_1^{\mathrm{ref}} = V_1 - V_1^{\mathrm{inc}} = V_1 - \frac{V_1 + R_{01}I_1}{2} = \frac{V_1 - R_{01}I_1}{2}$$

このように集中定数回路では，

$$V_1 = V_1^{\mathrm{inc}} + V_1^{\mathrm{ref}}, \quad I_1 = I_1^{\mathrm{inc}} - I_1^{\mathrm{ref}} = \frac{1}{R_{01}}(V_1^{\mathrm{inc}} - V_1^{\mathrm{ref}})$$

一方，分布定数回路として扱う伝送線路では，

$$V = V^+ + V^-, \quad I = I^+ - I^- = \frac{1}{Z_0}(V^+ - V^-)$$

ただし，肩文字 + は前進波，− は後進波を示す．集中定数回路において散乱パラメータを定義する場合，伝送線路上（$z = 0$）の波動を模擬した入射波，反射波が導入され，また，基準抵抗 R_{01} は端子に接続されている線路の特性インピーダンス Z_0 に対応している．

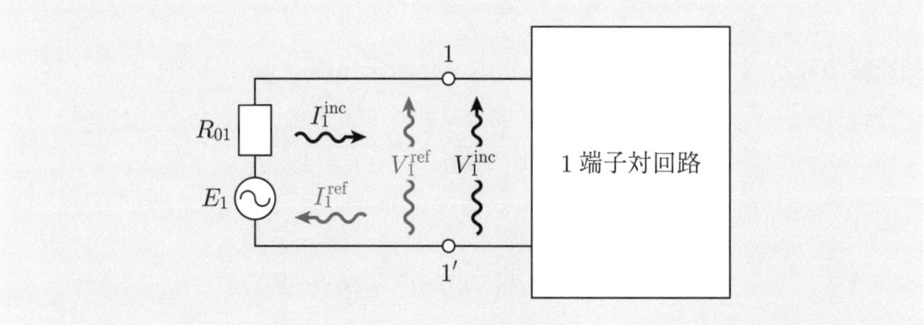

図4.2 **1 端子対回路の入射電流波，反射電流波，入射電圧波，反射電圧波**

●1 端子対回路の波動振幅 入射波，反射波の平均電力は，

$$\Re(V_1^{\rm inc}I_1^{\rm inc*}) = I_1^{\rm inc}R_{01}I_1^{\rm inc*} = (\sqrt{R_{01}}\,I_1^{\rm inc})(\sqrt{R_{01}}\,I_1^{\rm inc})^*$$
$$= a_1a_1^*$$
$$\Re(V_1^{\rm ref}I_1^{\rm ref*}) = I_1^{\rm ref}R_{01}I_1^{\rm ref*} = (\sqrt{R_{01}}\,I_1^{\rm ref})(\sqrt{R_{01}}\,I_1^{\rm ref})^*$$
$$= b_1b_1^*$$

で表され，入射波の振幅 a_1，反射波の振幅 b_1 は次のようになる．

$$a_1 = \sqrt{R_{01}}\,I_1^{\rm inc} = \frac{V_1^{\rm inc}}{\sqrt{R_{01}}} = \frac{V_1 + R_{01}\,I_1}{2\sqrt{R_{01}}}$$
$$b_1 = \sqrt{R_{01}}I_1^{\rm ref} = \frac{V_1^{\rm ref}}{\sqrt{R_{01}}} = \frac{V_1 - R_{01}I_1}{2\sqrt{R_{01}}}$$

また，入射波と反射波の和，差より，

$$a_1 + b_1 = \frac{V_1^{\rm inc}}{\sqrt{R_{01}}} + \frac{V_1^{\rm ref}}{\sqrt{R_{01}}} = \frac{V_1}{\sqrt{R_{01}}}$$
$$a_1 - b_1 = \sqrt{R_{01}}\,I_1^{\rm inc} - \sqrt{R_{01}}\,I_1^{\rm ref} = \sqrt{R_{01}}\,I_1$$

これより，端子電圧 V_1，端子電流 I_1（回路に流れ込む方向が正）を，入射波の振幅 a_1，反射波の振幅 b_1 から求めることができる．

$$V_1 = \sqrt{R_{01}}(a_1 + b_1), \quad I_1 = \frac{1}{\sqrt{R_{01}}}(a_1 - b_1)$$

回路に給電される電力（power delivered to the network），つまり**入力電力**（input power）$P_{\rm in}$ は，

$$P_{\rm in} = a_1a_1^* - b_1b_1^*$$
$$= \frac{V_1 + R_{01}I_1}{2\sqrt{R_{01}}}\frac{V_1^* + R_{01}I_1^*}{2\sqrt{R_{01}}} - \frac{V_1 - R_{01}I_1}{2\sqrt{R_{01}}}\frac{V_1^* - R_{01}I_1^*}{2\sqrt{R_{01}}}$$
$$= \frac{2(V_1R_{01}I_1^* + R_{01}I_1V_1^*)}{4R_{01}} = \frac{1}{2}\left(V_1I_1^* + I_1V_1^*\right) = \Re(V_1I_1^*)$$

波動振幅の散乱パラメータ（wave amplitude scattering parameters）S_{11} は，

$$S_{11} = \frac{b_1}{a_1} = \frac{\frac{V_1 - R_{01}I_1}{2\sqrt{R_{01}}}}{\frac{V_1 + R_{01}I_1}{2\sqrt{R_{01}}}} = \frac{V_1 - R_{01}I_1}{V_1 + R_{01}I_1} \tag{4.11}$$

これより，

$$P_{\rm in} = a_1a_1^* - b_1b_1^* = a_1a_1^* - S_{11}a_1S_{11}^*a_1^*$$
$$= |a_1|^2\left(1 - |S_{11}|^2\right)$$

● 2 端子対散乱パラメータ　散乱パラメータは，端子の基準インピーダンスに応じて定義される．ここでは，**図4.3(a)**に示すように，端子 1-1′, 2-2′ の信号源の内部インピーダンスが純抵抗 R_{01}, R_{02} の場合について考えていく．まず，端子 n-n'（$n = 1, 2$）の電圧 V_n，電流 I_n の関係は，

$$E_n = V_n + R_{0n} I_n \tag{4.12}$$

基準の回路を**図4.3(b)**に示すように整合抵抗を接続した回路とすると，列ベクトルで表した入射電流波 $\boldsymbol{I}^{\mathrm{inc}}$，入射電圧波 $\boldsymbol{V}^{\mathrm{inc}}$ は，

$$\boldsymbol{I}^{\mathrm{inc}} = \begin{pmatrix} I_1^{\mathrm{inc}} \\ I_2^{\mathrm{inc}} \end{pmatrix} = \begin{pmatrix} \dfrac{V_1 + R_0 I_1}{2R_{01}} \\ \dfrac{V_2 + R_0 I_2}{2R_{02}} \end{pmatrix}, \quad \boldsymbol{V}^{\mathrm{inc}} = \begin{pmatrix} V_1^{\mathrm{inc}} \\ V_2^{\mathrm{inc}} \end{pmatrix} = \begin{pmatrix} \dfrac{V_1 + R_{01} I_1}{2} \\ \dfrac{V_2 + R_{02} I_2}{2} \end{pmatrix}$$

図4.4に示すように全電圧，全電流の列ベクトルを $\boldsymbol{V}, \boldsymbol{I}$ とおくと，反射電圧波 $\boldsymbol{V}^{\mathrm{ref}}$，反射電流波 $\boldsymbol{I}^{\mathrm{ref}}$ は，

$$\boldsymbol{I}^{\mathrm{ref}} = \boldsymbol{I}^{\mathrm{inc}} - \boldsymbol{I} = \begin{pmatrix} I_1^{\mathrm{ref}} \\ I_2^{\mathrm{ref}} \end{pmatrix} = \begin{pmatrix} I_1^{\mathrm{inc}} - I_1 \\ I_2^{\mathrm{inc}} - I_2 \end{pmatrix}$$

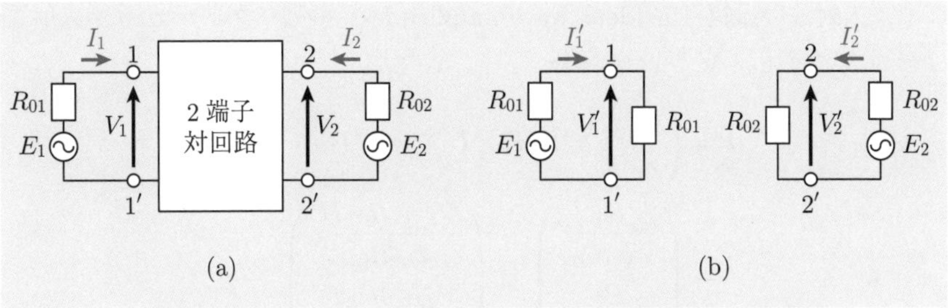

図4.3　**(a) 2 端子対回路，(b) 整合抵抗を接続した回路**

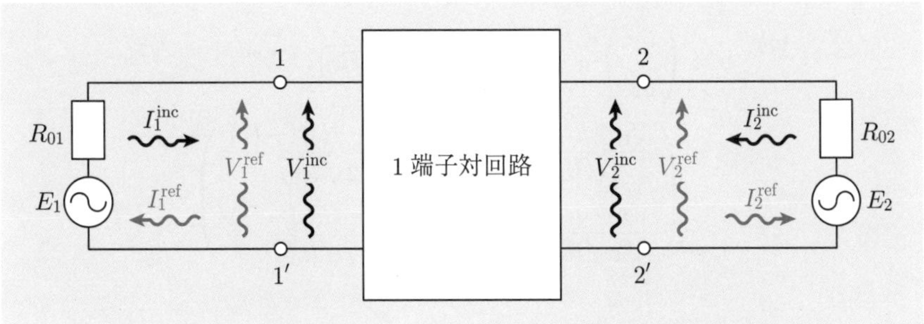

図4.4　**信号源を接続した 2 端子対回路の反射電圧波，反射電流波**

$$= \begin{pmatrix} \dfrac{E_1}{2R_{01}} - I_1 \\ \dfrac{E_2}{2R_{02}} - I_2 \end{pmatrix} = \begin{pmatrix} \dfrac{V_1 - R_{01}I_1}{2R_{01}} \\ \dfrac{V_2 - R_{02}I_2}{2R_{02}} \end{pmatrix}$$

$$\boldsymbol{V}^{\mathrm{ref}} = \boldsymbol{V} - \boldsymbol{V}^{\mathrm{inc}} = \begin{pmatrix} V_1^{\mathrm{ref}} \\ V_2^{\mathrm{ref}} \end{pmatrix} = \begin{pmatrix} V_1 - V_1^{\mathrm{inc}} \\ V_2 - V_2^{\mathrm{inc}} \end{pmatrix}$$

$$= \begin{pmatrix} V_1 - \dfrac{E_1}{2} \\ V_2 - \dfrac{E_2}{2} \end{pmatrix} = \begin{pmatrix} \dfrac{V_1 - R_{01}I_1}{2} \\ \dfrac{V_2 - R_{02}I_2}{2} \end{pmatrix}$$

これより，電圧，電流の関係は，

$$\boldsymbol{V}^{\mathrm{inc}} = [\boldsymbol{R}_0]\boldsymbol{I}^{\mathrm{inc}}, \quad \boldsymbol{V}^{\mathrm{ref}} = [\boldsymbol{R}_0]\boldsymbol{I}^{\mathrm{ref}}, \quad [\boldsymbol{R}_0] = \begin{pmatrix} R_{01} & 0 \\ 0 & R_{02} \end{pmatrix}$$

波動振幅による 2 端子対の**散乱行列**（scattering matrix）$[\boldsymbol{S}]$ は次のようになる．

$$\boldsymbol{b} = [\boldsymbol{S}]\boldsymbol{a}, \quad [\boldsymbol{S}] = \begin{pmatrix} S_{11} & S_{12} \\ S_{21} & S_{22} \end{pmatrix} \tag{4.13}$$

ここで，**入射波の振幅**（incident wave amplitudes）の列ベクトル $\boldsymbol{a}$ と，入射電流波 $\boldsymbol{I}^{\mathrm{inc}}$，入射電圧波 $\boldsymbol{V}^{\mathrm{inc}}$ との関係は，

$$\boldsymbol{a} = \begin{pmatrix} a_1 \\ a_2 \end{pmatrix} = [\sqrt{\boldsymbol{R}_0}]\,\boldsymbol{I}^{\mathrm{inc}} = [\sqrt{\boldsymbol{R}_0}]^{-1}\,\boldsymbol{V}^{\mathrm{inc}}$$

$$= \begin{pmatrix} \dfrac{E_1}{2\sqrt{R_{01}}} \\ \dfrac{E_2}{2\sqrt{R_{02}}} \end{pmatrix} = \begin{pmatrix} \dfrac{V_1 + R_{01}I_1}{2\sqrt{R_{01}}} \\ \dfrac{V_2 + R_{02}I_2}{2\sqrt{R_{02}}} \end{pmatrix}$$

また，**反射波の振幅**（reflected wave amplitudes）の列ベクトル $\boldsymbol{b}$ は，

$$\boldsymbol{b} = \begin{pmatrix} b_1 \\ b_2 \end{pmatrix} = [\sqrt{\boldsymbol{R}_0}]\,\boldsymbol{I}^{\mathrm{ref}} = [\sqrt{\boldsymbol{R}_0}]^{-1}\,\boldsymbol{V}^{\mathrm{ref}}$$

$$= \begin{pmatrix} \dfrac{V_1 - R_{01}I_1}{2\sqrt{R_{01}}} \\ \dfrac{V_2 - R_{02}I_2}{2\sqrt{R_{02}}} \end{pmatrix} = \begin{pmatrix} \dfrac{V_1 + R_{01}(-I_1)}{2\sqrt{R_{01}}} \\ \dfrac{V_2 + R_{02}(-I_2)}{2\sqrt{R_{02}}} \end{pmatrix}$$

●散乱パラメータの物理的意味 まず，$a_2 = 0$ のとき，

$$\left.\frac{b_1}{a_1}\right|_{a_2=0} = \left.\frac{S_{11}a_1 + S_{12}a_2}{a_1}\right|_{a_2=0} = S_{11} \tag{4.14}$$

$$\left.\frac{b_2}{a_1}\right|_{a_2=0} = \left.\frac{S_{21}a_1 + S_{22}a_2}{a_1}\right|_{a_2=0} = S_{21} \tag{4.15}$$

端子 2-2′ が整合された 2 端子対回路において，端子 1-1′ への入射波を考えれば，S_{11} は端子 1-1′ での反射係数，S_{21} は端子 1-1′ から 2-2′ への透過係数である．逆に，$a_1 = 0$ のとき，

$$\left.\frac{b_2}{a_2}\right|_{a_1=0} = \left.\frac{S_{21}a_1 + S_{22}a_2}{a_2}\right|_{a_1=0} = S_{22} \tag{4.16}$$

$$\left.\frac{b_1}{a_2}\right|_{a_1=0} = \left.\frac{S_{11}a_1 + S_{12}a_2}{a_2}\right|_{a_1=0} = S_{12} \tag{4.17}$$

端子 1-1′ が整合された 2 端子対回路において，端子 2-2′ への入射波を考えれば，S_{22} は端子 2-2′ での反射係数，S_{12} は端子 2-2′ から 1-1′ への透過係数である．

●伝送線路の散乱パラメータ $z = z_1$ を端子 1-1′ として，

$$a_1(z_1) = \overline{V}^+ e^{-j\beta z_1}, \quad b_1(z_1) = \overline{V}^- e^{j\beta z_1} \tag{4.18}$$

一方，$z = z_2 = z_1 + l$ を端子 2-2′ として，

$$b_2(z_2) = \overline{V}^+ e^{-j\beta(z_1+l)}, \quad a_2(z_2) = \overline{V}^- e^{j\beta(z_1+l)} \tag{4.19}$$

$\overline{V}^+, \overline{V}^-$ を消去すると，

$$b_1(z_1) = \overline{V}^- e^{j\beta z_1} = a_2(z_2)e^{-j\beta(z_1+l)}e^{j\beta z_1} = e^{-j\beta l}a_2(z_2) \tag{4.20}$$

$$b_2(z_2) = \overline{V}^+ e^{-j\beta(z_1+l)} = a_1(z_1)e^{j\beta z_1}e^{-j\beta(z_1+l)} = e^{-j\beta l}a_1(z_1) \tag{4.21}$$

散乱行列表示すると，

$$\boldsymbol{b} = \begin{pmatrix} b_1(z_1) \\ b_2(z_2) \end{pmatrix} = \begin{pmatrix} 0 & e^{-j\beta l} \\ e^{-j\beta l} & 0 \end{pmatrix} \begin{pmatrix} a_1(z_1) \\ a_2(z_2) \end{pmatrix} = [\boldsymbol{S}]\boldsymbol{a} \tag{4.22}$$

よって，無損失の場合，長さ l の伝送線路を表す散乱行列 $[\boldsymbol{S}]$ は，

$$[\boldsymbol{S}] = \begin{pmatrix} 0 & e^{-j\beta l} \\ e^{-j\beta l} & 0 \end{pmatrix} \tag{4.23}$$

損失のある伝送線路では，伝搬定数を γ として散乱行列 $[\boldsymbol{S}]$ は，

$$[\boldsymbol{S}] = \begin{pmatrix} 0 & e^{-\gamma l} \\ e^{-\gamma l} & 0 \end{pmatrix} \tag{4.24}$$

●散乱行列の性質　無損失であれば，次のように入力波の電力の総和は，出力波の電力の総和に等しい．

$$\sum_{n=1} |a_n|^2 = \sum_{n=1} |b_n|^2 \tag{4.25}$$

列ベクトル $\boldsymbol{a}, \boldsymbol{b}$ の転置ベクトルを $\boldsymbol{a}_{\mathrm{T}}, \boldsymbol{b}_{\mathrm{T}}$，複素共役を $\boldsymbol{a}^*, \boldsymbol{b}^*$ とおくと，上式は次のようになる[4]．

$$\boldsymbol{a}_{\mathrm{T}}\boldsymbol{a}^* = \boldsymbol{b}_{\mathrm{T}}\boldsymbol{b}^* = ([\boldsymbol{S}]\boldsymbol{a})_{\mathrm{T}}([\boldsymbol{S}]\boldsymbol{a})^* = \boldsymbol{a}_{\mathrm{T}}[\boldsymbol{S}]_{\mathrm{T}}[\boldsymbol{S}]^*\boldsymbol{a}^*$$

$$\boldsymbol{a}_{\mathrm{T}}\Big([\boldsymbol{U}] - [\boldsymbol{S}]_{\mathrm{T}}[\boldsymbol{S}]^*\Big)\boldsymbol{a}^* = 0$$

ただし，$[\boldsymbol{U}]$ は単位行列を示す．$\boldsymbol{a} \neq \boldsymbol{0}$ より，

$$[\boldsymbol{U}] = [\boldsymbol{S}]_{\mathrm{T}}[\boldsymbol{S}]^* \tag{4.26}$$

よって，無損失のとき，散乱行列は次のように**ユニタリ行列**（unitary matrix）となる．

$$[\boldsymbol{S}]^* = [\boldsymbol{S}]_{\mathrm{T}}^{-1} \tag{4.27}$$

無損失 2 端子対回路の場合，

$$\begin{aligned}
[\boldsymbol{S}]_{\mathrm{T}}[\boldsymbol{S}]^* &= \begin{pmatrix} S_{11} & S_{21} \\ S_{12} & S_{22} \end{pmatrix} \begin{pmatrix} S_{11}^* & S_{12}^* \\ S_{21}^* & S_{22}^* \end{pmatrix} = \begin{pmatrix} 1 & 0 \\ 0 & 1 \end{pmatrix} \\
&= \begin{pmatrix} S_{11}S_{11}^* + S_{21}S_{21}^* & S_{11}S_{12}^* + S_{21}S_{22}^* \\ S_{12}S_{11}^* + S_{22}S_{21}^* & S_{12}S_{12}^* + S_{22}S_{22}^* \end{pmatrix}
\end{aligned} \tag{4.28}$$

これより，

$$S_{11}S_{11}^* + S_{21}S_{21}^* = |S_{11}|^2 + |S_{21}|^2 = 1 \tag{4.29}$$

$$S_{12}S_{12}^* + S_{22}S_{22}^* = |S_{12}|^2 + |S_{22}|^2 = 1 \tag{4.30}$$

可逆性 $S_{12} = S_{21}$ より，

$$|S_{11}|^2 + |S_{21}|^2 = |S_{21}|^2 + |S_{22}|^2 = 1 \tag{4.31}$$

$$|S_{11}| = |S_{22}| = \sqrt{1 - |S_{21}|^2}$$

また，$S_{ij} \equiv |S_{ij}|e^{j\phi_{ij}}$ $(i, j = 1, 2)$ とおくと，

$$S_{11}S_{21}^* + S_{21}S_{22}^* = |S_{11}|e^{j\phi_{11}}|S_{21}|e^{-j\phi_{21}} + |S_{21}|e^{j\phi_{21}}|S_{22}|e^{-j\phi_{22}} = 0$$

4) 行列の転置については，$(\boldsymbol{AB})_{\mathrm{T}} = \boldsymbol{B}_{\mathrm{T}}\boldsymbol{A}_{\mathrm{T}}$ が成り立ち，さらに複素共役をとれば，$(\boldsymbol{AB})_{\mathrm{T}}^* = (\boldsymbol{A}^*\boldsymbol{B}^*)_{\mathrm{T}} = \boldsymbol{B}_{\mathrm{T}}^*\boldsymbol{A}_{\mathrm{T}}^*$．

$$e^{j(\phi_{11}-\phi_{21})}+e^{j(\phi_{21}-\phi_{22})}=0$$

$$\phi_{11}-\phi_{21}=\phi_{21}-\phi_{22}\pm\pi$$

$$\phi_{21}=\frac{\phi_{11}+\phi_{22}}{2}\pm\frac{\pi}{2} \tag{4.32}$$

対称構造なら $S_{11}=S_{22}$ ゆえ，

$$S_{11}S_{21}^{*}+S_{21}S_{11}^{*}=0 \tag{4.33}$$

上式と式 (4.31) より，

$$\begin{aligned}|S_{11}+S_{21}|^2&=(S_{11}+S_{21})(S_{11}^{*}+S_{21}^{*})\\&=|S_{11}|^2+S_{11}S_{21}^{*}+S_{21}S_{11}^{*}+|S_{21}|^2=1\end{aligned}$$

よって，

$$|S_{11}+S_{21}|=1,\quad \phi_{21}-\phi_{11}=\pm\frac{\pi}{2} \tag{4.34}$$

●$\boldsymbol{N}$ 端子対の散乱行列とインピーダンス行列との関係　端子 n-n' に特性インピーダンス Z_{0n} の伝送線路が接続された N 端子対回路を考える．規格化電圧 $\overline{V}_n$，規格化電流 $\overline{I}_n$ からなる列ベクトルを $\overline{\boldsymbol{V}},\overline{\boldsymbol{I}}$ で表し，$\boldsymbol{V}=[\boldsymbol{Z}]\boldsymbol{I}$ に $\boldsymbol{V}=\left[\sqrt{\boldsymbol{Z}_0}\right]\overline{\boldsymbol{V}},\boldsymbol{I}=\left[\sqrt{\boldsymbol{Y}_0}\right]\overline{\boldsymbol{I}}$ を代入すると，

$$\left[\sqrt{\boldsymbol{Z}_0}\right]\overline{\boldsymbol{V}}=[\boldsymbol{Z}]\left[\sqrt{\boldsymbol{Y}_0}\right]\overline{\boldsymbol{I}} \tag{4.35}$$

ただし，$\left[\sqrt{\boldsymbol{Z}_0}\right],\left[\sqrt{\boldsymbol{Y}_0}\right]$ は対角要素を $\sqrt{Z_{0n}},\sqrt{Y_{0n}}$ $\left(=\frac{1}{\sqrt{Z_{0n}}}\right)$ とする対角行列である．

$$\left[\sqrt{\boldsymbol{Z}_0}\right]=\begin{pmatrix}\sqrt{Z_{01}} & 0 & \cdots\\ 0 & \sqrt{Z_{02}} & \\ \vdots & & \ddots\end{pmatrix}=\left[\sqrt{\boldsymbol{Y}_0}\right]^{-1} \tag{4.36}$$

これより，

$$\overline{\boldsymbol{V}}=\left[\sqrt{\boldsymbol{Y}_0}\right][\boldsymbol{Z}]\left[\sqrt{\boldsymbol{Y}_0}\right]\overline{\boldsymbol{I}}\equiv\left[\,\overline{\boldsymbol{Z}}\,\right]\overline{\boldsymbol{I}} \tag{4.37}$$

$$\left[\,\overline{\boldsymbol{Z}}\,\right]=\left[\sqrt{\boldsymbol{Y}_0}\right][\boldsymbol{Z}]\left[\sqrt{\boldsymbol{Y}_0}\right] \tag{4.38}$$

また，

$$\boldsymbol{b}=\overline{\boldsymbol{V}}-\overline{\boldsymbol{I}},\quad \boldsymbol{a}=\overline{\boldsymbol{V}}+\overline{\boldsymbol{I}} \tag{4.39}$$

これらを，$\boldsymbol{b}=[\boldsymbol{S}]\boldsymbol{a}$ に代入して，

$$
\begin{aligned}
\overline{\boldsymbol{V}}-\overline{\boldsymbol{I}} &= [\boldsymbol{S}]\bigl(\overline{\boldsymbol{V}}+\overline{\boldsymbol{I}}\bigr)\\
\bigl[\,\overline{\boldsymbol{Z}}\,\bigr]\overline{\boldsymbol{I}}-\overline{\boldsymbol{I}} &= [\boldsymbol{S}]\left(\bigl[\,\overline{\boldsymbol{Z}}\,\bigr]\overline{\boldsymbol{I}}+\overline{\boldsymbol{I}}\right)\\
\left(\bigl[\,\overline{\boldsymbol{Z}}\,\bigr]-[\boldsymbol{U}]\right)\overline{\boldsymbol{I}} &= [\boldsymbol{S}]\left(\bigl[\,\overline{\boldsymbol{Z}}\,\bigr]+[\boldsymbol{U}]\right)\overline{\boldsymbol{I}}\\
\bigl[\,\overline{\boldsymbol{Z}}\,\bigr]-[\boldsymbol{U}] &= [\boldsymbol{S}]\left(\bigl[\,\overline{\boldsymbol{Z}}\,\bigr]+[\boldsymbol{U}]\right) \qquad (4.40)
\end{aligned}
$$

ただし，$[\boldsymbol{U}]$ は単位行列である．ここで，

$$
\left(\bigl[\,\overline{\boldsymbol{Z}}\,\bigr]+[\boldsymbol{U}]\right)\left(\bigl[\,\overline{\boldsymbol{Z}}\,\bigr]-[\boldsymbol{U}]\right)=\bigl[\,\overline{\boldsymbol{Z}}\,\bigr]\bigl[\,\overline{\boldsymbol{Z}}\,\bigr]-[\boldsymbol{U}]=\left(\bigl[\,\overline{\boldsymbol{Z}}\,\bigr]-[\boldsymbol{U}]\right)\left(\bigl[\,\overline{\boldsymbol{Z}}\,\bigr]+[\boldsymbol{U}]\right)
$$

両辺の右および左に行列を乗じて，

$$
\begin{aligned}
&\left(\bigl[\,\overline{\boldsymbol{Z}}\,\bigr]+[\boldsymbol{U}]\right)^{-1}\left(\bigl[\,\overline{\boldsymbol{Z}}\,\bigr]+[\boldsymbol{U}]\right)\left(\bigl[\,\overline{\boldsymbol{Z}}\,\bigr]-[\boldsymbol{U}]\right)\left(\bigl[\,\overline{\boldsymbol{Z}}\,\bigr]+[\boldsymbol{U}]\right)^{-1}\\
&=\left(\bigl[\,\overline{\boldsymbol{Z}}\,\bigr]+[\boldsymbol{U}]\right)^{-1}\left(\bigl[\,\overline{\boldsymbol{Z}}\,\bigr]-[\boldsymbol{U}]\right)\left(\bigl[\,\overline{\boldsymbol{Z}}\,\bigr]+[\boldsymbol{U}]\right)\left(\bigl[\,\overline{\boldsymbol{Z}}\,\bigr]+[\boldsymbol{U}]\right)^{-1}
\end{aligned}
$$

よって，

$$
\left(\bigl[\,\overline{\boldsymbol{Z}}\,\bigr]-[\boldsymbol{U}]\right)\left(\bigl[\,\overline{\boldsymbol{Z}}\,\bigr]+[\boldsymbol{U}]\right)^{-1}=\left(\bigl[\,\overline{\boldsymbol{Z}}\,\bigr]+[\boldsymbol{U}]\right)^{-1}\left(\bigl[\,\overline{\boldsymbol{Z}}\,\bigr]-[\boldsymbol{U}]\right)
$$

これより，式 (4.40) は次のようになる．

$$
[\boldsymbol{S}]=\left(\bigl[\,\overline{\boldsymbol{Z}}\,\bigr]+[\boldsymbol{U}]\right)^{-1}\left(\bigl[\,\overline{\boldsymbol{Z}}\,\bigr]-[\boldsymbol{U}]\right)=\left(\bigl[\,\overline{\boldsymbol{Z}}\,\bigr]-[\boldsymbol{U}]\right)\left(\bigl[\,\overline{\boldsymbol{Z}}\,\bigr]+[\boldsymbol{U}]\right)^{-1}
$$

あるいは，式 (4.40) より，

$$
\begin{aligned}
\bigl[\sqrt{\boldsymbol{Y}_0}\bigr][\boldsymbol{Z}]\bigl[\sqrt{\boldsymbol{Y}_0}\bigr]-[\boldsymbol{U}] &= [\boldsymbol{S}]\Bigl(\bigl[\sqrt{\boldsymbol{Y}_0}\bigr][\boldsymbol{Z}]\bigl[\sqrt{\boldsymbol{Y}_0}\bigr]+[\boldsymbol{U}]\Bigr)\\
\bigl[\sqrt{\boldsymbol{Y}_0}\bigr]\bigl([\boldsymbol{Z}]-[\boldsymbol{Z}_0]\bigr)\bigl[\sqrt{\boldsymbol{Y}_0}\bigr] &= [\boldsymbol{S}]\bigl[\sqrt{\boldsymbol{Y}_0}\bigr]\bigl([\boldsymbol{Z}]+[\boldsymbol{Z}_0]\bigr)\bigl[\sqrt{\boldsymbol{Y}_0}\bigr]\\
\bigl[\sqrt{\boldsymbol{Y}_0}\bigr]\bigl([\boldsymbol{Z}]-[\boldsymbol{Z}_0]\bigr) &= [\boldsymbol{S}]\bigl[\sqrt{\boldsymbol{Y}_0}\bigr]\bigl([\boldsymbol{Z}]+[\boldsymbol{Z}_0]\bigr)
\end{aligned}
$$

したがって，

$$
[\boldsymbol{S}]=\bigl[\sqrt{\boldsymbol{Z}_0}\bigr]^{-1}\bigl([\boldsymbol{Z}]-[\boldsymbol{Z}_0]\bigr)\bigl([\boldsymbol{Z}]+[\boldsymbol{Z}_0]\bigr)^{-1}\bigl[\sqrt{\boldsymbol{Z}_0}\bigr] \qquad (4.41)
$$

逆に，散乱行列 $[\boldsymbol{S}]$ を用いて，正規化したインピーダンス行列 $\bigl[\,\overline{\boldsymbol{Z}}\,\bigr]$ を表すと，次のようになる．

$$
\begin{aligned}
\boldsymbol{a}+\boldsymbol{b} &= \bigl[\,\overline{\boldsymbol{Z}}\,\bigr](\boldsymbol{a}-\boldsymbol{b}) \qquad (4.42)\\
\boldsymbol{a}+[\boldsymbol{S}]\boldsymbol{a} &= \bigl[\,\overline{\boldsymbol{Z}}\,\bigr](\boldsymbol{a}-[\boldsymbol{S}]\boldsymbol{a})\\
([\boldsymbol{U}]+[\boldsymbol{S}])\boldsymbol{a} &= \bigl[\,\overline{\boldsymbol{Z}}\,\bigr]([\boldsymbol{U}]-[\boldsymbol{S}])\boldsymbol{a}\\
[\boldsymbol{U}]+[\boldsymbol{S}] &= \bigl[\,\overline{\boldsymbol{Z}}\,\bigr]([\boldsymbol{U}]-[\boldsymbol{S}]) \qquad (4.43)
\end{aligned}
$$

したがって，

$$
\bigl[\,\overline{\boldsymbol{Z}}\,\bigr]=([\boldsymbol{U}]+[\boldsymbol{S}])([\boldsymbol{U}]-[\boldsymbol{S}])^{-1}=([\boldsymbol{U}]-[\boldsymbol{S}])^{-1}([\boldsymbol{U}]+[\boldsymbol{S}]) \qquad (4.44)
$$

●散乱行列の対称性 正規化したインピーダンス行列 $\left[\,\overline{\boldsymbol{Z}}\,\right]$ が対称行列（$\left[\,\overline{\boldsymbol{Z}}\,\right]_{\mathrm{T}} = \left[\,\overline{\boldsymbol{Z}}\,\right]$）であることを用いると，次のように $[\boldsymbol{S}]$ の転置行列 $[\boldsymbol{S}]_{\mathrm{T}}$ を計算することにより，散乱行列の対称性が得られる．

$$\begin{aligned}[\boldsymbol{S}]_{\mathrm{T}} &= \left\{\left(\left[\,\overline{\boldsymbol{Z}}\,\right] + [\boldsymbol{U}]\right)^{-1}\left(\left[\,\overline{\boldsymbol{Z}}\,\right] - [\boldsymbol{U}]\right)\right\}_{\mathrm{T}} = \left(\left[\,\overline{\boldsymbol{Z}}\,\right] - [\boldsymbol{U}]\right)_{\mathrm{T}}\left(\left[\,\overline{\boldsymbol{Z}}\,\right] + [\boldsymbol{U}]\right)_{\mathrm{T}}^{-1} \\ &= \left(\left[\,\overline{\boldsymbol{Z}}\,\right]_{\mathrm{T}} - [\boldsymbol{U}]\right)\left(\left[\,\overline{\boldsymbol{Z}}\,\right]_{\mathrm{T}} + [\boldsymbol{U}]\right)^{-1} = \left(\left[\,\overline{\boldsymbol{Z}}\,\right] - [\boldsymbol{U}]\right)\left(\left[\,\overline{\boldsymbol{Z}}\,\right] + [\boldsymbol{U}]\right)^{-1} \\ &= [\boldsymbol{S}]\end{aligned}$$

2端子対回路の場合，

$$\left[\,\overline{\boldsymbol{Z}}\,\right] = \begin{pmatrix} \sqrt{Y_{01}} & 0 \\ 0 & \sqrt{Y_{02}} \end{pmatrix}\begin{pmatrix} Z_{11} & Z_{12} \\ Z_{21} & Z_{22} \end{pmatrix}\begin{pmatrix} \sqrt{Y_{01}} & 0 \\ 0 & \sqrt{Y_{02}} \end{pmatrix} \tag{4.45}$$

行列要素を求めると，

$$S_{11} = \frac{(Z_{11} - Z_{01})(Z_{22} + Z_{02}) - Z_{12}^2}{(Z_{11} + Z_{01})(Z_{22} + Z_{02}) - Z_{12}^2} \tag{4.46}$$

$$S_{12} = \frac{2\sqrt{Z_{01}Z_{02}}\,Z_{12}}{(Z_{11} + Z_{01})(Z_{22} + Z_{02}) - Z_{12}^2} = S_{21} \tag{4.47}$$

$$S_{22} = \frac{(Z_{22} - Z_{02})(Z_{11} + Z_{01}) - Z_{12}^2}{(Z_{22} + Z_{02})(Z_{11} + Z_{01}) - Z_{12}^2} \tag{4.48}$$

●2端子対の散乱行列と基本行列の関係 図4.5に示すように，特性インピーダンス Z_{01}, Z_{02} の伝送線路の間に基本行列 $[\boldsymbol{F}]$ で表される2端子対回路が挿入されている．回路に流れ込む方向を電流の正方向とすると，

$$\begin{pmatrix} V_1 \\ I_1 \end{pmatrix} = [\boldsymbol{F}]\begin{pmatrix} V_2 \\ -I_2 \end{pmatrix}, \quad [\boldsymbol{F}] = \begin{pmatrix} A & B \\ C & D \end{pmatrix} \tag{4.49}$$

端子 n-n'（$n = 1, 2$）における基準インピーダンスを $Z_{0n} = \frac{1}{Y_{0n}}$ とする入射波の振幅 a_n，反射波の振幅 b_n と，電圧 V_n，電流 I_n の関係は（$n = 1, 2$），

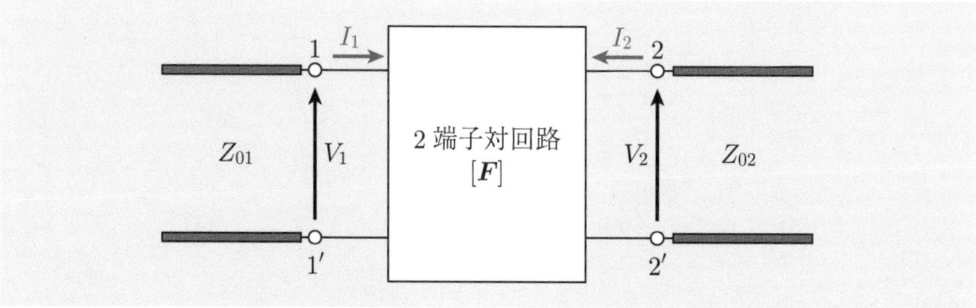

図4.5 伝送線路に挿入された2端子対回路

$$V_n = \sqrt{Z_{0n}}(a_n + b_n), \quad I_n = \sqrt{Y_{0n}}(a_n - b_n)$$

これより，**図4.6**に示す散乱行列を求めると次のようになる．

$$S_{11} = \frac{Z_{02}A + B - Z_{01}Z_{02}C - Z_{01}D}{Z_{02}A + B + Z_{01}Z_{02}C + Z_{01}D} \tag{4.50}$$

$$S_{12} = S_{21} = \frac{2\sqrt{Z_{01}Z_{02}}}{Z_{02}A + B + Z_{01}Z_{02}C + Z_{01}D} \tag{4.51}$$

$$S_{22} = \frac{-Z_{02}A + B - Z_{01}Z_{02}C + Z_{01}D}{Z_{02}A + B + Z_{01}Z_{02}C + Z_{01}D} \tag{4.52}$$

$Z_{01} = Z_{02} = R$ のときは次のようになる．

$$S_{11} = \frac{RA + B - R^2C - RD}{RA + B + R^2C + RD} \tag{4.53}$$

$$S_{12} = S_{21} = \frac{2R}{RA + B + R^2C + RD} \tag{4.54}$$

$$S_{22} = \frac{-RA + B - R^2C + RD}{RA + B + R^2C + RD} \tag{4.55}$$

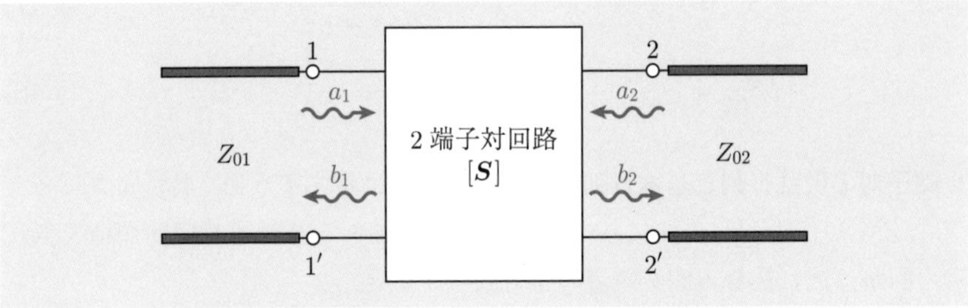

図4.6 伝送線路に挿入された **2** 端子対散乱行列

4.2 縦続接続

●負荷で終端した 2 端子対散乱行列 図4.7 に示すように 2 端子対回路の端子 2-2′ が負荷で終端されているとき，この負荷を見た反射係数 $\Gamma_{\mathrm{L}} = \frac{a_2}{b_2}$ より，a_2 を消去すると，

$$b_1 = S_{11}a_1 + S_{12} \cdot \Gamma_{\mathrm{L}} b_2, \quad b_2 = S_{21}a_1 + S_{22} \cdot \Gamma_{\mathrm{L}} b_2 \tag{4.56}$$

第 2 式を変形すれば，

$$b_2 = \frac{S_{21}a_1}{1 - S_{22}\Gamma_{\mathrm{L}}}$$

よって，端子 1-1′ での反射係数 Γ_1 は，

$$\Gamma_1 = \frac{b_1}{a_1} = \frac{1}{a_1}\left(S_{11}a_1 + S_{12}\Gamma_{\mathrm{L}} \cdot \frac{S_{21}a_1}{1 - S_{22}\Gamma_{\mathrm{L}}}\right) = S_{11} + \frac{S_{12}S_{21}\Gamma_{\mathrm{L}}}{1 - S_{22}\Gamma_{\mathrm{L}}} \tag{4.57}$$

整合負荷であれば $\Gamma_{\mathrm{L}} = 0$ ゆえ，$\Gamma_1 = S_{11}$ である．

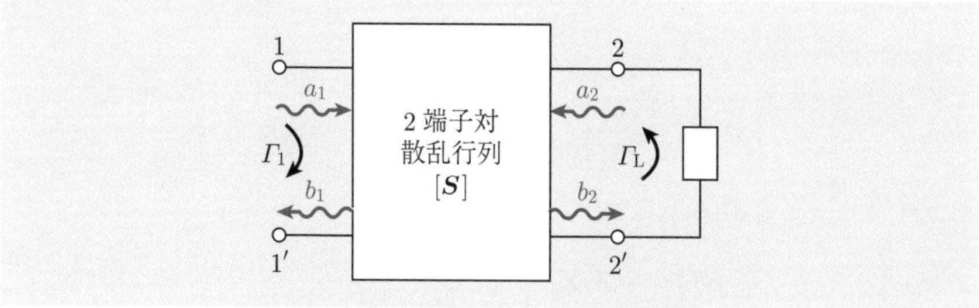

図4.7 負荷で終端した 2 端子対散乱行列

●並列素子の散乱行列 図4.8 に示すように，アドミタンス jB の素子が伝送線路に並列に接続されている．端子 2-2′ に接続された伝送線路は無限に長いものとすると，端子 2-2′ から線路を見た入力アドミタンスはその線路の特性インピーダンス Y_2 に等しい．いま，$a_2 = 0$ とすると，端子 1-1′ には jB と Y_2 $\left(= \frac{1}{Z_2}\right)$ が並列接続されて終端していると考えればよい．したがって，端子 1-1′ において入射波 a_1 に対する反射係数 Γ は，

$$\Gamma = \frac{Y_1 - Y_{\mathrm{in}}}{Y_1 + Y_{\mathrm{in}}} = \frac{Y_1 - (jB + Y_2)}{Y_1 + (jB + Y_2)} = \left.\frac{b_1}{a_1}\right|_{a_2=0} = S_{11} \tag{4.58}$$

同様にして，

$$S_{22} = \frac{Y_2 - (jB + Y_1)}{Y_2 + (jB + Y_1)} \tag{4.59}$$

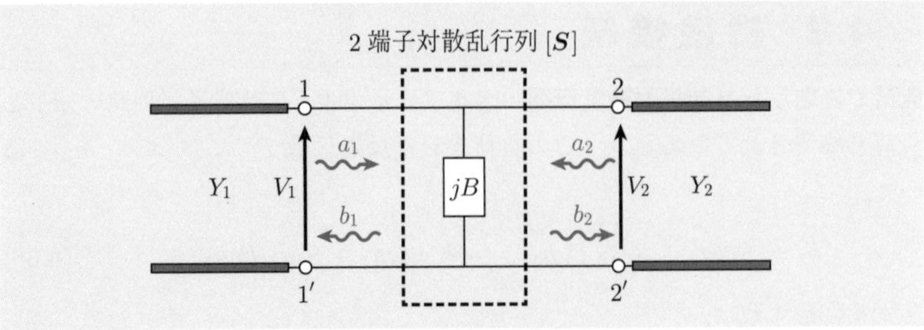

図4.8　伝送線路と並列素子

また，$V_1 = V_2$ より，

$$\sqrt{Z_1}\,(a_1 + b_1)\Big|_{a_2=0} = \sqrt{Z_2}\,(a_2 + b_2)\Big|_{a_2=0}$$

$$\sqrt{Z_1}\left\{a_1 + (S_{11}a_1 + S_{12}a_2)\right\}\Big|_{a_2=0} = \sqrt{Z_2}\,b_2\Big|_{a_2=0}$$

$$\sqrt{Z_1}\,a_1(1 + S_{11}) = \sqrt{Z_2}\,b_2\Big|_{a_2=0}$$

よって，

$$S_{21} = \frac{b_2}{a_1}\Big|_{a_2=0} = \sqrt{Z_1 Y_2}\,(1 + S_{11})$$

式 (4.58) より S_{11} を消去して，

$$\begin{aligned} S_{21} &= \sqrt{Z_1 Y_2}\left\{1 + \frac{Y_1 - jB - Y_2}{Y_1 + jB + Y_2}\right\} \\ &= \frac{2\sqrt{Y_1 Y_2}}{Y_1 + jB + Y_2} \end{aligned} \tag{4.60}$$

可逆性より $S_{12} = S_{21}$．よって，並列素子の散乱行列 $[\boldsymbol{S}]$ は，

$$[\boldsymbol{S}] = \frac{1}{Y_1 + jB + Y_2}\begin{pmatrix} Y_1 - jB - Y_2 & 2\sqrt{Y_1 Y_2} \\ 2\sqrt{Y_1 Y_2} & Y_2 - jB - Y_1 \end{pmatrix} \tag{4.61}$$

$Y_1 = Y_2 \equiv Y_0$ のとき，

$$\begin{aligned} [\boldsymbol{S}] &= \frac{1}{2Y_0 + jB}\begin{pmatrix} -jB & 2Y_0 \\ 2Y_0 & -jB \end{pmatrix} \\ &= \frac{1}{2 + jb}\begin{pmatrix} -jb & 2 \\ 2 & -jb \end{pmatrix} \end{aligned} \tag{4.62}$$

ただし，$b = \frac{B}{Y_0}$ は規格化サセプタンスを示す．

●直列素子の散乱行列　図4.9に示すように，インピーダンス jX の素子が伝送線路に直列に接続され，伝送線路は無限に長いものとする．端子 1-1′ と 2-2′ 間の散乱行列を求めてみよう．まず，同図の端子 1-1′ での反射係数 Γ は，

$$\Gamma = \frac{(jX + Z_0) - Z_0}{(jX + Z_0) + Z_0} = \frac{jX}{jX + 2Z_0}$$
$$= \left.\frac{b_1}{a_1}\right|_{a_2=0} = S_{11}$$

同図より対称ゆえ，$S_{11} = S_{22}$．また，$I_1 = -I_2$ より，

$$\left.(a_1 - b_1)\right|_{a_2=0} = \left.-(a_2 - b_2)\right|_{a_2=0}$$

$$\left.\Big\{a_1 - (S_{11}a_1 + S_{12}a_2)\Big\}\right|_{a_2=0} = a_1(1 - S_{11}) = \left.b_2\right|_{a_2=0}$$

$$S_{21} = \left.\frac{b_2}{a_1}\right|_{a_2=0} = 1 - S_{11} = 1 - \Gamma$$

可逆性より $S_{12} = S_{21}$．よって，散乱行列 $[\boldsymbol{S}]$ は，

$$[\boldsymbol{S}] = \begin{pmatrix} \Gamma & 1-\Gamma \\ 1-\Gamma & \Gamma \end{pmatrix} = \frac{1}{2+jx}\begin{pmatrix} jx & 2 \\ 2 & jx \end{pmatrix}, \quad x = \frac{X}{Z_0}$$

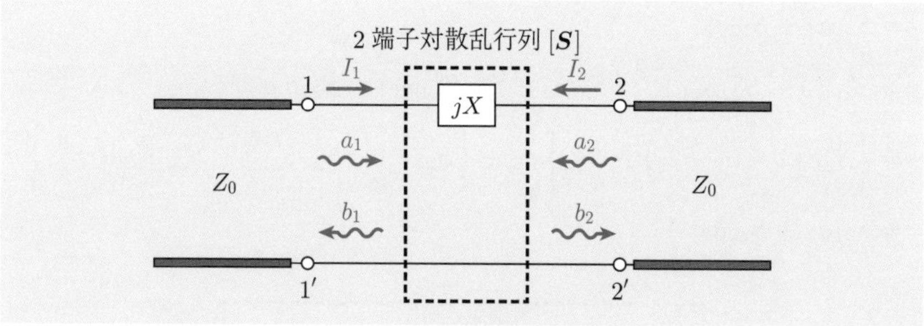

図4.9　伝送線路と直列素子

●散乱行列の縦続接続　図4.10に示すように2端子対散乱行列 $[\boldsymbol{S}_a], [\boldsymbol{S}_b]$ を縦続接続し，散乱行列 $[\boldsymbol{S}]$ を求める．散乱行列 $[\boldsymbol{S}_a], [\boldsymbol{S}_b]$ は，

$$\begin{pmatrix} b_1 \\ b_2 \end{pmatrix} = [\boldsymbol{S}_a] \begin{pmatrix} a_1 \\ a_2 \end{pmatrix}, \quad [\boldsymbol{S}_a] = \begin{pmatrix} S_{11}^a & S_{12}^a \\ S_{21}^a & S_{22}^a \end{pmatrix} \tag{4.63}$$

$$\begin{pmatrix} b_2' \\ b_3 \end{pmatrix} = [\boldsymbol{S}_b] \begin{pmatrix} a_2' \\ a_3 \end{pmatrix}, \quad [\boldsymbol{S}_b] = \begin{pmatrix} S_{11}^b & S_{12}^b \\ S_{21}^b & S_{22}^b \end{pmatrix} \tag{4.64}$$

縦続接続して得られる散乱行列 $[\boldsymbol{S}]$ は，

$$\begin{pmatrix} b_1 \\ b_3 \end{pmatrix} = [\boldsymbol{S}] \begin{pmatrix} a_1 \\ a_3 \end{pmatrix}, \quad [\boldsymbol{S}] = \begin{pmatrix} S_{11} & S_{12} \\ S_{21} & S_{22} \end{pmatrix} \tag{4.65}$$

接続した端子 2-2′ については，$a_2 = b_2', b_2 = a_2'$ ゆえ，

$$b_1 = S_{11}^a a_1 + S_{12}^a a_2, \quad b_2 = S_{21}^a a_1 + S_{22}^a a_2$$

$$a_2 = S_{11}^b b_2 + S_{12}^b a_3, \quad b_3 = S_{21}^b b_2 + S_{22}^b a_3$$

これより a_2, b_2 を消去すると，次式が得られる．

$$\begin{aligned} b_1 &= S_{11}^a a_1 + S_{12}^a \left(1 - S_{11}^b S_{22}^a\right)^{-1} \left(S_{11}^b S_{21}^a a_1 + S_{12}^b a_3\right) \\ &= \left\{S_{11}^a + S_{12}^a \left(1 - S_{11}^b S_{22}^a\right)^{-1} S_{11}^b S_{21}^a\right\} a_1 + \left\{S_{12}^a \left(1 - S_{11}^b S_{22}^a\right)^{-1} S_{12}^b\right\} a_3 \\ &= S_{11} a_1 + S_{12} a_3 \end{aligned}$$

$$\begin{aligned} b_3 &= S_{21}^b \left(1 - S_{22}^a S_{11}^b\right)^{-1} \left(S_{21}^a a_1 + S_{22}^a S_{12}^b a_3\right) + S_{22}^b a_3 \\ &= \left\{S_{21}^b \left(1 - S_{22}^a S_{11}^b\right)^{-1} S_{21}^a\right\} a_1 + \left\{S_{21}^b \left(1 - S_{22}^a S_{11}^b\right)^{-1} S_{22}^a S_{12}^b + S_{22}^b\right\} a_3 \\ &= S_{21} a_1 + S_{22} a_3 \end{aligned}$$

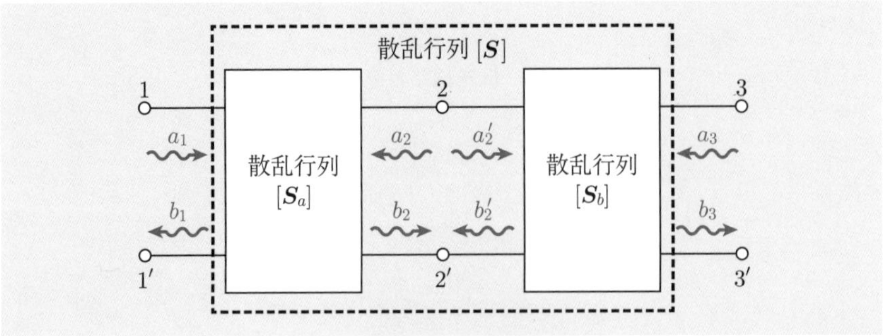

図4.10　散乱行列の縦続接続

よって，散乱行列要素 $S_{11}, S_{12}, S_{21}, S_{22}$ は次のようになる．

$$S_{11} = S_{11}^a + S_{12}^a \left(1 - S_{11}^b S_{22}^a\right)^{-1} S_{11}^b S_{21}^a$$

$$S_{12} = S_{12}^a \left(1 - S_{11}^b S_{22}^a\right)^{-1} S_{12}^b, \quad S_{21} = S_{21}^b \left(1 - S_{22}^a S_{11}^b\right)^{-1} S_{21}^a$$

$$S_{22} = S_{21}^b \left(1 - S_{22}^a S_{11}^b\right)^{-1} S_{22}^a S_{12}^b + S_{22}^b$$

多端子対の場合，入力側の端子対と出力側の端子対に分けて考え，S パラメータを行列とみなし，上式によって逆行列の計算などを行えば縦続接続の計算ができる．単一モードの 2 端子散乱行列であれば，さらに式を変形して，

$$S_{11} = S_{11}^a + \frac{S_{12}^a S_{11}^b S_{21}^a}{1 - S_{11}^b S_{22}^a} = \frac{S_{11}^a - S_{11}^b \Delta_S^a}{1 - S_{11}^b S_{22}^a}$$

$$S_{22} = S_{22}^b + \frac{S_{21}^b S_{22}^a S_{12}^b}{1 - S_{22}^a S_{11}^b} = \frac{S_{22}^b - S_{22}^a \Delta_S^b}{1 - S_{22}^a S_{11}^b}$$

ここで，

$$\Delta_S^a = S_{11}^a S_{22}^a - S_{12}^a S_{21}^a, \quad \Delta_S^b = S_{11}^b S_{22}^b - S_{12}^b S_{21}^b$$

これより，縦続接続した 2 端子対散乱行列 $[\boldsymbol{S}]$ は，

$$[\boldsymbol{S}] = \begin{pmatrix} S_{11} & S_{12} \\ S_{21} & S_{22} \end{pmatrix} = \frac{1}{1 - S_{11}^b S_{22}^a} \begin{pmatrix} S_{11}^a - S_{11}^b \Delta_S^a & S_{12}^a S_{12}^b \\ S_{21}^b S_{21}^a & S_{22}^b - S_{22}^a \Delta_S^b \end{pmatrix}$$

散乱行列 $[\boldsymbol{S}_a]$ と $[\boldsymbol{S}_b]$ が可逆回路のとき（鏡像関係ではない場合），$S_{12}^a = S_{21}^a, S_{12}^b = S_{21}^b$ より，

$$S_{11} = S_{11}^a + \frac{S_{11}^b (S_{21}^a)^2}{1 - S_{11}^b S_{22}^a}, \quad S_{22} = S_{22}^b + \frac{S_{22}^a (S_{21}^b)^2}{1 - S_{22}^a S_{11}^b}$$

$$S_{12} = \frac{S_{21}^a S_{21}^b}{1 - S_{11}^b S_{22}^a} = S_{21}$$

散乱行列 $[\boldsymbol{S}_a]$ と $[\boldsymbol{S}_b]$ が鏡像の関係であれば，

$$S_{11}^b = S_{22}^a, \quad S_{12}^b = S_{21}^a, \quad S_{21}^b = S_{12}^a, \quad S_{22}^b = S_{11}^a$$

となり，縦続接続すると軸対称回路となる．したがって，縦続接続して得られる 2 端子対散乱パラメータは，

$$S_{11} = S_{11}^a + \frac{S_{12}^a S_{22}^a S_{21}^a}{1 - (S_{22}^a)^2} = S_{11}^a + S_{22}^a S_{21} = S_{22}$$

$$S_{21} = \frac{S_{12}^a S_{21}^a}{1 - (S_{22}^a)^2} = S_{12}$$

●動作伝送行列　縦続接続を行列の積によって計算するため，次のように行列を定義する．

$$\begin{pmatrix} a_1 \\ b_1 \end{pmatrix} = [\boldsymbol{T}] \begin{pmatrix} b_2 \\ a_2 \end{pmatrix}, \quad [\boldsymbol{T}] = \begin{pmatrix} T_{11} & T_{12} \\ T_{21} & T_{22} \end{pmatrix}$$

$$\begin{pmatrix} b_1 \\ a_1 \end{pmatrix} = [\boldsymbol{R}] \begin{pmatrix} a_2 \\ b_2 \end{pmatrix}, \quad [\boldsymbol{R}] = \begin{pmatrix} R_{11} & R_{12} \\ R_{21} & R_{22} \end{pmatrix}$$

前者を **T マトリクス**，後者を **R マトリクス**という．a_i, b_i $(i = 1, 2)$ の順序を入れ替えて，

$$\begin{pmatrix} b_1 \\ a_1 \end{pmatrix} = \begin{pmatrix} 0 & 1 \\ 1 & 0 \end{pmatrix} \begin{pmatrix} a_1 \\ b_1 \end{pmatrix} = \begin{pmatrix} 0 & 1 \\ 1 & 0 \end{pmatrix} [\boldsymbol{T}] \begin{pmatrix} b_2 \\ a_2 \end{pmatrix}$$
$$= \begin{pmatrix} 0 & 1 \\ 1 & 0 \end{pmatrix} [\boldsymbol{T}] \begin{pmatrix} 0 & 1 \\ 1 & 0 \end{pmatrix} \begin{pmatrix} a_2 \\ b_2 \end{pmatrix}$$

したがって，

$$[\boldsymbol{R}] = \begin{pmatrix} R_{11} & R_{12} \\ R_{21} & R_{22} \end{pmatrix} = \begin{pmatrix} 0 & 1 \\ 1 & 0 \end{pmatrix} [\boldsymbol{T}] \begin{pmatrix} 0 & 1 \\ 1 & 0 \end{pmatrix} = \begin{pmatrix} T_{22} & T_{21} \\ T_{12} & T_{11} \end{pmatrix} \tag{4.66}$$

●左右反転回路　次のように動作伝送行列で表される回路（図 4.11 (a) 参照）

$$\begin{pmatrix} a_1 \\ b_1 \end{pmatrix} = [\boldsymbol{T}] \begin{pmatrix} b_2 \\ a_2 \end{pmatrix}, \quad \begin{pmatrix} b_1 \\ a_1 \end{pmatrix} = [\boldsymbol{R}] \begin{pmatrix} a_2 \\ b_2 \end{pmatrix} \tag{4.67}$$

を左右反転する．この回路の動作伝送行列を $[\overline{\boldsymbol{T}}], [\overline{\boldsymbol{R}}]$ とおくと（図 4.11 (b) 参照），

$$\begin{pmatrix} a_1 \\ b_1 \end{pmatrix} = [\overline{\boldsymbol{T}}] \begin{pmatrix} b_2 \\ a_2 \end{pmatrix}, \quad \begin{pmatrix} b_1 \\ a_1 \end{pmatrix} = [\overline{\boldsymbol{R}}] \begin{pmatrix} a_2 \\ b_2 \end{pmatrix} \tag{4.68}$$

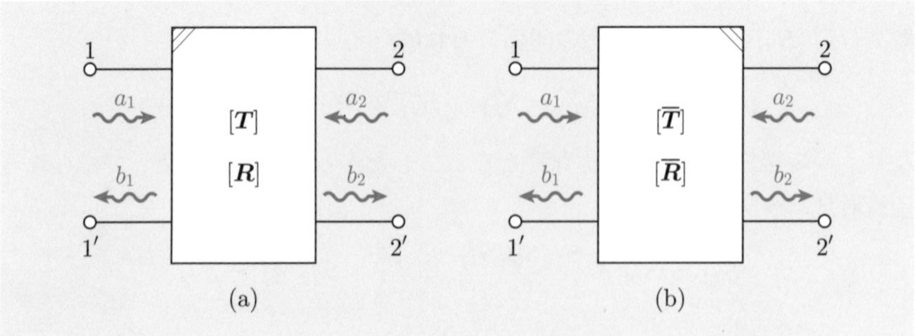

図 4.11　**(a) T, R** マトリクス，**(b)** 左右反転した回路

このとき，左右反転させたので，次式が成り立つ．

$$\begin{pmatrix} a_2 \\ b_2 \end{pmatrix} = [\boldsymbol{T}] \begin{pmatrix} b_1 \\ a_1 \end{pmatrix}, \quad \begin{pmatrix} b_2 \\ a_2 \end{pmatrix} = [\boldsymbol{R}] \begin{pmatrix} a_1 \\ b_1 \end{pmatrix}$$

これより，

$$\begin{aligned} \begin{pmatrix} a_1 \\ b_1 \end{pmatrix} &= \begin{pmatrix} 0 & 1 \\ 1 & 0 \end{pmatrix} \begin{pmatrix} b_1 \\ a_1 \end{pmatrix} = \begin{pmatrix} 0 & 1 \\ 1 & 0 \end{pmatrix} [\boldsymbol{T}]^{-1} \begin{pmatrix} a_2 \\ b_2 \end{pmatrix} \\ &= \begin{pmatrix} 0 & 1 \\ 1 & 0 \end{pmatrix} [\boldsymbol{T}]^{-1} \begin{pmatrix} 0 & 1 \\ 1 & 0 \end{pmatrix} \begin{pmatrix} b_2 \\ a_2 \end{pmatrix} = [\overline{\boldsymbol{T}}] \begin{pmatrix} b_2 \\ a_2 \end{pmatrix} \\ &= [\boldsymbol{R}]^{-1} \begin{pmatrix} b_2 \\ a_2 \end{pmatrix} \end{aligned}$$

よって，

$$[\overline{\boldsymbol{T}}] = [\boldsymbol{R}]^{-1} = \begin{pmatrix} 0 & 1 \\ 1 & 0 \end{pmatrix} [\boldsymbol{T}]^{-1} \begin{pmatrix} 0 & 1 \\ 1 & 0 \end{pmatrix} \tag{4.69}$$

同様にして，

$$[\overline{\boldsymbol{R}}] = [\boldsymbol{T}]^{-1} = \begin{pmatrix} 0 & 1 \\ 1 & 0 \end{pmatrix} [\boldsymbol{R}]^{-1} \begin{pmatrix} 0 & 1 \\ 1 & 0 \end{pmatrix} \tag{4.70}$$

●散乱行列と T, R マトリクスの関係　T マトリクスの定義式 $a_1 = T_{11}b_2 + T_{12}a_2$ を変形して，

$$b_2 = T_{11}^{-1}(a_1 - T_{12}a_2)$$

これを，もう一つの定義式 $b_1 = T_{21}b_2 + T_{22}a_2$ に代入して b_2 を消去すると，

$$b_1 = T_{21}T_{11}^{-1}a_1 + \left(T_{22} - T_{21}T_{11}^{-1}T_{12}\right)a_2$$

行列表示して，

$$\begin{aligned} \begin{pmatrix} b_1 \\ b_2 \end{pmatrix} &= \begin{pmatrix} T_{21}T_{11}^{-1} & T_{22} - T_{21}T_{11}^{-1}T_{12} \\ T_{11}^{-1} & -T_{11}^{-1}T_{12} \end{pmatrix} \begin{pmatrix} a_1 \\ a_2 \end{pmatrix} \\ &= [\boldsymbol{S}] \begin{pmatrix} a_1 \\ a_2 \end{pmatrix} \end{aligned}$$

ここで，

$$\Delta_T = T_{11}T_{22} - T_{12}T_{21} = R_{22}R_{11} - R_{21}R_{12} = \Delta_R$$

とおくと，

$$[\boldsymbol{S}] = \frac{1}{T_{11}} \begin{pmatrix} T_{21} & \Delta_T \\ 1 & -T_{12} \end{pmatrix} = \frac{1}{R_{22}} \begin{pmatrix} R_{12} & \Delta_R \\ 1 & -R_{21} \end{pmatrix} \tag{4.71}$$

可逆回路のとき，$\Delta_T = \Delta_R = 1$ より，

$$[\boldsymbol{S}] = \frac{1}{T_{22}} \begin{pmatrix} T_{12} & 1 \\ 1 & -T_{21} \end{pmatrix} = \frac{1}{R_{11}} \begin{pmatrix} R_{21} & 1 \\ 1 & -R_{12} \end{pmatrix} \tag{4.72}$$

逆に，散乱行列の定義式 $b_2 = S_{21}a_1 + S_{22}a_2$ を変形して，

$$a_1 = S_{21}^{-1}(-S_{22}a_2 + b_2)$$

これを，$b_1 = S_{11}a_1 + S_{12}a_2$ に代入して a_1 を消去すると，

$$\begin{aligned} b_1 &= S_{11}S_{21}^{-1}(-S_{22}a_2 + b_2) + S_{12}a_2 \\ &= \bigl(-S_{11}S_{21}^{-1}S_{22} + S_{12}\bigr)a_2 + S_{11}S_{21}^{-1}b_2 \end{aligned}$$

行列表示して，

$$\begin{aligned} \begin{pmatrix} b_1 \\ a_1 \end{pmatrix} &= \begin{pmatrix} -S_{11}S_{21}^{-1}S_{22} + S_{12} & S_{11}S_{21}^{-1} \\ -S_{21}^{-1}S_{22} & S_{21}^{-1} \end{pmatrix} \begin{pmatrix} a_2 \\ b_2 \end{pmatrix} \\ &= [\boldsymbol{R}] \begin{pmatrix} a_2 \\ b_2 \end{pmatrix} \end{aligned}$$

ここで，$\Delta_S = S_{11}S_{22} - S_{12}S_{21}$ とおくと，R マトリクスは，

$$[\boldsymbol{R}] = \frac{1}{S_{21}} \begin{pmatrix} -\Delta_S & S_{11} \\ -S_{22} & 1 \end{pmatrix} \tag{4.73}$$

これより，T マトリクスを求めると，

$$\begin{aligned} [\boldsymbol{T}] &= \begin{pmatrix} T_{11} & T_{12} \\ T_{21} & T_{22} \end{pmatrix} = \begin{pmatrix} R_{22} & R_{21} \\ R_{12} & R_{11} \end{pmatrix} \\ &= \frac{1}{S_{21}} \begin{pmatrix} 1 & -S_{22} \\ S_{11} & -\Delta_S \end{pmatrix} \end{aligned} \tag{4.74}$$

●T, R マトリクスによる縦続接続　行列 $[\boldsymbol{T}_a], [\boldsymbol{T}_b]$ を次のように定義する（図4.12参照）．

$$\begin{pmatrix} a_1 \\ b_1 \end{pmatrix} = [\boldsymbol{T}_a] \begin{pmatrix} b_2 \\ a_2 \end{pmatrix}, \quad \begin{pmatrix} a_2' \\ b_2' \end{pmatrix} = [\boldsymbol{T}_b] \begin{pmatrix} b_3 \\ a_3 \end{pmatrix} \tag{4.75}$$

これを縦続接続すると，$a_2 = b_2', b_2 = a_2'$．よって，

$$\begin{pmatrix} a_1 \\ b_1 \end{pmatrix} = [\boldsymbol{T}_a] \begin{pmatrix} a_2' \\ b_2' \end{pmatrix} = [\boldsymbol{T}_a][\boldsymbol{T}_b] \begin{pmatrix} b_3 \\ a_3 \end{pmatrix} \equiv [\boldsymbol{T}] \begin{pmatrix} b_3 \\ a_3 \end{pmatrix} \tag{4.76}$$

ここで，

$$[\boldsymbol{T}_a] = \begin{pmatrix} T_{11}^a & T_{12}^a \\ T_{21}^a & T_{22}^a \end{pmatrix}, \quad [\boldsymbol{T}_b] = \begin{pmatrix} T_{11}^b & T_{12}^b \\ T_{21}^b & T_{22}^b \end{pmatrix} \tag{4.77}$$

これより，縦続接続して得られる行列 $[\boldsymbol{T}]$ は，

$$\begin{aligned} [\boldsymbol{T}] = [\boldsymbol{T}_a][\boldsymbol{T}_b] &= \begin{pmatrix} T_{11}^a & T_{12}^a \\ T_{21}^a & T_{22}^a \end{pmatrix} \begin{pmatrix} T_{11}^b & T_{12}^b \\ T_{21}^b & T_{22}^b \end{pmatrix} \\ &= \begin{pmatrix} T_{11} & T_{12} \\ T_{21} & T_{22} \end{pmatrix} = \begin{pmatrix} T_{11}^a T_{11}^b + T_{12}^a T_{21}^b & T_{11}^a T_{12}^b + T_{12}^a T_{22}^b \\ T_{21}^a T_{11}^b + T_{22}^a T_{21}^b & T_{21}^a T_{12}^b + T_{22}^a T_{22}^b \end{pmatrix} \end{aligned}$$

いま，$\Delta_T^a = T_{11}^a T_{22}^a - T_{12}^a T_{21}^a, \Delta_T^b = T_{22}^b T_{11}^b - T_{21}^b T_{12}^b, \Delta_T = T_{11}T_{22} - T_{12}T_{21}$ とおくと次式が成り立つ．

$$\Delta_T^a \Delta_T^b = \Delta_T \tag{4.78}$$

同様にして，行列 $[\boldsymbol{R}_a], [\boldsymbol{R}_b]$ を次のように定義する．

$$\begin{pmatrix} b_1 \\ a_1 \end{pmatrix} = [\boldsymbol{R}_a] \begin{pmatrix} a_2 \\ b_2 \end{pmatrix}, \quad \begin{pmatrix} b_2' \\ a_2' \end{pmatrix} = [\boldsymbol{R}_b] \begin{pmatrix} a_3 \\ b_3 \end{pmatrix} \tag{4.79}$$

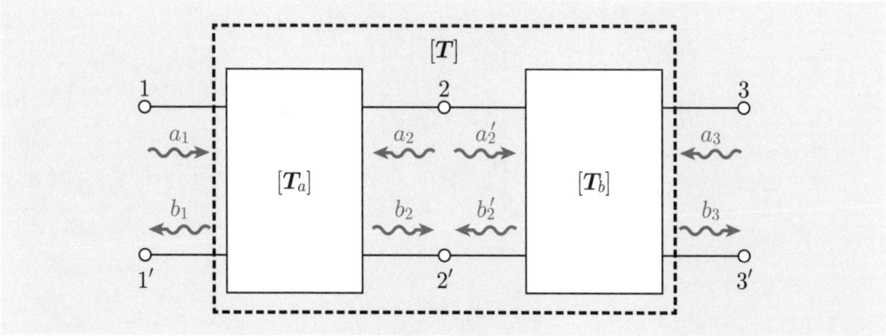

図4.12　縦続接続

これを縦続接続すると，$a_2 = b'_2, b_2 = a'_2$．よって，

$$\begin{pmatrix} b_1 \\ a_1 \end{pmatrix} = [\boldsymbol{R}_a] \begin{pmatrix} b'_2 \\ a'_2 \end{pmatrix} = [\boldsymbol{R}_a][\boldsymbol{R}_b] \begin{pmatrix} a_3 \\ b_3 \end{pmatrix} \equiv [\boldsymbol{R}] \begin{pmatrix} a_3 \\ b_3 \end{pmatrix} \tag{4.80}$$

よって，

$$\begin{aligned} [\boldsymbol{R}] = [\boldsymbol{R}_a][\boldsymbol{R}_b] &= \begin{pmatrix} R^a_{11} & R^a_{12} \\ R^a_{21} & R^a_{22} \end{pmatrix} \begin{pmatrix} R^b_{11} & R^b_{12} \\ R^b_{21} & R^b_{22} \end{pmatrix} \\ &= \begin{pmatrix} R_{11} & R_{12} \\ R_{21} & R_{22} \end{pmatrix} = \begin{pmatrix} R^a_{11}R^b_{11} + R^a_{12}R^b_{21} & R^a_{11}R^b_{12} + R^a_{12}R^b_{22} \\ R^a_{21}R^b_{11} + R^a_{22}R^b_{21} & R^a_{21}R^b_{12} + R^a_{22}R^b_{22} \end{pmatrix} \end{aligned}$$

これについても，

$$\begin{aligned} \varDelta^a_R &= R^a_{11}R^a_{22} - R^a_{12}R^a_{21} \\ \varDelta^b_R &= R^b_{22}R^b_{11} - R^b_{21}R^b_{12} \\ \varDelta_R &= R_{11}R_{22} - R_{12}R_{21} \end{aligned}$$

とおくと次式が成り立つ．

$$\varDelta^a_R \varDelta^b_R = \varDelta_R \tag{4.81}$$

また，行列 $[\boldsymbol{T}]$ の要素を $[\boldsymbol{R}]$ の要素を用いて表すと，

$$T^a_{11} = R^a_{22},\quad T^a_{12} = R^a_{21},\quad T^a_{21} = R^a_{12},\quad T^a_{22} = R^a_{11} \tag{4.82}$$

$$T^b_{11} = R^b_{22},\quad T^b_{12} = R^b_{21},\quad T^b_{21} = R^b_{12},\quad T^b_{22} = R^b_{11} \tag{4.83}$$

ただし，$\varDelta^a_T = \varDelta^a_R, \varDelta^b_T = \varDelta^b_R$．したがって，散乱パラメータは，

$$S_{11} = \frac{R^a_{12}R^b_{22} + R^a_{11}R^b_{12}}{R^a_{22}R^b_{22} + R^a_{21}R^b_{12}} = \frac{T^a_{21}T^b_{11} + T^a_{22}T^b_{21}}{T^a_{11}T^b_{11} + T^a_{12}T^b_{21}} \tag{4.84}$$

$$S_{12} = \frac{\varDelta^a_R \varDelta^b_R}{R^a_{22}R^b_{22} + R^a_{21}R^b_{12}} = \frac{\varDelta^a_T \varDelta^b_T}{T^a_{11}T^b_{11} + T^a_{12}T^b_{21}} \tag{4.85}$$

$$S_{21} = \frac{1}{R^a_{22}R^b_{22} + R^a_{21}R^b_{12}} = \frac{1}{T^a_{11}T^b_{11} + T^a_{12}T^b_{21}} \tag{4.86}$$

$$S_{22} = -\frac{R^a_{22}R^b_{21} + R^a_{21}R^b_{11}}{R^a_{22}R^b_{22} + R^a_{21}R^b_{12}} = -\frac{T^a_{11}T^b_{12} + T^a_{12}T^b_{22}}{T^a_{11}T^b_{11} + T^a_{12}T^b_{21}} \tag{4.87}$$

●伝送線路の動作伝送行列 伝送線路上の長さ l の部分を表す T マトリクス，R マトリクスは，伝搬定数が γ のとき，

$$[\boldsymbol{T}] = \begin{pmatrix} e^{\gamma l} & 0 \\ 0 & e^{-\gamma l} \end{pmatrix}, \quad [\boldsymbol{R}] = \begin{pmatrix} e^{-\gamma l} & 0 \\ 0 & e^{\gamma l} \end{pmatrix} \tag{4.88}$$

無損失の場合，位相定数を β として，

$$[\boldsymbol{T}] = \begin{pmatrix} e^{j\beta l} & 0 \\ 0 & e^{-j\beta l} \end{pmatrix}, \quad [\boldsymbol{R}] = \begin{pmatrix} e^{-j\beta l} & 0 \\ 0 & e^{j\beta l} \end{pmatrix} \tag{4.89}$$

●特性インピーダンスの不連続部 特性インピーダンス Z_1，伝搬定数 γ_1 の伝送線路と，特性インピーダンス Z_2，伝搬定数 γ_2 の伝送線路との接続部を表す散乱行列 $[\boldsymbol{S}_{1|2}]$ は，

$$[\boldsymbol{S}_{1|2}] = \frac{1}{Z_2 + Z_1} \begin{pmatrix} Z_2 - Z_1 & 2\sqrt{Z_1 Z_2} \\ 2\sqrt{Z_1 Z_2} & Z_1 - Z_2 \end{pmatrix} \tag{4.90}$$

R マトリクスは，

$$\begin{aligned}
[\boldsymbol{R}_{1|2}] &= \frac{1}{S_{21}} \begin{pmatrix} -\varDelta_S & S_{11} \\ -S_{22} & 1 \end{pmatrix} \\
&= \frac{1}{2\sqrt{Z_1 Z_2}} \begin{pmatrix} Z_2 + Z_1 & Z_2 - Z_1 \\ Z_2 - Z_1 & Z_2 + Z_1 \end{pmatrix}
\end{aligned}$$

ただし，$\varDelta_S = S_{11}S_{22} - S_{12}S_{21} = 1$．反射係数 $\varGamma$ を用いると，

$$[\boldsymbol{R}_{1|2}] = \frac{Z_2 + Z_1}{2\sqrt{Z_1 Z_2}} \begin{pmatrix} 1 & \varGamma \\ \varGamma & 1 \end{pmatrix}, \quad \varGamma = \frac{Z_2 - Z_1}{Z_2 + Z_1}$$

ここで，

$$\begin{aligned}
\frac{4Z_1 Z_2}{(Z_2 + Z_1)^2} &= \frac{(Z_2 + Z_1)^2 - (Z_2 - Z_1)^2}{(Z_2 + Z_1)^2} \\
&= 1 - \varGamma^2
\end{aligned}$$

より，

$$[\boldsymbol{R}_{1|2}] = \frac{1}{\sqrt{1 - \varGamma^2}} \begin{pmatrix} 1 & \varGamma \\ \varGamma & 1 \end{pmatrix} \tag{4.91}$$

■ 例題4.1（終端した伝送線路の縦続接続）■

図4.13に示すように伝送線路と終端負荷 Z_{L} との間に別の伝送線路が挿入されている．端子 1-1′ における反射係数 Γ_1 を R マトリクスによる縦続接続によって求めよ．

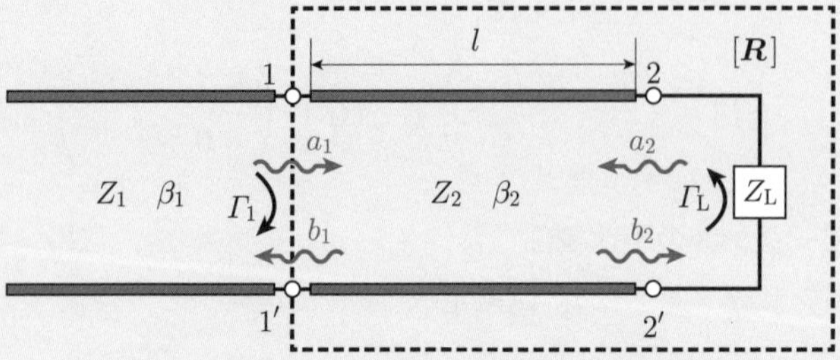

図4.13　**R** マトリクスによる縦続接続

【解答】　特性インピーダンス Z_2 の伝送線路を表す R マトリクス $[\boldsymbol{R}_2]$ は，

$$[\boldsymbol{R}_2] = \begin{pmatrix} e^{-j\theta} & 0 \\ 0 & e^{j\theta} \end{pmatrix}, \quad \theta = \beta_2 l$$

これより，

$$\begin{pmatrix} b_1 \\ a_1 \end{pmatrix} = [\boldsymbol{R}_{1|2}][\boldsymbol{R}_2] \begin{pmatrix} a_2 \\ b_2 \end{pmatrix} = [\boldsymbol{R}] \begin{pmatrix} a_2 \\ b_2 \end{pmatrix}$$

よって，

$$[\boldsymbol{R}] = [\boldsymbol{R}_{1|2}][\boldsymbol{R}_2] = \frac{1}{\sqrt{1-\Gamma^2}} \begin{pmatrix} 1 & \Gamma \\ \Gamma & 1 \end{pmatrix} \begin{pmatrix} e^{-j\theta} & 0 \\ 0 & e^{j\theta} \end{pmatrix}$$

$$= \frac{1}{\sqrt{1-\Gamma^2}} \begin{pmatrix} e^{-j\theta} & \Gamma e^{j\theta} \\ \Gamma e^{-j\theta} & e^{j\theta} \end{pmatrix} = \begin{pmatrix} R_{11} & R_{12} \\ R_{21} & R_{22} \end{pmatrix}$$

反射係数 Γ_1 は，$\Gamma_{\mathrm{L}} = \frac{a_2}{b_2}$ を用いれば，

$$\Gamma_1 = \frac{b_1}{a_1} = \frac{R_{11}a_2 + R_{12}b_2}{R_{21}a_2 + R_{22}b_2} = \frac{R_{11}\Gamma_{\mathrm{L}} + R_{12}}{R_{21}\Gamma_{\mathrm{L}} + R_{22}}$$

$$= \frac{e^{-j\theta}\Gamma_{\mathrm{L}} + \Gamma e^{j\theta}}{\Gamma e^{-j\theta}\Gamma_{\mathrm{L}} + e^{j\theta}}$$

$$= \frac{\Gamma + \Gamma_{\mathrm{L}} e^{-j2\theta}}{1 + \Gamma\Gamma_{\mathrm{L}} e^{-j2\theta}}$$

■

●有限長線路の縦続接続 図4.14に示すように有限長の伝送線路が挿入された場合について，Rマトリクスにより縦続接続を行う．接続部のRマトリクス$[\boldsymbol{R}_{1|2}], [\boldsymbol{R}_{2|1}]$は，

$$[\boldsymbol{R}_{1|2}] = \frac{1}{\sqrt{1-\Gamma^2}}\begin{pmatrix} 1 & \Gamma \\ \Gamma & 1 \end{pmatrix}, \quad [\boldsymbol{R}_{2|1}] = \frac{1}{\sqrt{1-\Gamma^2}}\begin{pmatrix} 1 & -\Gamma \\ -\Gamma & 1 \end{pmatrix}$$

伝送線路のRマトリクス$[\boldsymbol{R}_2]$は，透過係数を$T = e^{-j\theta}$（$\theta = \beta_2 l$）とおくと，

$$[\boldsymbol{R}_2] = \begin{pmatrix} e^{-j\theta} & 0 \\ 0 & e^{j\theta} \end{pmatrix} \equiv \begin{pmatrix} T & 0 \\ 0 & T^{-1} \end{pmatrix}$$

縦続接続するとRマトリクス$[\boldsymbol{R}]$は次のようになる．

$$\begin{aligned} [\boldsymbol{R}] &= [\boldsymbol{R}_{1|2}][\boldsymbol{R}_2][\boldsymbol{R}_{2|1}] \\ &= \frac{1}{1-\Gamma^2}\begin{pmatrix} 1 & \Gamma \\ \Gamma & 1 \end{pmatrix}\begin{pmatrix} T & 0 \\ 0 & T^{-1} \end{pmatrix}\begin{pmatrix} 1 & -\Gamma \\ -\Gamma & 1 \end{pmatrix} \\ &= \frac{1}{(1-\Gamma^2)T}\begin{pmatrix} T^2-\Gamma^2 & \Gamma(1-T^2) \\ \Gamma(T^2-1) & 1-\Gamma^2 T^2 \end{pmatrix} \end{aligned} \tag{4.92}$$

式(4.92)より，散乱行列に変換すると，Sパラメータが求められ（可逆性より$S_{21} = S_{12}$，対称性より$S_{22} = S_{11}$），次のようになる．

$$S_{11} = S_{22} = \frac{(1-T^2)\Gamma}{1-T^2\Gamma^2}, \quad S_{21} = S_{12} = \frac{(1-\Gamma^2)T}{1-T^2\Gamma^2} \tag{4.93}$$

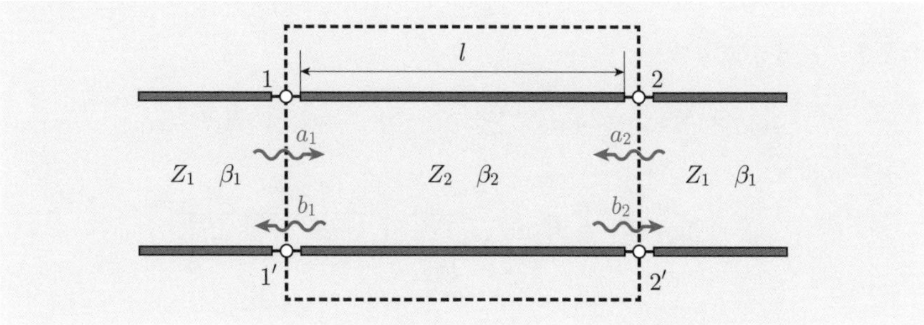

図4.14 有限長線路を挿入した伝送線路

例題4.2（散乱パラメータから電気長の決定）

散乱パラメータ S_{11}, S_{21} が，式 (4.93) で表されているとする．ただし，$T = e^{-j\theta}$（θ は線路の電気長）は透過係数を示す．式 (4.93) より，Γ を消去して，T を S_{11}, S_{21} を用いて表せ[5)]．

【解答】 まず，S_{21} と S_{11} の和と差を求めると，

$$S_{(+)} \equiv S_{21} + S_{11} = \frac{(1-\Gamma^2)T}{1-T^2\Gamma^2} + \frac{(1-T^2)\Gamma}{1-T^2\Gamma^2}$$
$$= \frac{T-\Gamma^2 T+\Gamma-T^2\Gamma}{1-T^2\Gamma^2} = \frac{(T+\Gamma)(1-\Gamma T)}{(1-\Gamma T)(1+\Gamma T)}$$
$$= \frac{T+\Gamma}{1+\Gamma T}$$
$$S_{(-)} \equiv S_{21} - S_{11} = \frac{T-\Gamma^2 T-\Gamma+T^2\Gamma}{1-T^2\Gamma^2}$$
$$= \frac{(T-\Gamma)(1+\Gamma T)}{(1-\Gamma T)(1+\Gamma T)}$$
$$= \frac{T-\Gamma}{1-\Gamma T}$$

これより，Γ を求めると，

$$\Gamma = \frac{S_{(+)}-T}{1-TS_{(+)}} = -\frac{S_{(-)}-T}{1-TS_{(-)}}$$

上式より Γ を消去して，T について整理すると，

$$\left(S_{(+)}+S_{(-)}\right)T^2 - 2\left(1+S_{(+)}S_{(-)}\right)T + \left(S_{(+)}+S_{(-)}\right) = 0$$

このとき，次式が成り立つ．

$$S_{(+)}+S_{(-)} = 2S_{21}, \quad 1+S_{(+)}S_{(-)} = 1-S_{11}^2+S_{21}^2$$

よって，

$$T = \frac{1-S_{11}^2+S_{21}^2 \pm \sqrt{(1-S_{11}^2+S_{21}^2)^2-4S_{21}^2}}{2S_{21}}$$

■

5) 散乱パラメータ S_{11}, S_{21} が測定できれば，T が計算でき，電気長 θ がわかる．

4.3　シグナルフローグラフ

●**シグナルフローグラフとは**　シグナルフローグラフ（signal flow graph）とは，信号の流れを図示したもので，**節点**（node）に信号の大きさ（複素数），ノードとノードをつなぐブランチ（あるいはパス）にはノード間の信号の関係（係数）を対応させ，ブランチの矢印によって信号の流れの正方向を表して描いている．シグナルフローグラフを簡約化すると，所定のノード間の関係が得られ，この節ではその方法について説明していく．図4.15は1端子対回路のシグナルフローグラフを示したもので，$b_1 = \Gamma_1 a_1$ の関係を，ノード a_1, b_1 とこれらの関係を示す Γ_1 と矢印からなる**ブランチ**（branch）で表している．ただし，a_1, b_1 は入射波および反射波の振幅，Γ_1 は反射係数を示す．また，図4.16(a)に示すような散乱行列で表される2端子対回路に対しては，同図(b)のようなシグナルフローグラフで表すことができる．図4.17は特性インピーダンス Z_0，伝搬定数 γ，長さ l の伝送線路を示し，$T \equiv e^{-\gamma l}$ とおき，この伝送線路を表すシグナルフローグラフは同図(b)のようになる．

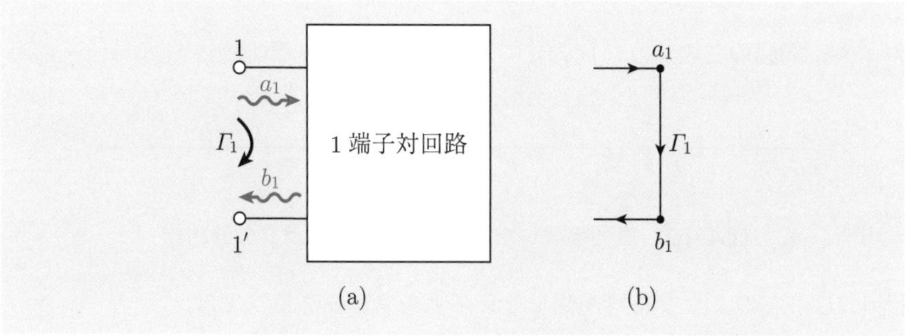

図4.15　(a) 1端子対回路，(b) 1端子対回路のシグナルフローグラフ

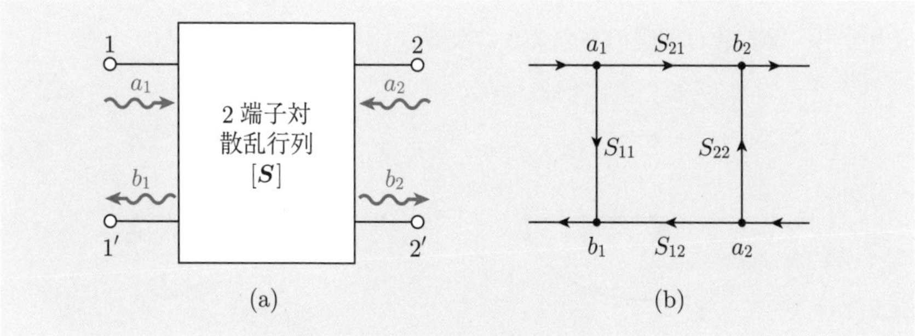

図4.16　(a) 2端子回路，(b) 2端子散乱行列のシグナルフローグラフ

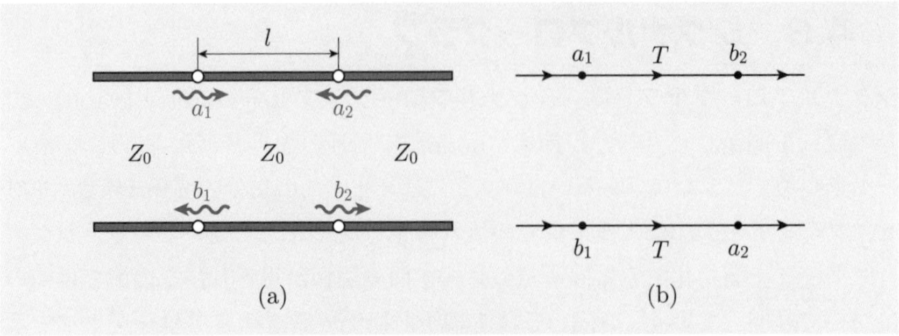

図4.17　(a) 伝送線路，(b) 伝送線路のシグナルフローグラフ

●シグナルフローグラフの簡約化　図4.18において，左のような直列接続したシグナルフローグラフでは，

$$x_2 = C_{21}x_1, \quad x_3 = C_{32}x_2$$

より，x_2 を消去して，

$$x_3 = (C_{21}C_{32})x_1$$

これより，同図の右のように簡約化できる．

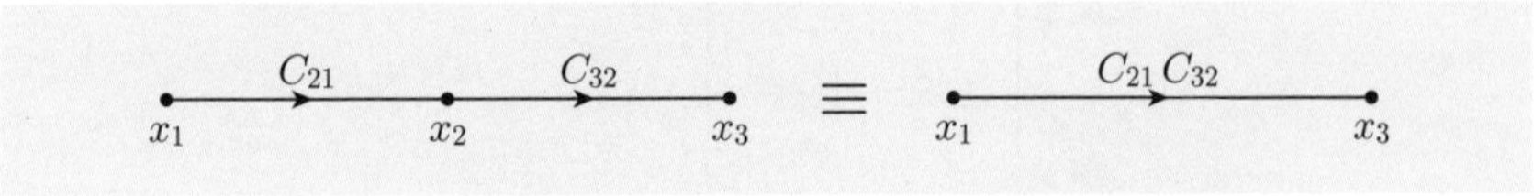

図4.18　直列接続したシグナルフローグラフの簡約化

図4.19の左のような並列接続したシグナルフローグラフでは，

$$\begin{aligned} x_2 &= A_{21}x_1 + B_{21}x_1 + C_{21}x_1 \\ &= (A_{21} + B_{21} + C_{21})x_1 \end{aligned}$$

が成り立ち，簡約化は同図の右のようになる．

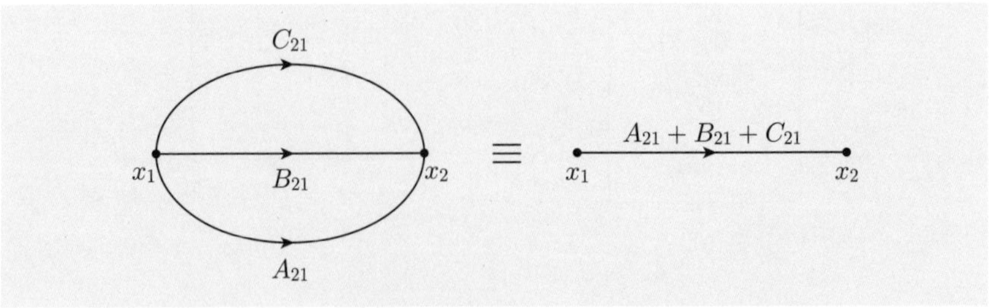

図4.19　並列接続したシグナルフローグラフの簡約化

図4.20に示すフィードバックループについては，

$$x_2 = C_{21}x_1 + C_{23}x_3, \quad x_3 = C_{32}x_2$$

より，x_3 を消去すると，

$$x_2 = C_{21}x_1 + C_{23}C_{32}x_2$$

よって，

$$x_2 = \frac{C_{21}}{1 - C_{23}C_{32}}x_1$$

これより，x_3 と x_1 の関係は，

$$\begin{aligned} x_3 &= C_{32}x_2 \\ &= \frac{C_{21}}{1 - C_{23}C_{32}}C_{32}x_1 \end{aligned} \tag{4.94}$$

が成り立ち，簡約化は図4.21のようになる．特別な場合として，$C_{32} = 1$ のとき，

$$\begin{aligned} x_3 &= x_2 \\ &= \frac{C_{21}}{1 - C_{23}}x_1 \end{aligned} \tag{4.95}$$

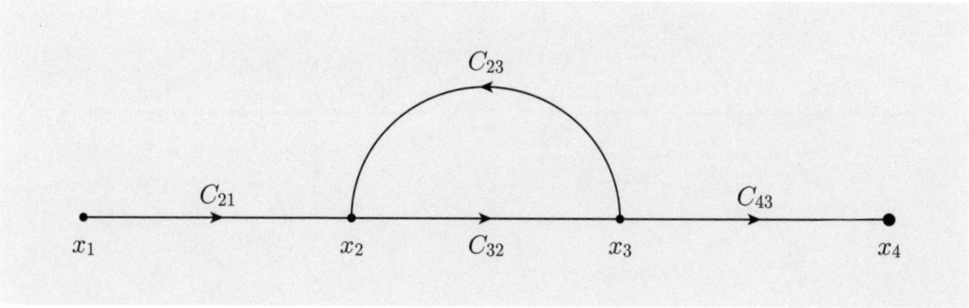

図4.20　単一入力でフィードバックループがあるシグナルフローグラフの簡約化

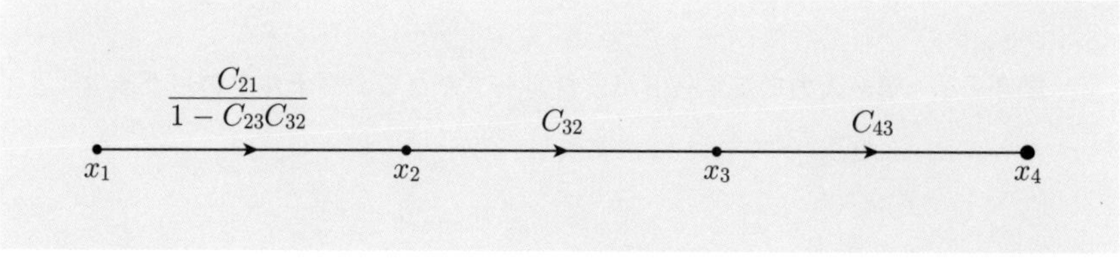

図4.21　単一入力でフィードバックループがあるシグナルフローグラフの簡約化

図4.22のようにノード x_2 が多入力となる場合，

$$x_2 = C_{21}x_1 + C_{23}x_3 + C_{25}x_5 + C_{26}x_6$$
$$x_3 = C_{32}x_2$$

より，x_3 を消去すると，

$$x_2 = C_{21}x_1 + C_{23}C_{32}x_2 + C_{25}x_5 + C_{26}x_6$$

よって，x_2 は，

$$x_2 = \frac{C_{21}x_1 + C_{25}x_5 + C_{26}x_6}{1 - C_{23}C_{32}}$$

これより，

$$\begin{aligned} x_3 &= C_{32}x_2 \\ &= \frac{C_{21}}{1 - C_{23}C_{32}}C_{32}x_1 + \frac{C_{25}}{1 - C_{23}C_{32}}C_{32}x_5 + \frac{C_{26}}{1 - C_{23}C_{32}}C_{32}x_6 \end{aligned}$$

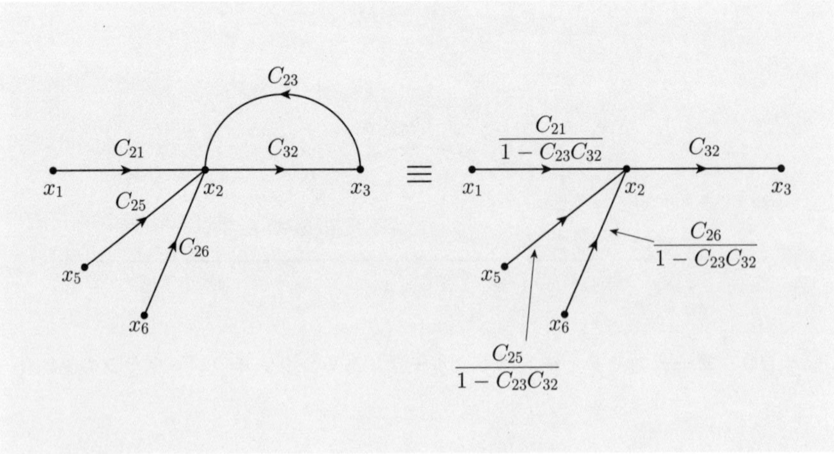

図4.22 単一入力でフィードバックループがあるシグナルフローグラフ

図4.23のように多入力の場合，

$$x_2 = C_{21}x_1 + C_{24}x_4 + C_{25}x_5, \quad x_3 = C_{32}x_2$$

より，ノード

$$x_2' \equiv C_{21}x_1, \quad x_2'' \equiv C_{24}x_4, \quad x_2''' \equiv C_{25}x_5$$

を新たに定義すると，

$$\begin{aligned} x_3 &= C_{32}x_2' + C_{32}x_2'' + C_{32}x_2''' \\ &= C_{21}C_{32}x_1 + C_{24}C_{32}x_4 + C_{25}C_{32}x_5 \end{aligned}$$

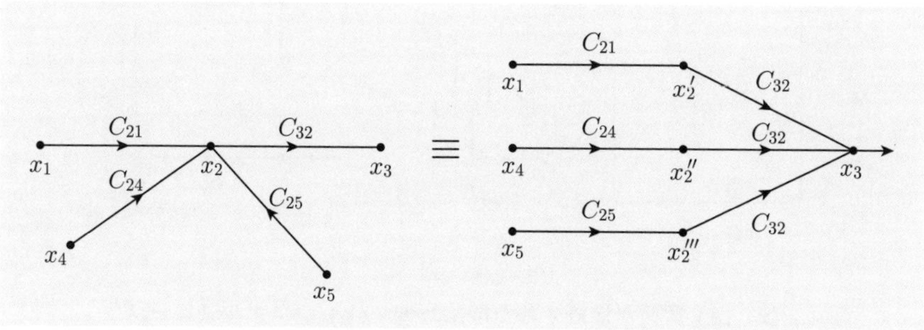

図4.23　多入力・単一出力のシグナルフローグラフ

図4.24のように多出力の場合，

$$\begin{aligned} x_2 &= C_{21}x_1 \\ x_3 &= C_{32}x_2 = C_{21}C_{32}x_1 \\ x_4 &= C_{42}x_2 = C_{21}C_{42}x_1 \\ x_5 &= C_{52}x_2 = C_{21}C_{52}x_1 \end{aligned}$$

より，ノード $x_2' = C_{21}x_1, x_2'' = C_{21}x_1, x_2''' = C_{21}x_1$ を定義する．

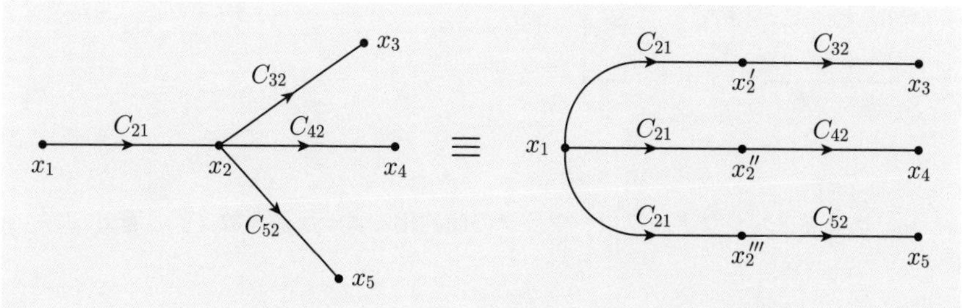

図4.24　単一入力・多出力のシグナルフローグラフ

●任意の負荷が接続された場合　**図4.25**は負荷が接続された2端子対散乱行列を示したもので，端子 2-2′ から負荷を見た反射係数を Γ_{L} $(=\frac{b_1}{a_1})$ とし，シグナルフローグラフで表すと**同図 (b)**のようになる．**図4.26**は，反射係数 Γ_1 を求めるためのシグナルフローグラフの簡約化を示したものである．**同図 (f)**より，反射係数 Γ_1 が求められ，次のようになる．

$$\Gamma_1 = S_{11} + \frac{S_{21}\Gamma_{\mathrm{L}}S_{12}}{1 - \Gamma_{\mathrm{L}}S_{22}} \tag{4.96}$$

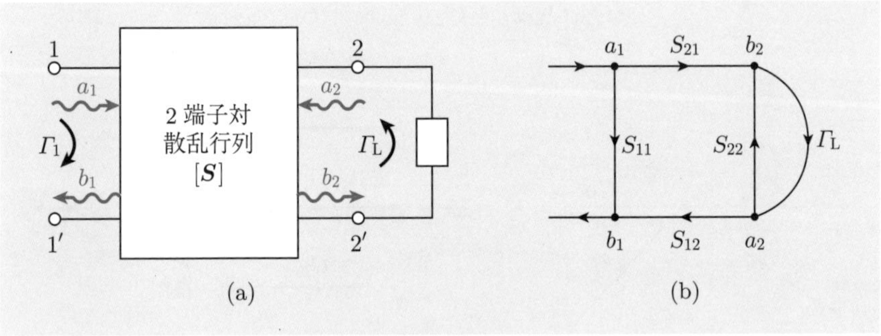

図4.25　**(a)** 負荷が接続された散乱行列，**(b)** シグナルフローグラフ

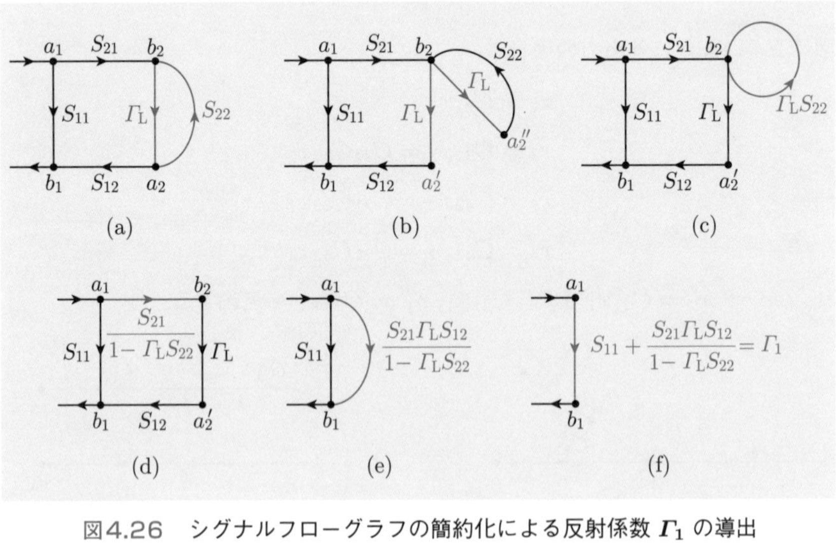

図4.26　シグナルフローグラフの簡約化による反射係数 $\boldsymbol{\Gamma_1}$ の導出

●信号源が接続された場合 図4.27に示すように信号源および負荷が接続された場合を考える．端子 1-1′ での電圧 $V_1 = \sqrt{Z_0}\,(a_1 + b_1)$，電流 $I_1 = \sqrt{Y_0}\,(a_1 - b_1)$ より，

$$
\begin{aligned}
V_{\mathrm{g}} &= V_1 + I_1 Z_{\mathrm{g}} \\
&= \sqrt{Z_0}\,(a_1 + b_1) + \sqrt{Y_0}\,(a_1 - b_1) Z_{\mathrm{g}}
\end{aligned}
$$

これより，a_1 は，

$$
\begin{aligned}
a_1 &= \frac{\sqrt{Z_0}\,V_{\mathrm{g}}}{Z_{\mathrm{g}} + Z_0} + \frac{Z_{\mathrm{g}} - Z_0}{Z_{\mathrm{g}} + Z_0} b_1 \\
&= b_{\mathrm{g}} + \mathit{\Gamma}_{\mathrm{g}} b_1
\end{aligned}
\tag{4.97}
$$

ここで，

$$
b_{\mathrm{g}} \equiv \frac{\sqrt{Z_0}\,V_{\mathrm{g}}}{Z_{\mathrm{g}} + Z_0}, \quad \mathit{\Gamma}_{\mathrm{g}} \equiv \frac{Z_{\mathrm{g}} - Z_0}{Z_{\mathrm{g}} + Z_0} \tag{4.98}
$$

ただし，Z_0 は端子 1-1′, 2-2′ の特性インピーダンスを示す．いま，b_{g} を信号源に対応するノードとみなし，ノード b_2 との関係をシグナルフローグラフにより求めると図4.28のようになる．図4.28(i)における b_{g} から a_1 へのブランチは，

$$
\begin{aligned}
\frac{a_1}{b_{\mathrm{g}}} &= \frac{\frac{1}{1 - S_{11}\mathit{\Gamma}_{\mathrm{g}}}}{1 - \frac{\mathit{\Gamma}_{\mathrm{L}} S_{12} \mathit{\Gamma}_{\mathrm{g}}}{1 - S_{11}\mathit{\Gamma}_{\mathrm{g}}} \frac{S_{21}}{1 - \mathit{\Gamma}_{\mathrm{L}} S_{22}}} \\
&= \frac{1 - \mathit{\Gamma}_{\mathrm{L}} S_{22}}{(1 - S_{11}\mathit{\Gamma}_{\mathrm{g}})(1 - \mathit{\Gamma}_{\mathrm{L}} S_{22}) - \mathit{\Gamma}_{\mathrm{L}} S_{12} \mathit{\Gamma}_{\mathrm{g}} S_{21}}
\end{aligned}
\tag{4.99}
$$

よって，図4.28(j)における b_{g} から b_2 へのブランチは，

$$
\begin{aligned}
\frac{b_2}{b_{\mathrm{g}}} &= \frac{1 - \mathit{\Gamma}_{\mathrm{L}} S_{22}}{(1 - S_{11}\mathit{\Gamma}_{\mathrm{g}})(1 - \mathit{\Gamma}_{\mathrm{L}} S_{22}) - \mathit{\Gamma}_{\mathrm{L}} S_{12} \mathit{\Gamma}_{\mathrm{g}} S_{21}} \frac{S_{21}}{1 - \mathit{\Gamma}_{\mathrm{L}} S_{22}} \\
&= \frac{S_{21}}{(1 - S_{11}\mathit{\Gamma}_{\mathrm{g}})(1 - \mathit{\Gamma}_{\mathrm{L}} S_{22}) - \mathit{\Gamma}_{\mathrm{L}} S_{12} \mathit{\Gamma}_{\mathrm{g}} S_{21}}
\end{aligned}
\tag{4.100}
$$

負荷の電圧 V_2 は，

図4.27 信号源および負荷が接続された散乱行列

$$V_2 = \sqrt{Z_0}\,(a_2 + b_2) = \sqrt{Z_0}\,(\Gamma_L b_2 + b_2)$$
$$= \sqrt{Z_0}\,(1 + \Gamma_L) b_2 \tag{4.101}$$

上式に式 (4.100) を代入して，

$$V_2 = \frac{\sqrt{Z_0}\,(1 + \Gamma_L) S_{21}}{(1 - S_{11}\Gamma_g)(1 - \Gamma_L S_{22}) - \Gamma_L S_{12} \Gamma_g S_{21}} b_g \tag{4.102}$$

さらに，式 (4.98) の第 1 式より，

$$V_2 = \frac{\sqrt{Z_0}\,(1 + \Gamma_L) S_{21}}{(1 - S_{11}\Gamma_g)(1 - \Gamma_L S_{22}) - \Gamma_L S_{12} \Gamma_g S_{21}} \frac{\sqrt{Z_0}\,V_g}{Z_g + Z_0}$$
$$= \frac{Z_0 (1 + \Gamma_L) S_{21} V_g}{(Z_0 + Z_g)\{(1 - S_{11}\Gamma_g)(1 - \Gamma_L S_{22}) - \Gamma_L S_{12} \Gamma_g S_{21}\}} \tag{4.103}$$

一方，b_g と a_2 の関係は，式 (4.100) の $\frac{b_2}{b_g}$ を用いて求めることができ，

$$\frac{a_2}{b_g} = \frac{a_2}{b_2} \frac{b_2}{b_g} = \Gamma_L \frac{b_2}{b_g}$$
$$= \frac{\Gamma_L S_{21}}{(1 - S_{11}\Gamma_g)(1 - \Gamma_L S_{22}) - \Gamma_L S_{12} \Gamma_g S_{21}} \tag{4.104}$$

また，b_g と b_1 の関係は，式 (4.97) より，

$$\frac{b_1}{b_g} = \frac{1}{\Gamma_g} \left(\frac{a_1}{b_g} - 1 \right) \tag{4.105}$$

式 (4.99) の $\frac{a_1}{b_g}$ を用いれば，次のようになる．

$$\frac{b_1}{b_g} = \frac{1}{\Gamma_g} \left(\frac{1 - \Gamma_L S_{22}}{(1 - S_{11}\Gamma_g)(1 - \Gamma_L S_{22}) - \Gamma_L S_{12} \Gamma_g S_{21}} - 1 \right) \tag{4.106}$$

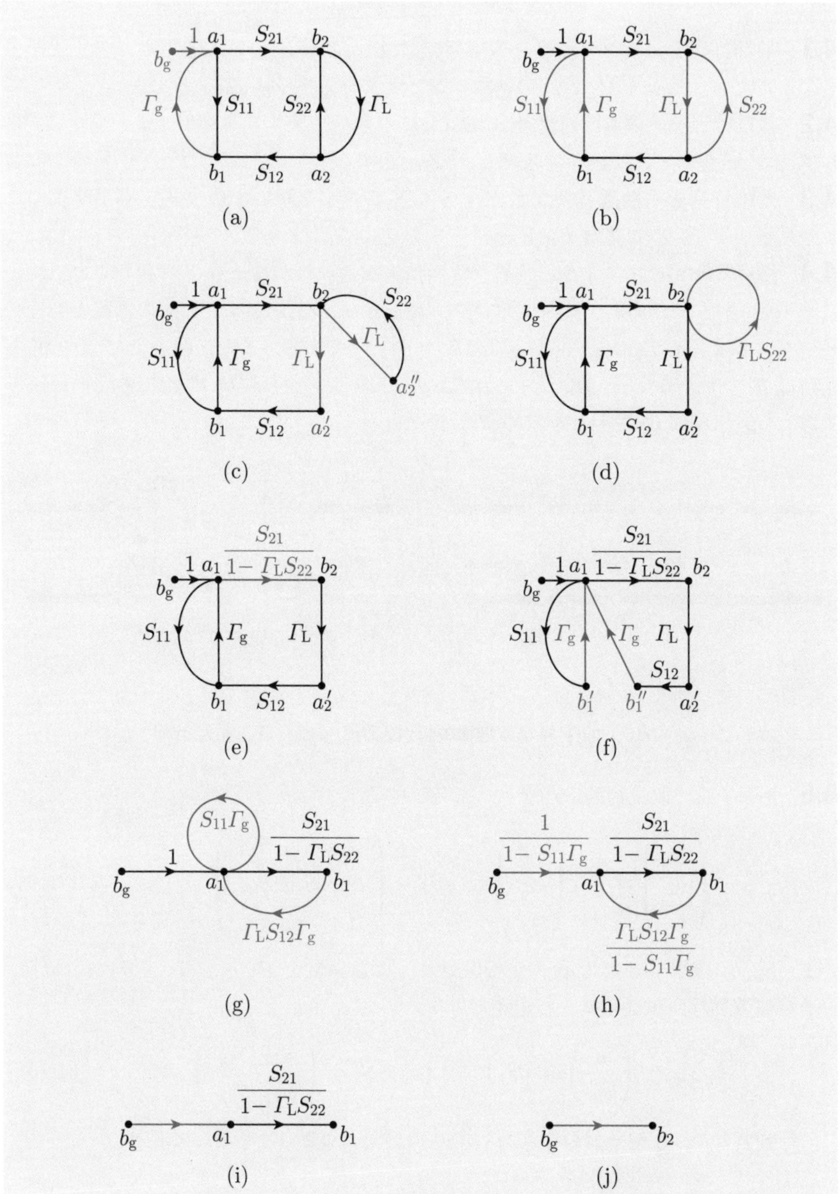

図4.28　シグナルフローグラフによる $\frac{b_2}{b_\mathrm{g}}$ の導出

4章の演習問題

□**4.1**　散乱行列を，インピーダンス行列要素 $Z_{11}, Z_{12}, Z_{21}, Z_{22}$ を用いて表す式を導出せよ．ただし，端子 1-1′, 2-2′ の基準インピーダンスを Z_{01}, Z_{02} とする．

□**4.2**　散乱行列を，基本行列要素 A, B, C, D を用いて表す式を導出せよ．ただし，端子 1-1′, 2-2′ の基準インピーダンスを Z_{01}, Z_{02} とする．

□**4.3**　基本行列を，散乱行列要素 $S_{11}, S_{12}, S_{21}, S_{22}$ を用いて表す式を導出せよ．ただし，端子 1-1′, 2-2′ の基準インピーダンスを Z_{01}, Z_{02} とする．

□**4.4**　**図4.29(a)**に示すように，異なる無損失伝送線路が端子 0-0′ で接続され，線路上に端子 1-1′, 2-2′ がある．**同図**において，端子 0-0′ の左側および右側の線路の特性インピーダンスは各々 Z_1, Z_2，位相定数は各々 β_1, β_2 である．また，端子 1-1′ と 0-0′ との距離は d_1，端子 0-0′ と 2-2′ との距離は d_2 である．端子 1-1′ と 2-2′ の間の線路を表す散乱行列（**同図 (b)**参照）を求めよ．

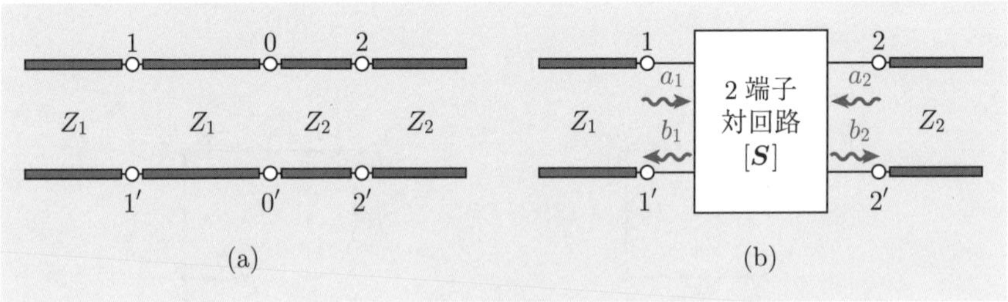

図4.29　(a) 異なる無損失伝送線路の接続，(b) 散乱行列

□**4.5**　3端子対の散乱行列 $[\boldsymbol{S}]$ を次式で定義する．

$$\begin{pmatrix} b_1 \\ b_2 \\ b_3 \end{pmatrix} = [\boldsymbol{S}] \begin{pmatrix} a_1 \\ a_2 \\ a_3 \end{pmatrix}, \quad [\boldsymbol{S}] = \begin{pmatrix} S_{11} & S_{12} & S_{13} \\ S_{21} & S_{22} & S_{23} \\ S_{31} & S_{32} & S_{33} \end{pmatrix} \tag{4.107}$$

いま，a_3, b_3 の端子 3-3′ に負荷が接続され，反射係数を $\varGamma_3$ とすると（$a_3 = \varGamma_3 b_3$），2端子対の散乱行列が次のように定義できる．

$$\begin{pmatrix} b_1 \\ b_2 \end{pmatrix} = [\widehat{\boldsymbol{S}}] \begin{pmatrix} a_1 \\ a_2 \end{pmatrix}, \quad [\widehat{\boldsymbol{S}}] = \begin{pmatrix} \widehat{S}_{11} & \widehat{S}_{12} \\ \widehat{S}_{21} & \widehat{S}_{22} \end{pmatrix} \tag{4.108}$$

この行列要素を，3端子対の散乱行列 $[\boldsymbol{S}]$ の要素および $\varGamma_3$ を用いて表せ．

第5章

インピーダンス整合

信号源から回路に給電するときの整合条件として，最大電力の条件，無反射の条件について述べ，簡単な例としてまず，集中定数回路による整合を，図表を用いて説明していく．一方，分布定数回路では，整合のために伝送線路を用いるが，ここでは線路に並列接続した単一スタブにより整合する方法について図表により説明する．また，広帯域に整合させるためには，整合回路を合成する必要があり，4 分の 1 波長の伝送線路を用いた方法を取り上げ，設計法を説明する．まず，単一の 4 分の 1 波長変成器の反射係数の周波数特性を求め，次に，4 分の 1 波長変成器を多段に縦続接続したとき，線路の接続部での反射が小さいものとして近似すると，反射係数はフーリエ・コサイン級数によって展開できることを示す．これより，反射係数を 2 項展開すれば最平坦特性を有する 2 項整合変成器，チェビシェフ多項式で展開すれば等リプル特性を有するチェビシェフ整合変成器が合成でき，各々，設計式を導出し，多段変成器の設計例を示している．

5.1 整合条件

●信号源から回路への給電　図5.1 に示す回路において，信号源から端子 1-1′ に入力される電力 P は，

$$P = \Re(V_1 I_1^*) = \Re\left(V_1 \frac{V_1^*}{Z_{\rm in}^*}\right) = |V_1|^2 \, \Re\left(\frac{1}{Z_{\rm in}^*}\right)$$
$$= \left| E_{\rm g} \frac{Z_{\rm in}}{Z_{\rm in} + Z_{\rm g}} \right|^2 \frac{\Re(Z_{\rm in})}{|Z_{\rm in}|^2}$$
$$= |E_{\rm g}|^2 \frac{\Re(Z_{\rm in})}{|Z_{\rm in} + Z_{\rm g}|^2}$$

ただし，$Z_{\rm in}$ は端子 1-1′ から回路を見込む入力インピーダンス，V_1, I_1 は端子 1-1′ の電圧，電流，$E_{\rm g}, Z_{\rm g}$ は信号源の電圧，内部インピーダンスを示す．ここで，

$$Z_{\rm in} = R_{\rm in} + jX_{\rm in}$$
$$Z_{\rm g} = R_{\rm g} + jX_{\rm g}$$

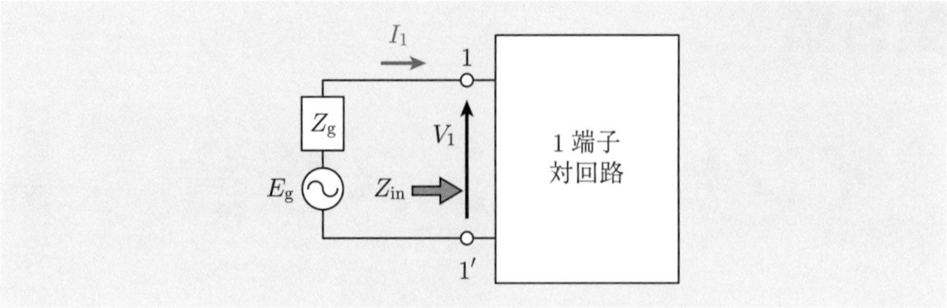

図5.1　信号源を接続した1端子対回路

とおくと，

$$
\begin{aligned}
P &= |E_g|^2 \frac{R_{in}}{(R_{in}+R_g)^2+(X_{in}+X_g)^2} \\
&= \frac{|E_g|^2}{4R_g} \frac{4R_{in}R_g}{(R_{in}+R_g)^2+(X_{in}+X_g)^2} \\
&= \frac{|E_g|^2}{4R_g} \left\{ 1 - \frac{(R_{in}-R_g)^2+(X_{in}+X_g)^2}{(R_{in}+R_g)^2+(X_{in}+X_g)^2} \right\}
\end{aligned}
\tag{5.1}
$$

●最大電力の条件　式(5.1)より，電力 P が最大となるのは[1]，

$$R_{in} - R_g = 0$$

$$X_{in} + X_g = 0$$

つまり，

$$R_{in} = R_g$$

$$X_{in} = -X_g$$

すなわち，$Z_{in} = Z_g^*$（Z_g^* は Z_g の共役複素数）のとき，最大値 P_{max} は，

$$P_{max} = \frac{|E_g|^2}{4R_g}$$

これを**共役整合**（conjugate matching）という．

[1]電力 P を R_{in}, X_{in} で微分して最大電力の条件を求めることもできる．

●**無反射の条件**　端子 1-1′ で無反射となるのは，$Z_{\rm in} = Z_{\rm g}$，つまり，

$$
\begin{aligned}
R_{\rm in} &= R_{\rm g} \\
X_{\rm in} &= X_{\rm g}
\end{aligned}
\tag{5.2}
$$

のときである．これは**無反射整合** (reflectionless matching) である．式 (5.1) より，このときの電力 $P_{\rm r0}$ は

$$
\begin{aligned}
P_{\rm r0} &= \frac{|E_{\rm g}|^2 R_{\rm g}}{4(R_{\rm g}^2 + X_{\rm g}^2)} \\
&\leq P_{\max} \quad \left(= \frac{|E_{\rm g}|^2 R_{\rm g}}{4R_{\rm g}^2} \right)
\end{aligned}
$$

●**最大電力かつ無反射の条件**　インピーダンスが実数，つまり純抵抗の場合，

$$X_{\rm in} = 0, \quad X_{\rm g} = 0$$

より，

$$R_{\rm in} = R_{\rm g}$$

のとき，最大電力を回路に入力でき，かつ無反射となる．このとき，正規化された電源の内部インピーダンスを

$$z_{\rm g} = r_{\rm g} = 1$$

とすると，正規化入力インピーダンスを

$$z_{\rm in} = r_{\rm in} = 1$$

にすればよい．

●**伝送線路の無反射条件**　図5.2に示すように，伝送線路に別の伝送線路が挿入された場合を考える．端子 1-1′ と 2-2′ の特性を表す散乱行列は，先に求めたように

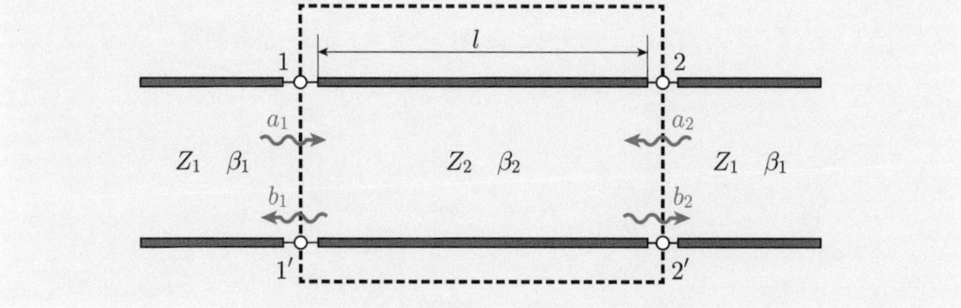

図5.2　有限長線路を挿入した伝送線路

式 (4.93) となるので，これより $S_{11}=0$ とすると，無反射条件は，

$$(1-T^2)\Gamma = 0$$

よって，

$$\begin{aligned} T^2 &= (e^{-j\beta_2 l})^2 = e^{-j2\beta_2 l} \\ &= 1 = e^{j2n\pi} \end{aligned}$$

$$\Gamma = \frac{Z_2 - Z_1}{Z_2 + Z_1} = 0$$

$\Gamma = 0$ のときは，$Z_2 = Z_1$ ゆえ，式 (5.2) の条件である．一方，$1 - T^2 = 0$ のときは，伝送線路の電気長は

$$\theta = \beta_2 l = 0, \pi$$

である．線路が挿入されていない場合（$\theta = 0$）はもちろん無反射であり，半波長線路の場合（$\theta = \pi$）も無反射となることがわかる[2]．

●整合回路　**図5.3(a)**に示すように，特性インピーダンス Z_0（実数）の無損失伝送線路の終端に負荷（インピーダンス $Z_L \neq Z_0$）を接続すると，不整合により反射が生じ，負荷に最大電力を給電できない．この章では，**同図 (b)**のように伝送線路と負荷の間に回路（**整合回路**）を挿入し，整合する方法を説明する．

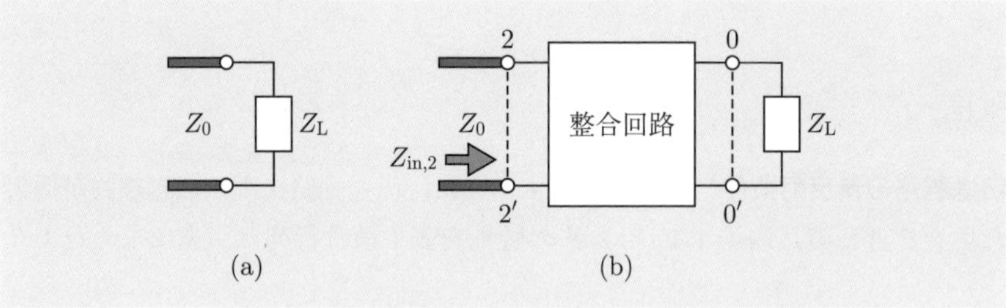

図5.3　(a) 伝送線路と負荷の不整合，(b) 整合回路

2) 平面波の場合も同様に動作し，アンテナを保護し，電力透過率を 1 に近くするドーム（レドームという）の半波長板として用いられている．

5.2 図表による整合

●スミス図表 スミス図表（Smith chart）は，電圧反射係数 $\Gamma = |\Gamma|e^{j\theta}$（大きさ，位相）を表す複素平面上に，**規格化入力インピーダンス**（normalized input impedance）$z_{\rm in}$ の実部である**規格化抵抗**（normalized resistance）と虚部である**規格化リアクタンス**（normalized reactance）の目盛を書き込んだものである．また，**アドミタンス図表**（admittance chart）は，同様に電圧反射係数を表す複素平面であるが，目盛は**規格化入力アドミタンス**（normalized input admittance）$y_{\rm in}$ の実部の**規格化コンダクタンス**（normalized conductance），虚部の**規格化サセプタンス**（normalized susceptance）である[3]．ここでは，このような図表を用いて整合していく．

●集中定数整合回路 与えられた**規格化負荷アドミタンス**（normalized load admittance）$y_{\rm L}$ に対して，**図5.4(a)**の集中定数回路の規格化サセプタンス b_1（> 0），規格化リアクタンス x_2（> 0）の値を変化させて整合していく（**集中定数整合回路**）．まず，**図5.4(b)**のアドミタンス図表に $y_{\rm L} = g_{\rm L} + jb_{\rm L} = 0.5 + j0.2$ をプロットする（点 $\rm P_0$）．並列素子 jb_1 によって，規格化入力アドミタンス $y_{\rm in,1}$ を，$g = 0.5$ の定コンダクタンス円上を時計回り（$b \geq 0$ ゆえ）に回転させ，$r = 1$ との交点 $\rm P_1$ まで変化させる（**図5.5(a)**参照）．直列素子 jx_2 によって，規格化入力インピーダンス $z_{\rm in,2}$ を $r = 1$ の定抵抗円上の x の正方向（$x \geq 0$ ゆえ）に変化させ，**図5.5(b)**に示すように中心（$r = g = 1$）まで動かし整合完了となる（$\rm P_0 \to P_1 \to O$）．図表の点 $\rm P_1$ から $b_{\rm in,1}$ の値を読み取ると，$b_{\rm in,1} = 0.5$ である．並列素子の規格化サセプタンス b_1 は，$b_{\rm in,1} = b_{\rm L} + b_1$ より，

$$b_1 = b_{\rm in,1} - b_{\rm L} = 0.5 - 0.2 = 0.3$$

そして，$z_{\rm in,1} = r_{\rm in,1} + jx_{\rm in,1}$ をスミス図表の点 $\rm P_1$ から読み取ると，$r_{\rm in,1} = 1, x_{\rm in,1} = -1$．ここで，$z_{\rm in,2} = r_{\rm in,2} + jx_{\rm in,2} = 1$ ゆえ，$x_{\rm in,2} = x_{\rm in,1} + x_2$ より（$x_{\rm in,2} = 0$），直列素子の規格化リアクタンス x_2 は，

$$x_2 = x_{\rm in,2} - x_{\rm in,1} = 0 - (-1) = 1$$

図5.6(a)の回路を用いて整合できる範囲は，**同図(b)**のようになり，それ以外の整合できない範囲に負荷の値がある場合，別の回路構成を考える必要がある．

---

[3] スミス図表には，伝送線路の電気長，VSWR を読み取るための目盛りなどもある．

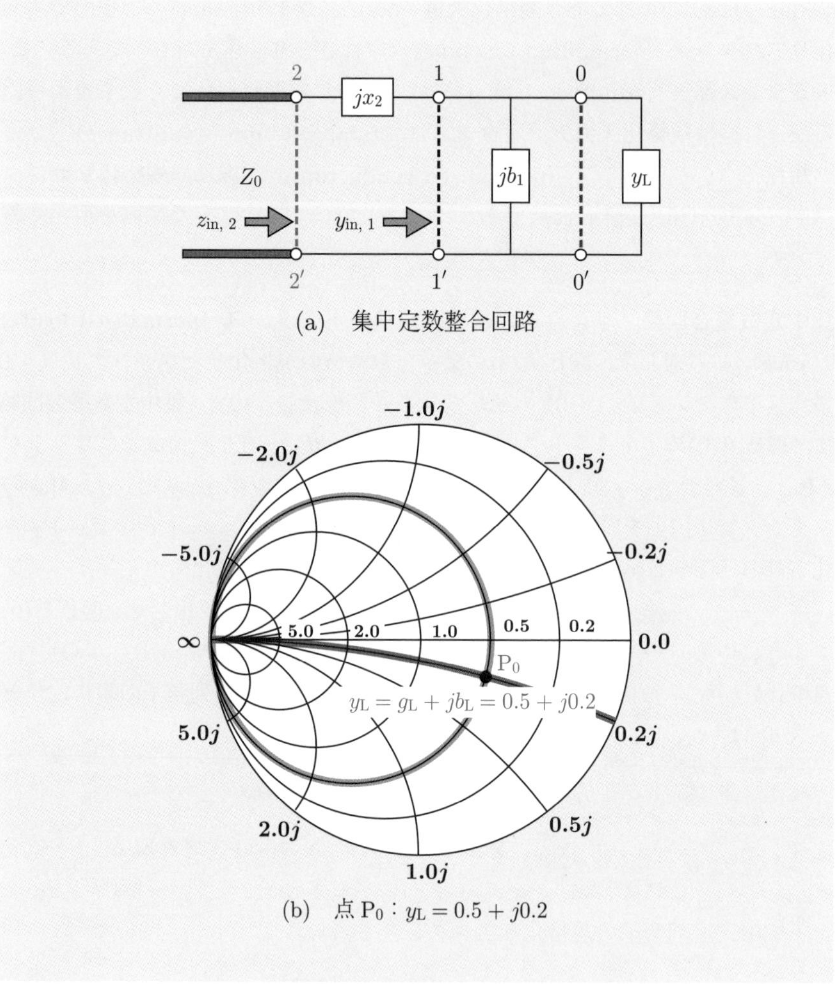

(a) 集中定数整合回路

(b) 点 P_0：$y_L = 0.5 + j0.2$

図5.4 集中定数整合回路とアドミタンス図表

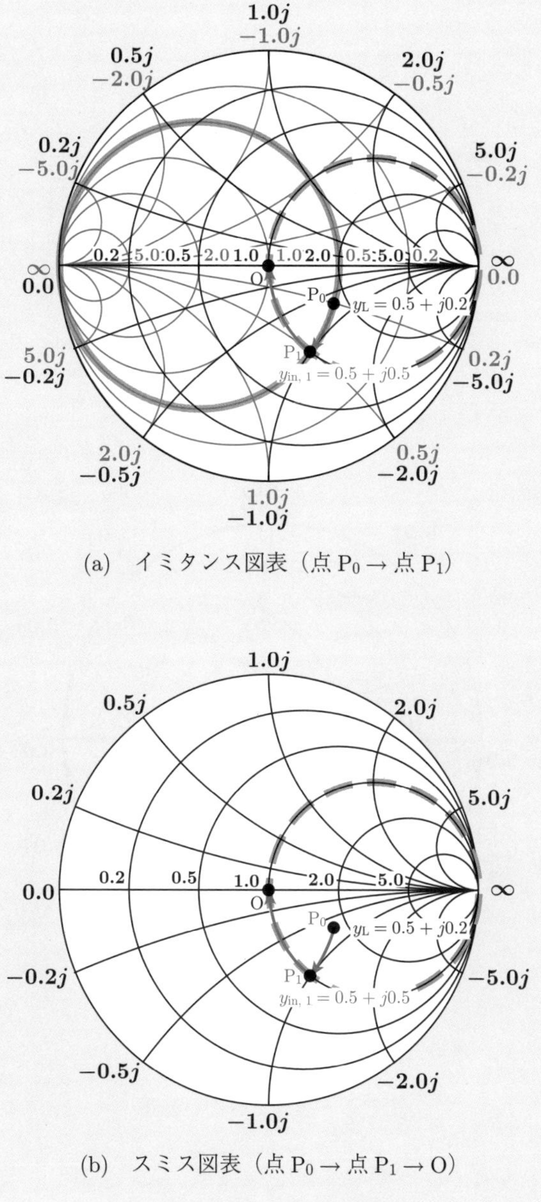

図5.5　図表による整合手順

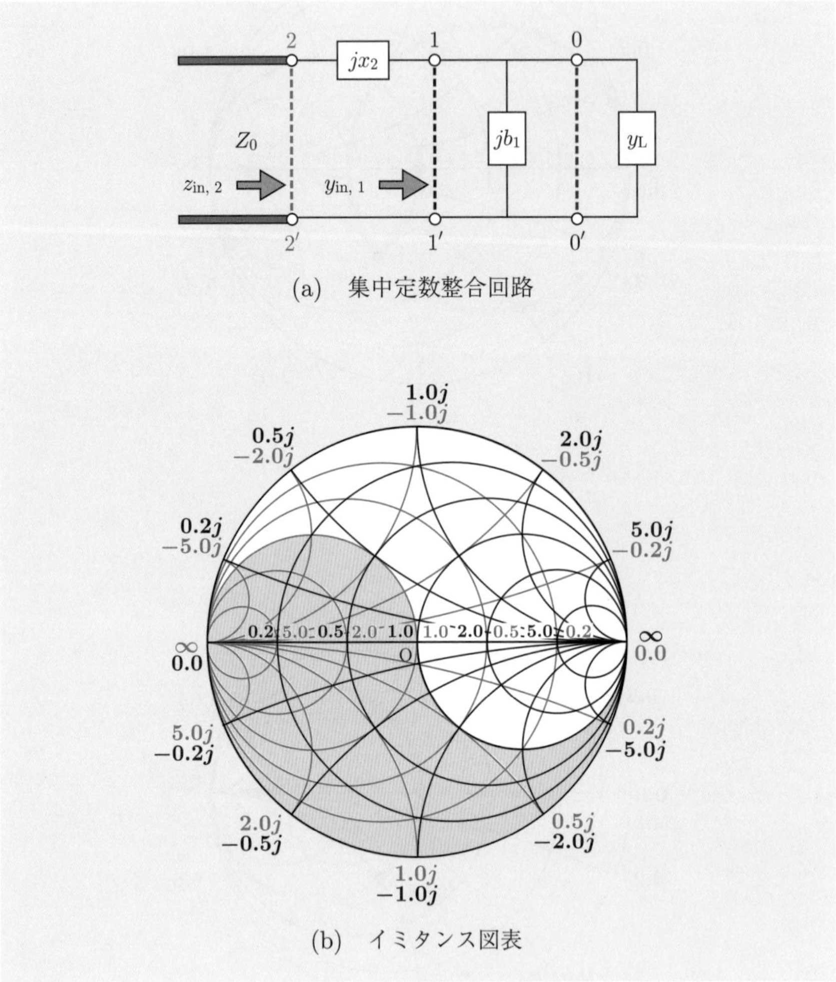

(a) 集中定数整合回路

(b) イミタンス図表

図5.6 整合できない範囲

●単一スタブ整合回路　図5.7に示すように，負荷点から距離 d の位置に並列接続した一つのスタブ（終端した長さ l_0 の無損失伝送線路）によるインピーダンス整合について説明する．ここでは，アドミタンス図表を用いるが，電圧反射係数（極形式の複素平面）も考えながら整合していく．まず，規格化負荷アドミタンス $y_{\mathrm{L}} = 0.4 - j0.2$ をプロットすると点 P_0 となる（図5.8(a)参照）．次に，線路長 d によって，スタブ位置から見た線路の $y_{\mathrm{in},1}$ を，点 O を中心とする点 P_0 を通る円と $g = 1$ の定コンダクタンス円の交点 P_1 まで時計回りに回転させる．OP_0 と OP_1

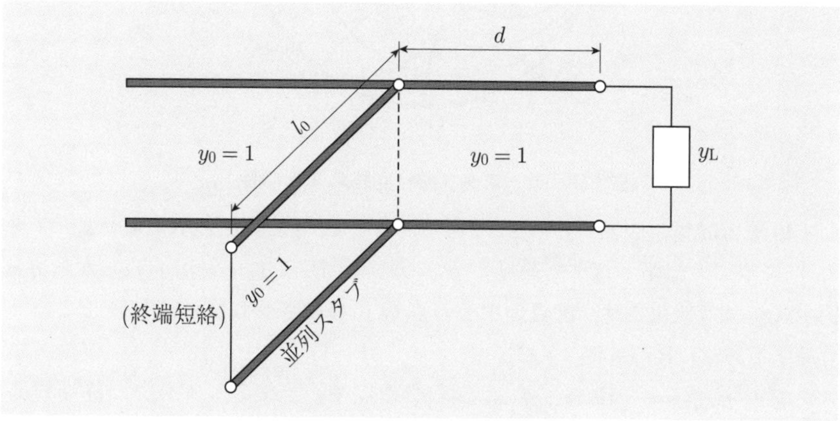

図5.7　単一スタブ整合回路

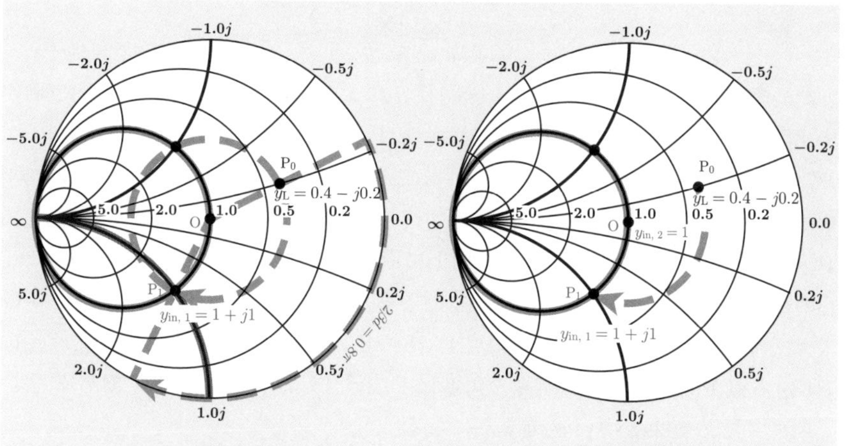

(a)　$y_{\mathrm{L}} = 0.4 - j0.2$　　　(b)　$y_{\mathrm{L}} \to y_{\mathrm{in}}$

図5.8　単一スタブによる整合手順

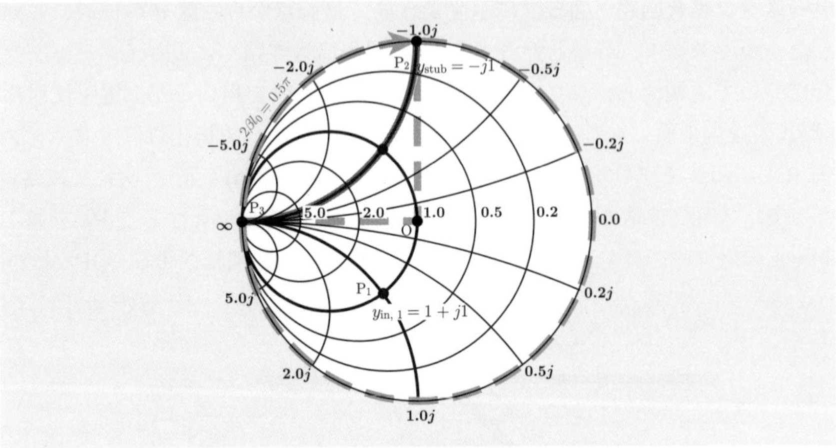

図5.9　単一スタブ整合回路のスタブ長 l_0

のなす角度 $2\beta d$ は，図表より 0.8π である．そして，**同図 (b)**に示すように，スタブ長 l_0 によって，線路とスタブを見た $y_{\rm in,2}$ を，点 $\rm P_1$（$y_{\rm in,1} = 1 + j1$）から $g = 1$ の円上に沿って変化させ，図表の中心の点 O に移動させれば，$y_{\rm in,2} = 1$ となって整合完了である（$\rm P_0 \to P_1 \to O$）．

スタブの $y_{\rm stub} = -jb = -j1$ は**図5.9**の点 $\rm P_2$ となる．スタブの終端短絡の $\varGamma_{\rm L} = -1$ の点 $\rm P_3$ から点 $\rm P_2$ までの時計回りの角度は，図表より $2\beta l_0 = \frac{\pi}{2}$ である．よって，スタブ長 l_0 は，

$$l_0 = \frac{1}{2\beta}\frac{\pi}{2} = \frac{\pi}{4}\frac{\lambda_{\rm g}}{2\pi} = \frac{\lambda_{\rm g}}{8}$$

また，**図5.10(a)**に示すように，線路長 d によって，スタブ位置から見た線路の規格化入力アドミタンスを，点 O を中心とする点 $\rm P_0$ を通る円と $g = 1$ の円の交点 $\rm P'_1$ まで時計回りに回転させて整合することもできる．$\rm OP_0$ と $\rm OP'_1$ のなす角度 $2\beta d$ は図表より 1.5π である．スタブ長 l_0 によって，線路とスタブを見た $y_{\rm in,2}$ を，点 $\rm P'_1$（$y'_{\rm in,1} = 1 - j1$）から $g = 1$ の円上に沿って変化させ，**同図 (b)**に示すように，中心の点 O に移動させれば，$y_{\rm in,2} = 1$ となって整合完了である（$\rm P_0 \to P'_1 \to O$）．

スタブの $y_{\rm stub} = j1$ は**図5.11**の点 $\rm P'_2$ となる．スタブの終端短絡の $\varGamma_{\rm L} = -1$ の点 $\rm P_3$ から点 $\rm P'_2$ までの時計回りの角度は，**図5.11**より $2\beta l_0 = \frac{3\pi}{2}$ である．よって，スタブ長 l'_0 がわかり，次のようになる．

$$l'_0 = \frac{1}{2\beta}\frac{3\pi}{2} = \frac{3\pi}{4}\frac{\lambda_{\rm g}}{2\pi} = \frac{3\lambda_{\rm g}}{8}$$

このとき，2つのスタブ長 l_0, l'_0 の関係は，$l_0 < l'_0$ である．

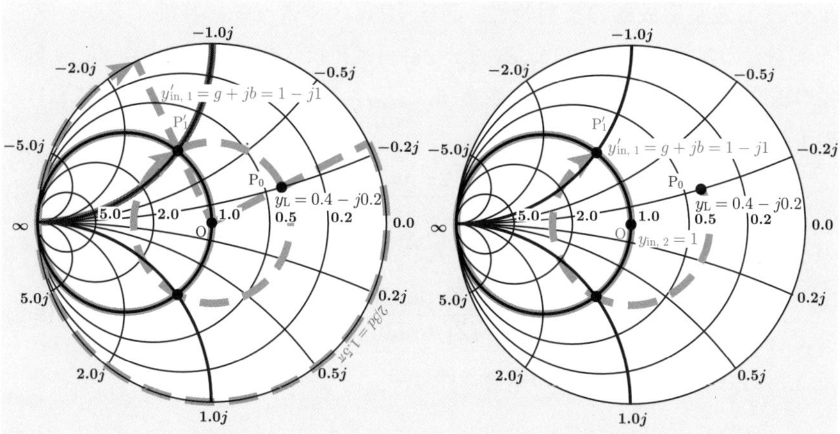

(a)　$y_{\mathrm{L}} \to y_{\mathrm{in}}$　　(b)　$y_{\mathrm{L}} \to y_{\mathrm{in}} \to \mathrm{O}$

図5.10　単一スタブによるもう一つの整合手順

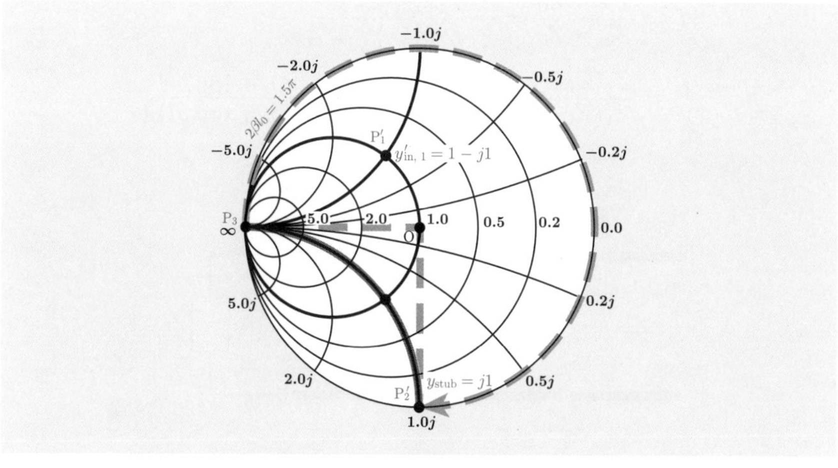

図5.11　単一スタブ整合回路のもう一つのスタブ長 l'_0

5.3　整合変成器

●4分の1波長変成器の反射特性　図5.12に示すように，特性インピーダンス Z_0（実数）の無損失線路と負荷 Z_L（$\neq Z_0$）（純抵抗）を整合させるため，4分の1波長の線路を挿入する．中心周波数を f_0 とし，このときの波長 $\lambda = \lambda_0$ における4分の1波長線路の電気長 βl は

$$\beta l = \frac{2\pi}{\lambda_0}\frac{\lambda_0}{4} = \frac{\pi}{2} \tag{5.3}$$

このとき，端子1-1′から負荷側を見た入力インピーダンス Z_in は，

$$Z_\mathrm{in}\Big|_{\lambda=\lambda_0} = Z_1 \frac{Z_\mathrm{L} + jZ_1 \tan\beta l}{Z_1 + jZ_\mathrm{L}\tan\beta l}\Bigg|_{\lambda=\lambda_0} = Z_1\frac{Z_1}{Z_\mathrm{L}} = \frac{Z_1^2}{Z_\mathrm{L}} \tag{5.4}$$

波長 λ_0 において，端子1-1′の整合条件は，

$$Z_0 = Z_\mathrm{in}\Big|_{\lambda=\lambda_0} = \frac{Z_1^2}{Z_\mathrm{L}} \tag{5.5}$$

したがって，4分の1波長線路の特性インピーダンス Z_1 は次のようになる．

$$Z_1 = \sqrt{Z_0 Z_\mathrm{L}} \tag{5.6}$$

このような線路を**4分の1波長変成器**（quarter-wave transformer）[4]という．

図5.12の端子1-1′から負荷側を見た反射係数 $\varGamma$ は，

$$\begin{aligned}\varGamma &= \frac{Z_\mathrm{in} - Z_0}{Z_\mathrm{in} + Z_0} = \frac{Z_1 \frac{Z_\mathrm{L}+jZ_1\tan\beta l}{Z_1+jZ_\mathrm{L}\tan\beta l} - Z_0}{Z_1 \frac{Z_\mathrm{L}+jZ_1\tan\beta l}{Z_1+jZ_\mathrm{L}\tan\beta l} + Z_0} \\ &= \frac{Z_1(Z_\mathrm{L} + jZ_1\tan\beta l) - Z_0(Z_1 + jZ_\mathrm{L}\tan\beta l)}{Z_1(Z_\mathrm{L} + jZ_1\tan\beta l) + Z_0(Z_1 + jZ_\mathrm{L}\tan\beta l)}\end{aligned}$$

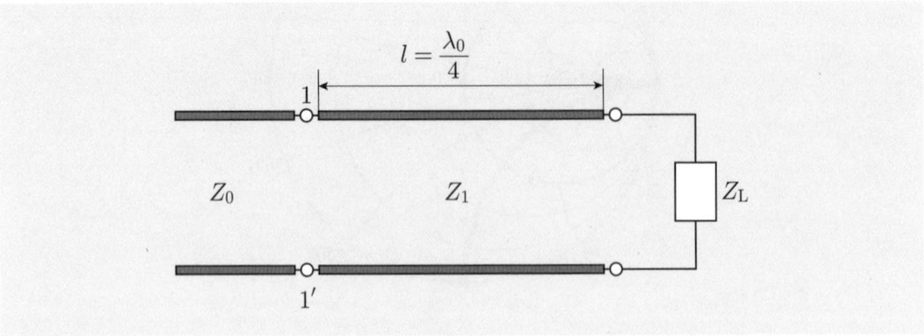

図5.12　4分の1波長の線路による無反射整合

[4] 平面波でも同様の動作となり，4分の1波長変成器は，誘電体レンズの表面（両面）で無反射となるようにする整合層として用いられている．

$$= \frac{Z_1(Z_\mathrm{L} - Z_0) + j(Z_1^2 - Z_0 Z_\mathrm{L}) \tan \beta l}{Z_1(Z_\mathrm{L} + Z_0) + j(Z_1^2 + Z_0 Z_\mathrm{L}) \tan \beta l} \tag{5.7}$$

ここで，式 (5.6) より，

$$\begin{aligned} \mathit{\Gamma} &= \frac{\sqrt{Z_0 Z_\mathrm{L}}\,(Z_\mathrm{L} - Z_0) + j(Z_0 Z_\mathrm{L} - Z_0 Z_\mathrm{L}) \tan \beta l}{\sqrt{Z_0 Z_\mathrm{L}}\,(Z_\mathrm{L} + Z_0) + j(Z_0 Z_\mathrm{L} + Z_0 Z_\mathrm{L}) \tan \beta l} \\ &= \frac{(Z_\mathrm{L} - Z_0)}{(Z_\mathrm{L} + Z_0) + j2\sqrt{Z_0 Z_\mathrm{L}}\, \tan \beta l} \\ &= \frac{(z_\mathrm{L} - 1)}{(z_\mathrm{L} + 1) + j2\sqrt{z_\mathrm{L}}\, \tan \beta l} \end{aligned}$$

ただし，$z_\mathrm{L} = \frac{Z_\mathrm{L}}{Z_0}$ は規格化負荷インピーダンスを示す[5]．これより，

$$\begin{aligned} |\mathit{\Gamma}|^2 = \mathit{\Gamma}\mathit{\Gamma}^* &= \frac{(z_\mathrm{L} - 1)}{(z_\mathrm{L} + 1) + j2\sqrt{z_\mathrm{L}}\, \tan \beta l} \frac{(z_\mathrm{L} - 1)}{(z_\mathrm{L} + 1) - j2\sqrt{z_\mathrm{L}}\, \tan \beta l} \\ &= \frac{(z_\mathrm{L} - 1)^2}{(z_\mathrm{L} + 1)^2 + 4z_\mathrm{L} \tan^2 \beta l} \end{aligned} \tag{5.8}$$

ここで，$\theta \equiv \beta l$ とおき，$1 + \tan^2 \theta = \sec^2 \theta$ より，$|\mathit{\Gamma}|^2$ は，

$$\begin{aligned} |\mathit{\Gamma}|^2 &= \frac{(z_\mathrm{L} - 1)^2}{(z_\mathrm{L} + 1)^2 + 4z_\mathrm{L}(\sec^2 \theta - 1)} = \frac{(z_\mathrm{L} - 1)^2}{(z_\mathrm{L} - 1)^2 + 4z_\mathrm{L} \sec^2 \theta} \\ &= \frac{(z_\mathrm{L} - 1)^2 \cos^2 \theta}{4z_\mathrm{L} \left\{ \frac{(z_\mathrm{L} - 1)^2}{4z_\mathrm{L}} \cos^2 \theta + 1 \right\}} \end{aligned} \tag{5.9}$$

よって，$|\mathit{\Gamma}|$ は，

$$\begin{aligned} |\mathit{\Gamma}| &= \frac{|z_\mathrm{L} - 1|}{2\sqrt{z_\mathrm{L}}} |\cos \theta| \left\{ 1 + \frac{(z_\mathrm{L} - 1)^2}{4z_\mathrm{L}} \cos^2 \theta \right\}^{-\frac{1}{2}} \\ &= \frac{|y_\mathrm{L} - 1|}{2\sqrt{y_\mathrm{L}}} |\cos \theta| \left\{ 1 + \frac{(y_\mathrm{L} - 1)^2}{4y_\mathrm{L}} \cos^2 \theta \right\}^{-\frac{1}{2}} \end{aligned} \tag{5.10}$$

このように $|\mathit{\Gamma}|$ は，規格化負荷インピーダンス z_L $\left(= \frac{Z_\mathrm{L}}{Z_0}\right)$，規格化負荷アドミタンス y_L $\left(= \frac{1}{z_\mathrm{L}}\right)$ ともに同じ形の式で表される．なお，中心周波数 f_0 近傍では，$\theta \simeq \frac{\pi}{2}, \cos \theta \simeq \cos \frac{\pi}{2} \ll 1$ より，上式の $\{\ \}$ は第 1 項で近似できる．このとき，線路の電気長 θ は次のようになる．

$$\theta = \beta l = \frac{2\pi}{\lambda} \frac{\lambda_0}{4} = \frac{\pi}{2} \frac{f}{f_0} \tag{5.11}$$

---

5) 規格化負荷アドミタンス $y_\mathrm{L} = \frac{1}{z_\mathrm{L}}$ を用いて反射係数 $\mathit{\Gamma}$ を表すと，

$$\mathit{\Gamma} = \frac{(1 - y_\mathrm{L})}{(1 + y_\mathrm{L}) + j2\sqrt{y_\mathrm{L}}\, \tan \beta l}$$

例えば，$\frac{Z_{\mathrm{L}}}{Z_0}=1.5,\ 2,\ 3,\ 4,\ 5,\ 10$ のときの反射係数の絶対値 $|\mathit{\Gamma}|$ を計算し，規格化周波数 $\frac{f}{f_0}$ の関数としてプロットすると，**図5.13(a)**に示すようになり，$\frac{Z_{\mathrm{L}}}{Z_0}$ が大きくなると狭帯域な周波数特性となる．

いま，$|\mathit{\Gamma}|=\mathit{\Gamma}_{\mathrm{m}}$ のとき，$\theta=\theta_{\mathrm{m}}$ とすると，$\theta_{\mathrm{m}}=\frac{\pi}{2}\frac{f_{\mathrm{m}}}{f_0}$ となる．また，中心周波数 f_0 における電気長 $\theta=\theta_0$ のとき，$\theta_0=\frac{\pi}{2}$ である．$\mathit{\Gamma}_{\mathrm{m}}$ より反射が小さくなる範囲 $\Delta\theta$ は，$\Delta\theta=2\left(\theta_0-\theta_{\mathrm{m}}\right)=2\left(\frac{\pi}{2}-\theta_{\mathrm{m}}\right)$．**図5.13(b)**に示すように，$|\mathit{\Gamma}|\leq\mathit{\Gamma}_{\mathrm{m}}$ となる比帯域は，

$$\frac{\Delta f}{f_0}=\frac{2(f_0-f_{\mathrm{m}})}{f_0}=2-\frac{2\theta_{\mathrm{m}}}{\theta_0}=2-\frac{4}{\pi}\theta_{\mathrm{m}} \tag{5.12}$$

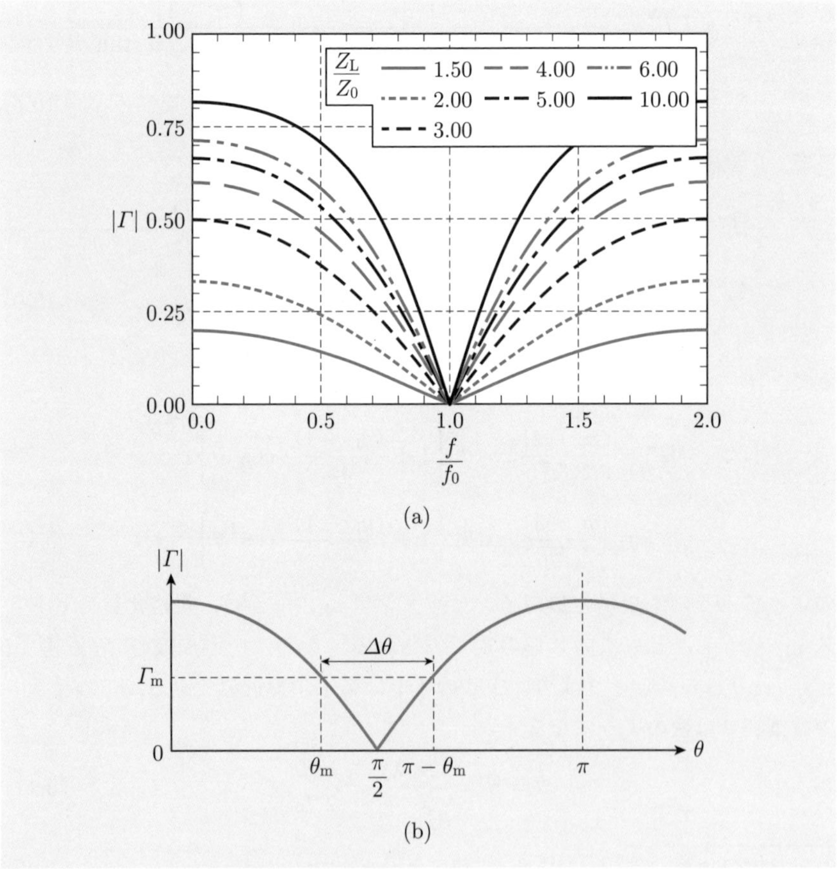

図5.13　**4分の1波長変成器の反射特性．(a) $\frac{Z_{\mathrm{L}}}{Z_0}$ による特性の比較，(b) $\mathit{\Gamma}_{\mathrm{m}}$ より反射が小さくなる範囲 $\Delta\theta$**

ここで，

$$\sec^2\theta = \frac{(z_{\mathrm{L}}-1)^2}{4z_{\mathrm{L}}}\left(\frac{1}{|\mathit{\Gamma}|^2}-1\right)$$

より，

$$\cos\theta = \frac{2\sqrt{Z_0 Z_{\mathrm{L}}}}{|Z_{\mathrm{L}}-Z_0|}\,\frac{|\mathit{\Gamma}|}{\sqrt{1-|\mathit{\Gamma}|^2}} \tag{5.13}$$

よって，

$$\frac{\Delta f}{f_0} = 2-\frac{4}{\pi}\cos^{-1}\left\{\frac{2\sqrt{Z_0 Z_{\mathrm{L}}}}{|Z_{\mathrm{L}}-Z_0|}\,\frac{\mathit{\Gamma}_{\mathrm{m}}}{\sqrt{1-\mathit{\Gamma}_{\mathrm{m}}^2}}\right\} \tag{5.14}$$

●インピーダンスの不連続が小さい N 段伝送線路　インピーダンスの不連続部での反射係数 $\mathit{\Gamma}_i$（$i=0,1,2,\ldots,N$）が小さいとき，図5.14に示すような N 段伝送線路の反射係数 $\mathit{\Gamma}$ を，1 回反射のみで近似すると，次のようになる．

$$\begin{aligned}
\mathit{\Gamma} &\simeq \sum_{n=0}^{N}\mathit{\Gamma}_n e^{-j2n\theta}\\
&= \mathit{\Gamma}_0+\mathit{\Gamma}_1 e^{-j2\theta}+\cdots+\mathit{\Gamma}_{N-1}e^{-j2(N-1)\theta}+\mathit{\Gamma}_N e^{-j2N\theta}\\
&= e^{-jN\theta}\left\{\mathit{\Gamma}_0 e^{jN\theta}+\mathit{\Gamma}_1 e^{j(N-2)\theta}+\cdots+\mathit{\Gamma}_{N-1}e^{-j(N-1)\theta}+\mathit{\Gamma}_N e^{-jN\theta}\right\}\\
&\equiv e^{-jN\theta}\,\overline{\mathit{\Gamma}}
\end{aligned} \tag{5.15}$$

反射係数 $\mathit{\Gamma}_i$（$i=0,1,2,\ldots,N$）が対称な場合を考えると，

$$\mathit{\Gamma}_0=\mathit{\Gamma}_N,\quad \mathit{\Gamma}_1=\mathit{\Gamma}_{N-1},\quad \mathit{\Gamma}_2=\mathit{\Gamma}_{N-2}$$

段数 N が奇数の場合，

$$\begin{aligned}
\overline{\mathit{\Gamma}} = \mathit{\Gamma}_0 e^{jN\theta}+\mathit{\Gamma}_1 e^{j(N-2)\theta}+\cdots+\mathit{\Gamma}_{\frac{N-1}{2}}e^{j\theta}\\
+\mathit{\Gamma}_N e^{-jN\theta}+\mathit{\Gamma}_{N-1}e^{-j(N-2)\theta}+\cdots+\mathit{\Gamma}_{\frac{N+1}{2}}e^{-j\theta}
\end{aligned}$$

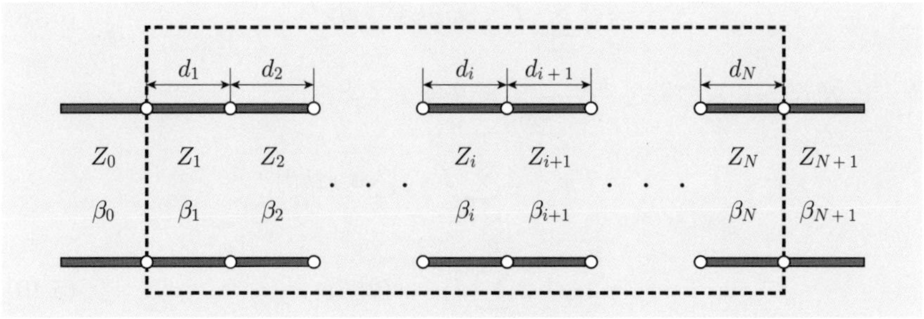

図5.14　N 段伝送線路

$$= \Gamma_0 \left(e^{jN\theta} + e^{-jN\theta} \right) + \Gamma_1 \left(e^{j(N-2)\theta} + e^{-j(N-2)\theta} \right)$$

$$+ \cdots + \Gamma_{\frac{N-1}{2}} \left(e^{j\theta} + e^{-j\theta} \right)$$

$$= 2\big\{ \Gamma_0 \cos N\theta + \Gamma_1 \cos(N-2)\theta$$

$$+ \cdots + \Gamma_i \cos(N-2i)\theta + \cdots + \Gamma_{\frac{N-1}{2}} \cos\theta \big\}$$

$$= 2 \sum_{i=0}^{\frac{N-1}{2}} \Gamma_i \cos(N-2i)\theta \tag{5.16}$$

また，段数 N が偶数の場合，

$$\overline{\Gamma} = \Gamma_0 e^{jN\theta} + \Gamma_1 e^{j(N-2)\theta} + \cdots + \Gamma_{\frac{N}{2}-1} e^{j2\theta} + \Gamma_{\frac{N}{2}}$$

$$+ \Gamma_N e^{-jN\theta} + \Gamma_{N-1} e^{-j(N-2)\theta} + \cdots + \Gamma_{\frac{N}{2}+1} e^{-j2\theta}$$

$$= \Gamma_0 \left(e^{jN\theta} + e^{-jN\theta} \right) + \Gamma_1 \left(e^{j(N-2)\theta} + e^{-j(N-2)\theta} \right)$$

$$+ \cdots + \Gamma_{\frac{N}{2}-1} \left(e^{j2\theta} + e^{-j2\theta} \right) + \Gamma_{\frac{N}{2}}$$

$$= 2\big\{ \Gamma_0 \cos N\theta + \Gamma_1 \cos(N-2)\theta$$

$$+ \cdots + \Gamma_i \cos(N-2i)\theta + \cdots + \Gamma_{\frac{N}{2}-1} \cos 2\theta \big\} + \Gamma_{\frac{N}{2}}$$

$$= \Gamma_{\frac{N}{2}} + 2 \sum_{i=0}^{\frac{N}{2}-1} \Gamma_i \cos(N-2i)\theta \tag{5.17}$$

これより，反射係数の近似式は，次のように**フーリエ・コサイン級数**（Fourier cosine series）で展開できる．まず，段数 N が奇数の場合，$N - 2i = 2k - 1$ とおくと，

$$\overline{\Gamma} = 2 \sum_{k=1}^{\frac{N+1}{2}} \Gamma_{\frac{N+1}{2}-k} \cos(2k-1)\theta$$

$$= 2 \sum_{k=1}^{\frac{N+1}{2}} \widehat{\Gamma}_k \cos(2k-1)\theta \tag{5.18}$$

また，段数 N が偶数の場合，$N - 2i = 2k$ とおくと，

$$\overline{\Gamma} = \Gamma_{\frac{N}{2}} + 2 \sum_{k=1}^{\frac{N}{2}} \Gamma_{\frac{N}{2}-k} \cos(2k\theta)$$

$$= \widehat{\Gamma}_0 + 2 \sum_{k=1}^{\frac{N}{2}} \widehat{\Gamma}_k \cos(2k\theta) \tag{5.19}$$

●最平坦特性 周波数 f_0 で反射がゼロとなり，f_0 を中心とする周波数帯域でも反射を十分小さくするため，f_0 において反射係数を周波数 f（あるいは電気長 $\theta = \frac{\pi}{2}\frac{f}{f_0}$）で微分したときにゼロとなる次のような関数を考える．

$$\mathit{\Gamma}_{\text{flat}} \equiv A(1 + e^{-j2\theta})^N \tag{5.20}$$

これより，N を大きくすれば，高次の微係数までゼロにできるため，反射係数 $\mathit{\Gamma}_{\text{flat}}$ を $f = f_0$ でテーラー展開して考えれば，$f = f_0$ 近傍で平坦度が増すことになり，**最平坦**（maximally flat）**特性**という．この $\mathit{\Gamma}_{\text{flat}}$ を **2 項展開**（binomial expansion）すると，

$$\mathit{\Gamma}_{\text{flat}} = A\sum_{n=0}^{N} {}_N\mathrm{C}_n\, e^{-j2n\theta} \tag{5.21}$$

ここで，**2 項係数**（binomial coefficient）${}_N\mathrm{C}_n$ は，

$${}_N\mathrm{C}_n = \frac{N(N-1)\cdots(N-n+1)}{n!} = \frac{N!}{(N-n)!\,n!} \tag{5.22}$$

ただし，${}_N\mathrm{C}_n = {}_N\mathrm{C}_{N-n}$．例えば，${}_N\mathrm{C}_0 = 1, {}_N\mathrm{C}_1 = N = {}_N\mathrm{C}_{N-1}$．いま，

$$x = \frac{Z_{n+1}}{Z_n} \simeq 1 \tag{5.23}$$

のとき，近似式

$$\ln x \simeq 2\frac{x-1}{x+1} \tag{5.24}$$

より [6]，

$$\begin{aligned}\mathit{\Gamma}_n &= \frac{Z_{n+1} - Z_n}{Z_{n+1} + Z_n} = \frac{\frac{Z_{n+1}}{Z_n} - 1}{\frac{Z_{n+1}}{Z_n} + 1}\\ &= \frac{1}{2}\ln\frac{Z_{n+1}}{Z_n}\end{aligned} \tag{5.25}$$

1 回反射だけで近似した反射係数 $\mathit{\Gamma}$ と 2 項展開した最平坦特性 $\mathit{\Gamma}_{\text{flat}}$ を次のように等しくおく．

$$\sum_{n=0}^{N}\mathit{\Gamma}_n e^{-j2n\theta} = A\sum_{n=0}^{N} {}_N\mathrm{C}_n\, e^{-j2n\theta} \tag{5.26}$$

---

[6] $\Delta x \ll 1$ のときの近似式 $\ln(1+\Delta x) \simeq \Delta x - \frac{(\Delta x)^2}{2} + \cdots$ を用いて，$Z_{n+1} \simeq Z_n$ のとき，

$$\begin{aligned}\ln\frac{Z_{n+1}}{Z_n} &= \ln\left(\frac{Z_n - Z_n + Z_{n+1}}{Z_n}\right) = \ln\left(1 + \frac{Z_{n+1} - Z_n}{Z_n}\right) \simeq \frac{Z_{n+1} - Z_n}{Z_n}\\ &= 2\frac{Z_{n+1} - Z_n}{Z_n + Z_n} \simeq 2\frac{Z_{n+1} - Z_n}{Z_{n+1} + Z_n} = 2\mathit{\Gamma}_n\end{aligned}$$

係数比較すると，

$$\Gamma_n = A_N\,\mathrm{C}_n \quad (= \Gamma_{N-n}) \tag{5.27}$$

$\theta = 0$ のとき，Γ は，

$$\begin{aligned}\Gamma\Big|_{\theta=0} &= \sum_{n=0}^{N} \Gamma_n \\ &\simeq \frac{1}{2}\sum_{n=0}^{N} \ln \frac{Z_{n+1}}{Z_n} = \frac{1}{2}\ln\left(\frac{Z_1}{Z_0}\frac{Z_2}{Z_1}\cdots\frac{Z_\mathrm{L}}{Z_N}\right) \\ &= \frac{1}{2}\ln\frac{Z_\mathrm{L}}{Z_0}\end{aligned} \tag{5.28}$$

最平坦特性 Γ_flat において $\theta = 0$ のときは，

$$\Gamma_\mathrm{flat}\Big|_{\theta=0} = A(1 + e^{-j2\,\cdot\,0})^N = A2^N \tag{5.29}$$

両者は等しく，

$$\frac{1}{2}\ln\frac{Z_\mathrm{L}}{Z_0} = A2^N$$

よって，係数 A は次のようになる．

$$A = 2^{-(N+1)}\ln\frac{Z_\mathrm{L}}{Z_0} \tag{5.30}$$

これより，A を消去して，

$$\begin{aligned}\Gamma_n &= \frac{1}{2}\ln\frac{Z_{n+1}}{Z_n} = {}_N\mathrm{C}_n\,A \\ &= {}_N\mathrm{C}_n\ 2^{-(N+1)}\ln\frac{Z_\mathrm{L}}{Z_0}\end{aligned}$$

$$\ln\frac{Z_{n+1}}{Z_n} = \ln\left(\frac{Z_\mathrm{L}}{Z_0}\right)^{{}_N\mathrm{C}_n\ 2^{-N}} \tag{5.31}$$

最平坦特性の多段 4 分の 1 波長変成器の特性インピーダンス Z_{n+1}（$n = 0, 1, \ldots, N-1$）は，

$$Z_{n+1} = Z_n\left(\frac{Z_\mathrm{L}}{Z_0}\right)^{{}_N\mathrm{C}_n\ 2^{-N}} \tag{5.32}$$

一般項の形で表すと，

$$\frac{Z_n}{Z_0} = \left(\frac{Z_\mathrm{L}}{Z_0}\right)^{m_n}, \quad m_n = 2^{-N}\sum_{i=0}^{n-1} {}_N\mathrm{C}_i \tag{5.33}$$

これを**2 項整合変成器**（binomial matching transformer），あるいは**最平坦整合変成器**（maximally flat matching transformer）という．最平坦特性の反射係数 $\Gamma_{\mathrm{flat}} = A\left(1+e^{j2\theta}\right)^N$ の絶対値 $|\Gamma_f|$ は，

$$
\begin{aligned}
|\Gamma_{\mathrm{flat}}| &= \left(\Gamma_{\mathrm{flat}}\Gamma_{\mathrm{flat}}^{*}\right)^{\frac{1}{2}} = \left\{A\left(1+e^{-j2\theta}\right)^N \cdot A\left(1+e^{j2\theta}\right)^N\right\}^{\frac{1}{2}} \\
&= |A|\left\{(1+\cos 2\theta)^2 + \sin^2 2\theta\right\}^{\frac{N}{2}} = |A|\left\{2(1+\cos 2\theta)\right\}^{\frac{N}{2}} \\
&= \left|2^{-(N+1)} \ln \frac{Z_{\mathrm{L}}}{Z_0} (2\cos\theta)^N\right| \\
&= \left|\frac{1}{2} \ln \frac{Z_{\mathrm{L}}}{Z_0} \cos^N \theta\right| \qquad (5.34)
\end{aligned}
$$

よって，

$$
\theta = \cos^{-1}\left|\frac{2\Gamma_{\mathrm{flat}}}{\ln \frac{Z_{\mathrm{L}}}{Z_0}}\right|^{\frac{1}{N}} \qquad (5.35)
$$

したがって，**図5.15**に示すように，$|\Gamma_{\mathrm{flat}}| \leq \Gamma_{\mathrm{m}}$ となる比帯域は（$\theta_0 = \frac{\pi}{2}$），

$$
\begin{aligned}
\frac{\Delta f}{f_0} &= 2 - \frac{4}{\pi}\theta_{\mathrm{m}} \\
&= 2 - \frac{4}{\pi}\cos^{-1}\left|\frac{2\Gamma_{\mathrm{m}}}{\ln \frac{Z_{\mathrm{L}}}{Z_0}}\right|^{\frac{1}{N}} \qquad (5.36)
\end{aligned}
$$

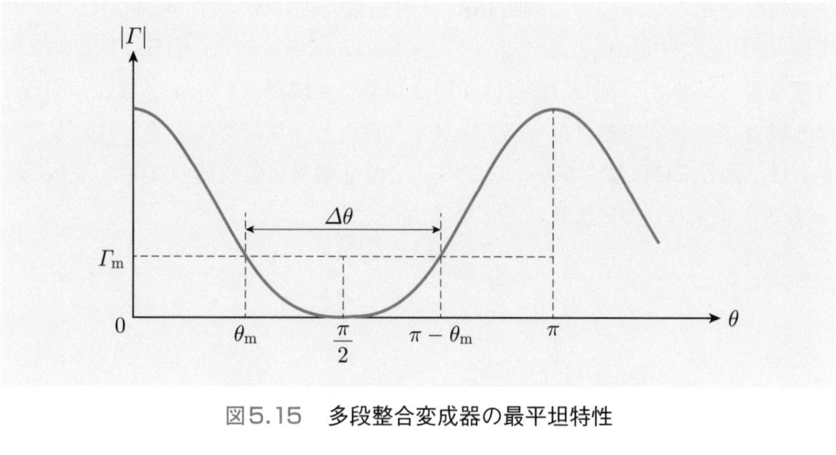

図5.15　多段整合変成器の最平坦特性

●2項整合変成器の設計例 まず，$N=2$ のとき，

$$2^{-2}=\frac{1}{4},\quad {}_2\mathrm{C}_0={}_2\mathrm{C}_2=1,\quad {}_2\mathrm{C}_1=2$$

より，

$$\begin{aligned} Z_1 &= Z_0\left(\frac{Z_\mathrm{L}}{Z_0}\right)^{{}_2\mathrm{C}_0 2^{-2}} \\ &= Z_0\left(\frac{Z_\mathrm{L}}{Z_0}\right)^{\frac{1}{4}} \end{aligned} \tag{5.37}$$

$$\begin{aligned} Z_2 &= Z_1\left(\frac{Z_\mathrm{L}}{Z_0}\right)^{{}_2\mathrm{C}_1 2^{-2}} \\ &= Z_1\left(\frac{Z_\mathrm{L}}{Z_0}\right)^{\frac{1}{2}} \end{aligned} \tag{5.38}$$

$$\begin{aligned} \varGamma_0 &= {}_2\mathrm{C}_0 2^{-3}\ln\frac{Z_\mathrm{L}}{Z_0} \\ &= \frac{1}{8}\ln\frac{Z_\mathrm{L}}{Z_0}=\varGamma_2 \end{aligned} \tag{5.39}$$

$$\begin{aligned} \varGamma_1 &= {}_2\mathrm{C}_1 2^{-3}\ln\frac{Z_\mathrm{L}}{Z_0} \\ &= \frac{1}{4}\ln\frac{Z_\mathrm{L}}{Z_0} \end{aligned} \tag{5.40}$$

図5.16は，$\frac{Z_\mathrm{L}}{Z_0}=1.5$, 2, 3, 4, 5, 6 に対して設計した2段2項整合変成器（$N=2$）の反射特性を示したもので，**同図(a)**は反射係数の絶対値 $|\varGamma|$，**同図(b)**はそのデジベル値（$20\log_{10}|\varGamma|$ [dB]）をプロットしている．同様にして，**図5.17**に3段2項整合変成器（$N=3$），**図5.18**には4段2項整合変成器（$N=4$），また，**図5.19**には5段2項整合変成器（$N=5$）を各々，設計し，反射特性を示している．

さらに，**図5.20**には，$\frac{Z_\mathrm{L}}{Z_0}=3$ にする N 段2項整合変成器の反射特性を，段数 $N=1,2,3,4,5,6$ について比較している．

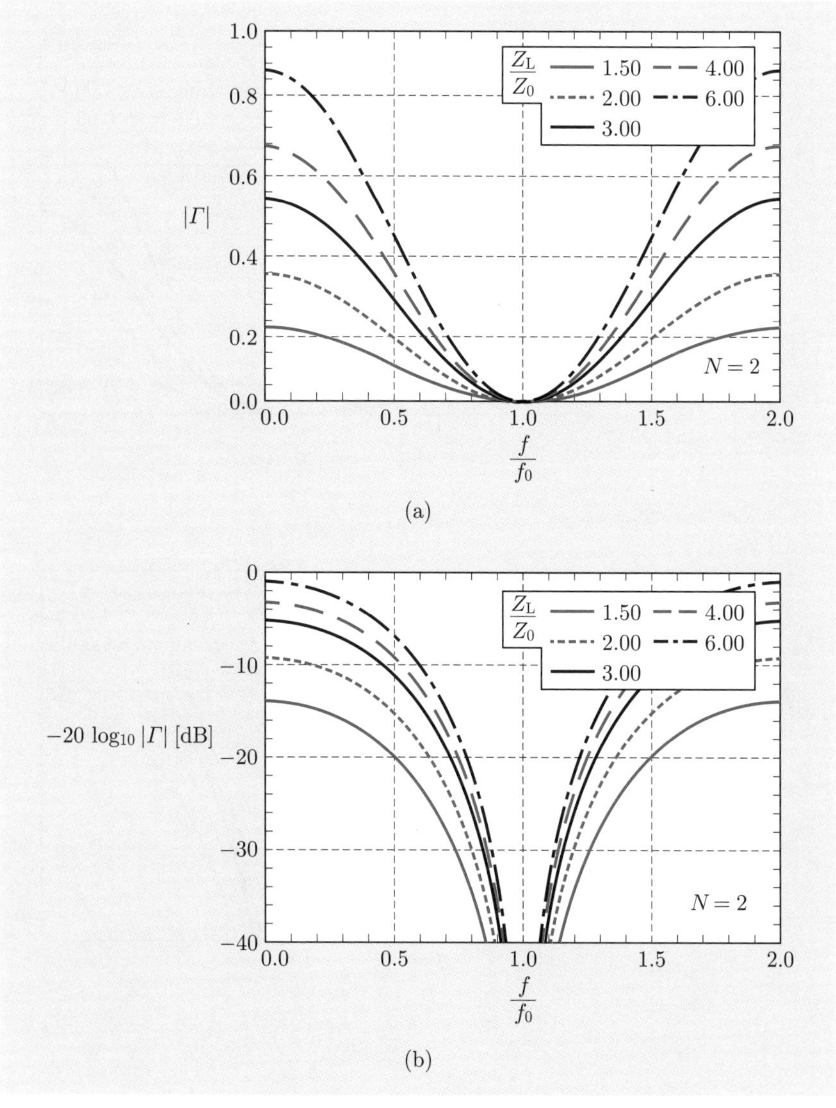

図5.16 最平坦特性の **2** 段 **2** 項整合変成器の反射特性

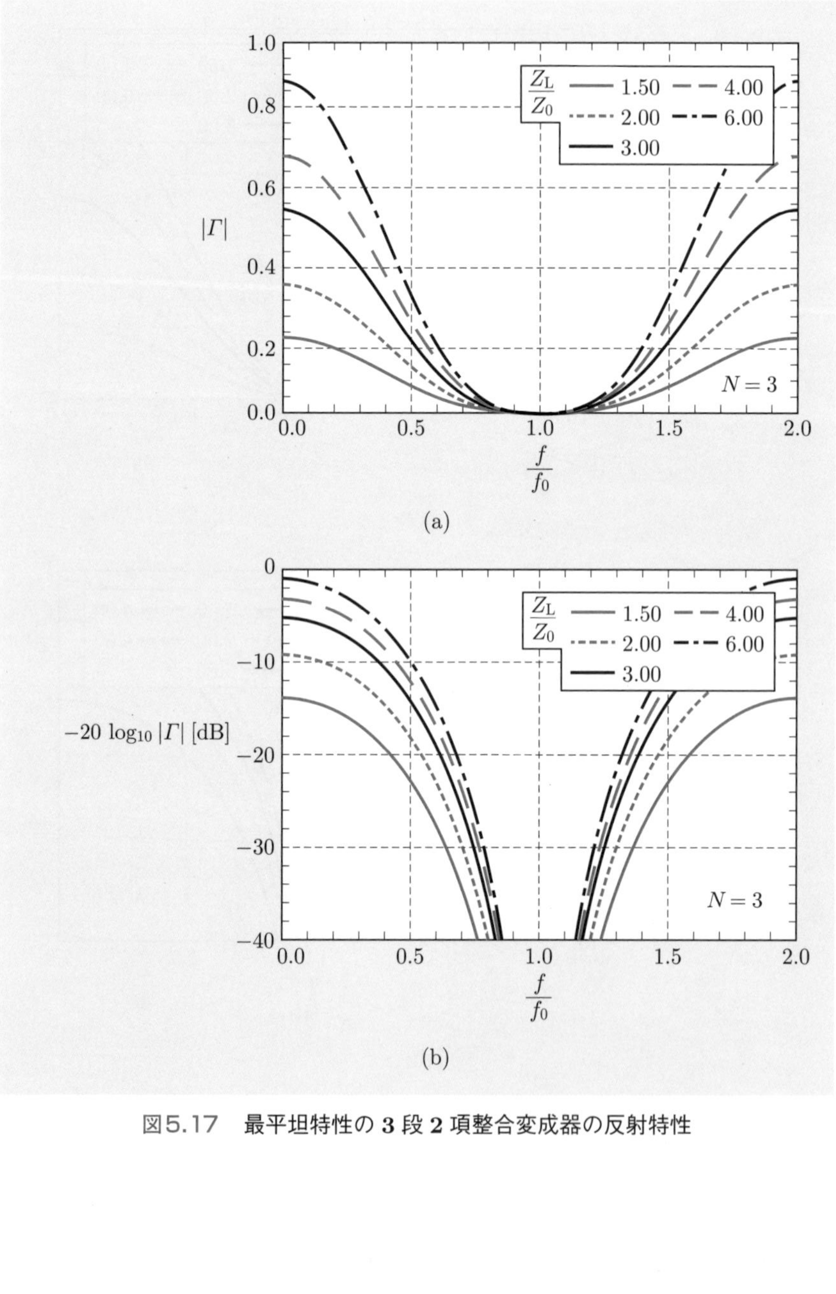

図5.17　最平坦特性の **3** 段 **2** 項整合変成器の反射特性

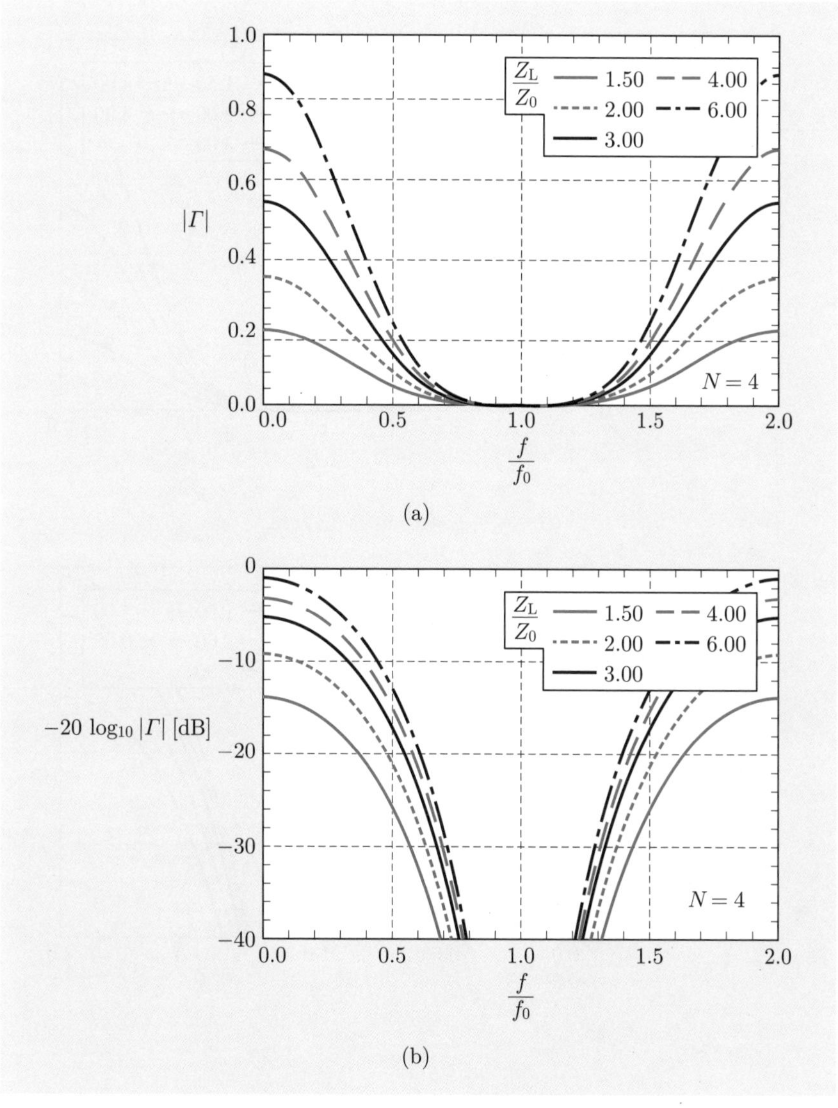

図5.18　最平坦特性の **4** 段 **2** 項整合変成器の反射特性

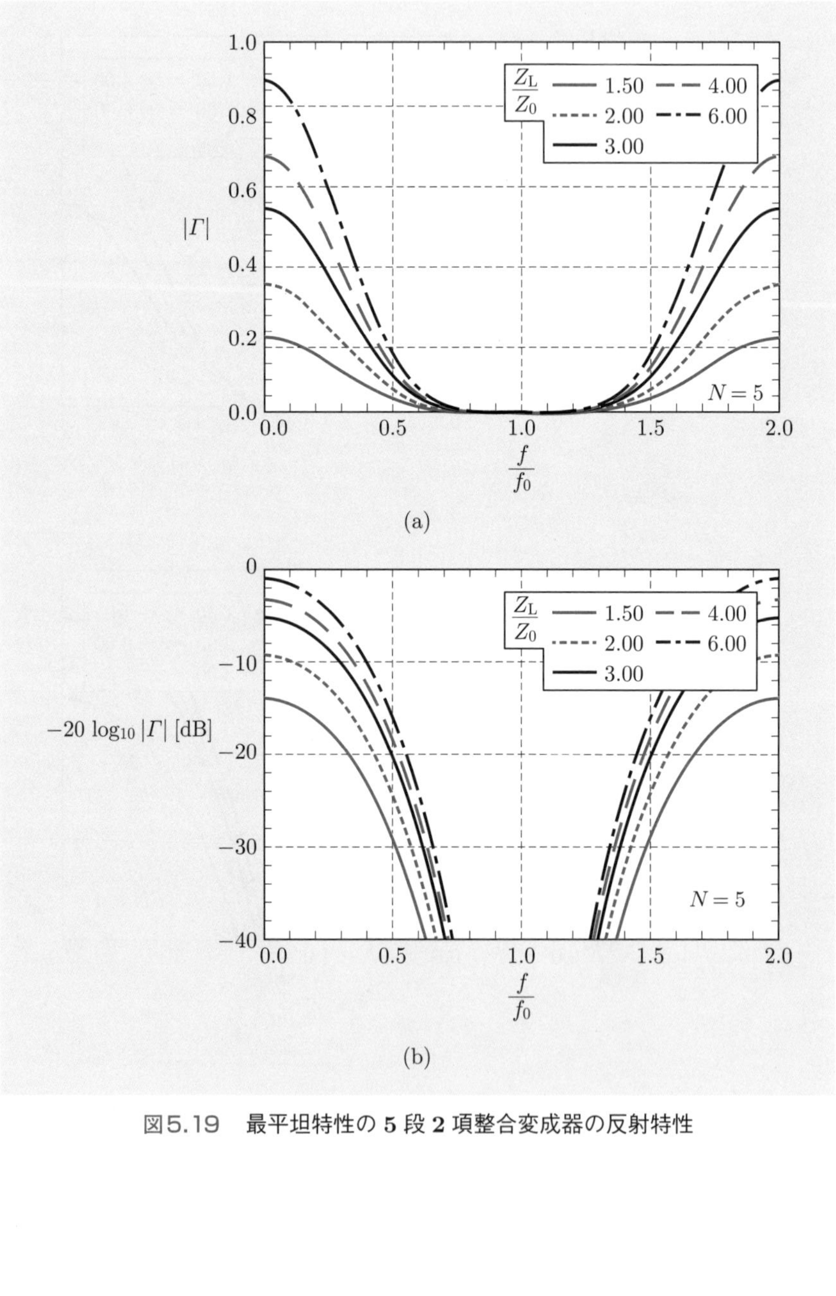

図5.19　最平坦特性の **5** 段 **2** 項整合変成器の反射特性

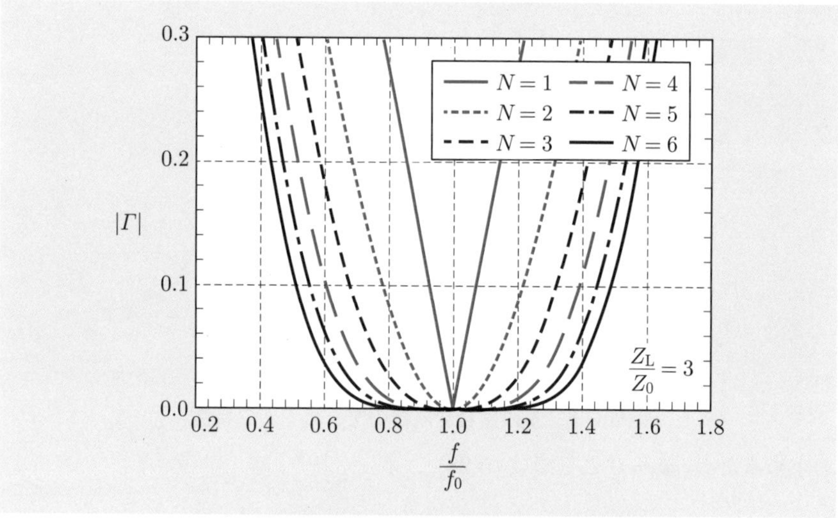

図5.20　最平坦特性の 2 項整合変成器：$\frac{Z_L}{Z_0} = 3$

●チェビシェフ特性　ある周波数帯域内（中心周波数を f_0 とする周波数帯域）で反射電力を与えられた値以下にするため，次に示す**チェビシェフ多項式**（Chebyshev polynomial）$T_n(x)$ を用いた方法がある．

$$T_n(x) = \begin{cases} (-1)^n \cosh\left(n \cosh^{-1}|x|\right) & (x < -1) \\ \cos\left(n \cos^{-1} x\right) & (|x| \leq 1) \\ \cosh\left(n \cosh^{-1} x\right) & (x > 1) \end{cases} \tag{5.41}$$

チェビシェフ多項式より反射係数を表すと，

$$\Gamma_{\mathrm{Chebyshev}} \equiv A e^{-jN\theta} T_N(\sec\theta_{\mathrm{m}} \cos\theta) \tag{5.42}$$

ただし，A は定数である．伝送線路の電気長は，2 項整合器と同様にして，

$$\theta = \beta l = \frac{2\pi}{\lambda}\frac{\lambda_0}{4} = \frac{\pi}{2}\frac{f}{f_0}$$

である．中心周波数の電気長は $\theta = \frac{\pi}{2}$ のときで，

$$T_N\left(\sec\theta_{\mathrm{m}} \cos\frac{\pi}{2}\right) = T_N(0) \tag{5.43}$$

図5.21 に示すように通過帯域は $\theta_{\mathrm{m}} \leq \theta \leq \pi - \theta_{\mathrm{m}}$ であり，$\theta = \theta_{\mathrm{m}}$ のとき，

$$T_N(\sec\theta_{\mathrm{m}} \cos\theta_{\mathrm{m}}) = T_N(1) = 1 \tag{5.44}$$

また，$\theta = \pi - \theta_{\mathrm{m}}$ のとき，$\cos(\pi - \theta_{\mathrm{m}}) = -\cos\theta_{\mathrm{m}}$ より，

$$T_N(\sec\theta_{\mathrm{m}} \cos(\pi - \theta_{\mathrm{m}})) = T_N(-1) = \pm 1 \tag{5.45}$$

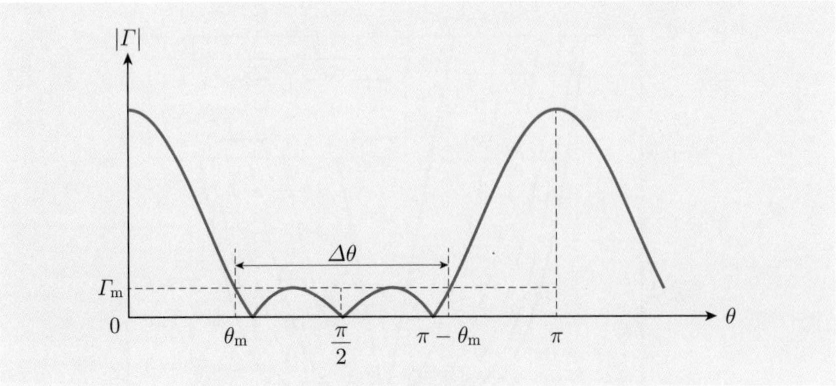

図5.21　多段整合変成器のチェビシェフ特性

A を求めるため，$\theta=0$ として式 (5.28) と等しくおき，

$$\Gamma_{\rm Chebyshev}\big|_{\theta=0} = AT_N(\sec\theta_{\rm m}) = \Gamma\big|_{\theta=0} = \frac{1}{2}\ln\frac{Z_{\rm L}}{Z_0} \tag{5.46}$$

これより，定数 A は，

$$A = \frac{\ln\frac{Z_{\rm L}}{Z_0}}{2T_N(\sec\theta_{\rm m})} \tag{5.47}$$

よって，$\Gamma_{\rm Chebyshev}$ は，

$$\Gamma_{\rm Chebyshev} = Ae^{-jN\theta}T_N(\sec\theta_{\rm m}\cos\theta) = \frac{\ln\frac{Z_{\rm L}}{Z_0}}{2T_N(\sec\theta_{\rm m})}e^{-jN\theta}T_N(\sec\theta_{\rm m}\cos\theta) \tag{5.48}$$

反射係数の最大値 $\Gamma_{\rm m}$（正の実数）は，

$$\Gamma_{\rm m} = \frac{\ln\frac{Z_{\rm L}}{Z_0}}{2T_N(\sec\theta_{\rm m})} \tag{5.49}$$

これを変形し，式 (5.46) で $\theta=0$ とおいた式より，

$$T_N(\sec\theta_{\rm m}) = \frac{\ln\frac{Z_{\rm L}}{Z_0}}{2\Gamma_{\rm m}} \tag{5.50}$$

ここで，$|\sec\theta_{\rm m}| = \frac{1}{|\cos\theta_{\rm m}|} \geq 1$ より，

$$\cosh N\big(\cosh^{-1}(\sec\theta_{\rm m})\big) = \frac{\ln\frac{Z_{\rm L}}{Z_0}}{2\Gamma_{\rm m}}$$

$$\cosh^{-1}\left(\frac{\ln\frac{Z_{\rm L}}{Z_0}}{2\Gamma_{\rm m}}\right) = N\big(\cosh^{-1}(\sec\theta_{\rm m})\big) \tag{5.51}$$

よって,

$$\sec\theta_{\mathrm{m}} = \cosh\left(\frac{1}{N}\cosh^{-1}\left(\frac{\ln\frac{Z_{\mathrm{L}}}{Z_0}}{2\mathit{\Gamma}_{\mathrm{m}}}\right)\right) \tag{5.52}$$

ただし，$\mathit{\Gamma}_{\mathrm{m}}$ は，反射電力を低減する周波数帯域（電気長 $\theta_{\mathrm{m}} < \theta < \pi - \theta_{\mathrm{m}}$）における $|\mathit{\Gamma}|$ の最大値であり，$\theta = \theta_{\mathrm{m}}$ での反射電力でもある（**図5.21**）．**チェビシェフ応答**（Chebyshev response）は，通過帯域内で**等リプル**（equal-ripple）特性となり，このような変成器を，**チェビシェフ整合変成器**（Chebyshev matching transformer），あるいは**等リプル整合変成器**（equal-ripple matching transformer）という．また，式 (5.25) より，

$$\ln\frac{Z_{n+1}}{Z_n} = 2\mathit{\Gamma}_n \tag{5.53}$$

よって,

$$\frac{Z_i}{Z_{i-1}} = e^{2\mathit{\Gamma}_{i-1}} \quad (i = 1, 2, \ldots) \tag{5.54}$$

ただし，$\mathit{\Gamma}_{i-1}$ は $i-1$ 段目と i 段目の境界で生じる反射係数を示す．これより，i 段目の線路の規格化特性インピーダンスは,

$$\frac{Z_i}{Z_0} = \frac{Z_1}{Z_0}\frac{Z_2}{Z_2}\cdots\frac{Z_i}{Z_{i-1}} = e^{2\mathit{\Gamma}_0}e^{2\mathit{\Gamma}_1}\cdots e^{2\mathit{\Gamma}_{i-1}} = e^{2(\mathit{\Gamma}_0+\mathit{\Gamma}_1+\cdots+\mathit{\Gamma}_{i-1})} \tag{5.55}$$

●チェビシェフ整合変成器の設計例　$N = 2$ のとき，2 段チェビシェフ整合変成器の反射係数は,

$$AT_2(\sec\theta_{\mathrm{m}}\cos\theta) = \mathit{\Gamma}_1 + 2\mathit{\Gamma}_0\cos 2\theta \tag{5.56}$$

2 次のチェビシェフ多項式 $T_2(x) = 2x^2 - 1$ より,

$$T_2(\sec\theta_{\mathrm{m}}\cos\theta) = 2(\sec\theta_{\mathrm{m}}\cos\theta)^2 - 1$$

さらに，$\cos^2\theta = 2^{-1}(1 + \cos 2\theta)$ より,

$$\begin{aligned} T_2(\sec\theta_{\mathrm{m}}\cos\theta) &= 2\sec^2\theta_{\mathrm{m}}2^{-1}(1+\cos 2\theta) - 1 = \sec^2\theta_{\mathrm{m}}(1+\cos 2\theta) - 1 \\ &= (\sec^2\theta_{\mathrm{m}} - 1) + \sec^2\theta_{\mathrm{m}}\cos 2\theta \end{aligned} \tag{5.57}$$

これを式 (5.56) に代入して θ に関して係数比較すると,

$$\mathit{\Gamma}_0 = \frac{A}{2}\sec^2\theta_{\mathrm{m}} = \mathit{\Gamma}_2, \quad \mathit{\Gamma}_1 = A(\sec^2\theta_{\mathrm{m}} - 1) \tag{5.58}$$

式 (5.55) より,

$$\frac{Z_1}{Z_0} = e^{2\mathit{\Gamma}_0}, \quad \frac{Z_2}{Z_0} = e^{2(\mathit{\Gamma}_0+\mathit{\Gamma}_1)}$$

図5.22は，$\frac{Z_{\mathrm{L}}}{Z_0}=1.5,\ 2,\ 3,\ 4,\ 6$ に対して2段チェビシェフ整合変成器（$N=2$）の反射特性を示したもので，等リプルの大きさを $-30\,\mathrm{dB}$ として設計し，**同図(a)**は反射係数の絶対値 $|\Gamma|$，**同図(b)**はそのデジベル値（$20\log_{10}|\Gamma|$ [dB]）をプロットしている．

次に，$N=3$ のとき（**図5.23**），反射係数は，

$$AT_3(\sec\theta_{\mathrm{m}}\cos\theta)=2\Gamma_1\cos\theta+2\Gamma_0\cos 3\theta \tag{5.59}$$

3次のチェビシェフ多項式 $T_3(x)=4x^3-3x$ より，

$$T_3(\sec\theta_{\mathrm{m}}\cos\theta)=4(\sec\theta_{\mathrm{m}}\cos\theta)^3-3(\sec\theta_{\mathrm{m}}\cos\theta)$$

さらに，$\cos^3\theta=2^{-2}(\cos 3\theta+3\cos\theta)$ より，

$$\begin{aligned}T_3(\sec\theta_{\mathrm{m}}\cos\theta)&=4\sec^3\theta_{\mathrm{m}}2^{-2}(\cos 3\theta+3\cos\theta)-3\sec\theta_{\mathrm{m}}\cos\theta\\&=\sec^3\theta_{\mathrm{m}}(\cos 3\theta+3\cos\theta)-3\sec\theta_{\mathrm{m}}\cos\theta\\&=3(\sec^3\theta_{\mathrm{m}}-\sec\theta_{\mathrm{m}})\cos\theta+\sec^3\theta_{\mathrm{m}}\cos 3\theta\end{aligned}$$

これを式(5.59)に代入して θ に関して係数比較すると，

$$\Gamma_0=\frac{A}{2}\sec^3\theta_{\mathrm{m}}=\Gamma_3,\quad \Gamma_1=\frac{3}{2}A(\sec^3\theta_{\mathrm{m}}-\sec\theta_{\mathrm{m}})=\Gamma_2 \tag{5.60}$$

規格化特性インピーダンスは，

$$\frac{Z_1}{Z_0}=e^{2\Gamma_0},\quad \frac{Z_2}{Z_0}=e^{2(\Gamma_0+\Gamma_1)},\quad \frac{Z_3}{Z_0}=e^{2(\Gamma_0+\Gamma_1+\Gamma_2)}$$

反射係数は，$N=4$ のとき（**図5.24**），次のようになる．

$$\begin{aligned}\Gamma_0&=\frac{A}{2}\sec^4\theta_{\mathrm{m}}=\Gamma_4\\\Gamma_1&=2A(\sec^4\theta_{\mathrm{m}}-\sec^2\theta_{\mathrm{m}})=\Gamma_3\\\Gamma_2&=A(3\sec^4\theta_{\mathrm{m}}-4\sec^2\theta_{\mathrm{m}}+1)\end{aligned}$$

また，反射係数は，$N=5$ のとき（**図5.25**），次のようになる．

$$\Gamma_0=\frac{A}{2}\sec^5\theta_{\mathrm{m}} \tag{5.61}$$

$$\Gamma_1=\frac{5}{2}A(\sec^5\theta_{\mathrm{m}}-\sec^3\theta_{\mathrm{m}}) \tag{5.62}$$

$$\Gamma_2=\frac{5}{2}A(2\sec^5\theta_{\mathrm{m}}-3\sec^3\theta_{\mathrm{m}}+\sec\theta_{\mathrm{m}}) \tag{5.63}$$

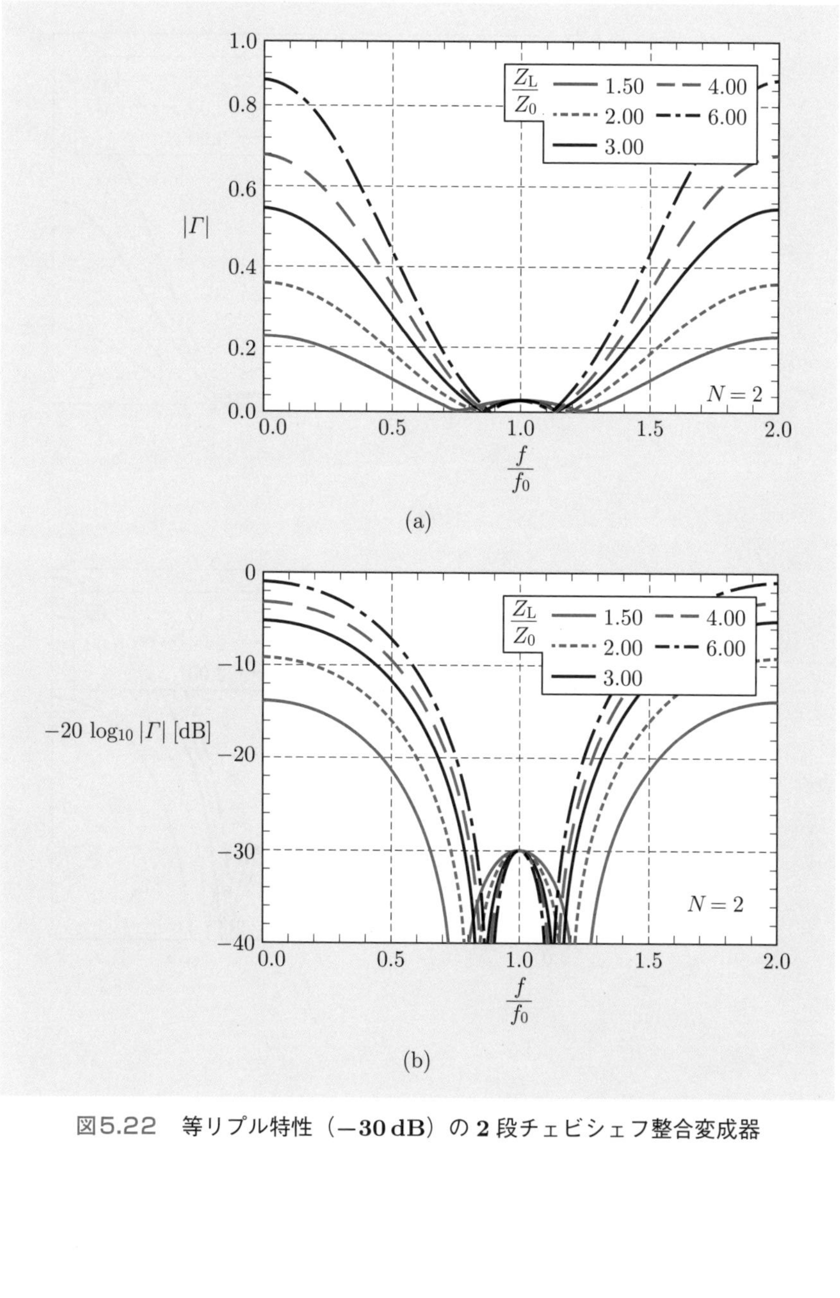

図5.22　等リプル特性（**−30 dB**）の **2** 段チェビシェフ整合変成器

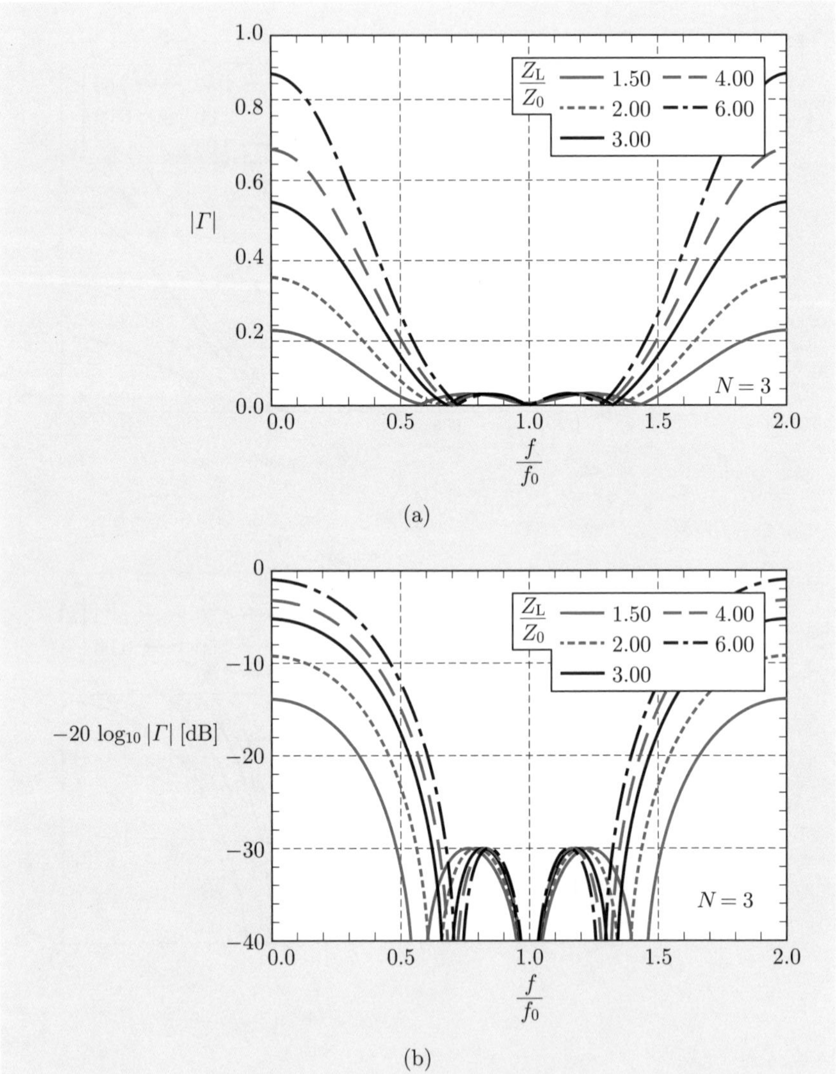

図5.23　等リプル特性（**−30 dB**）の **3** 段チェビシェフ整合変成器

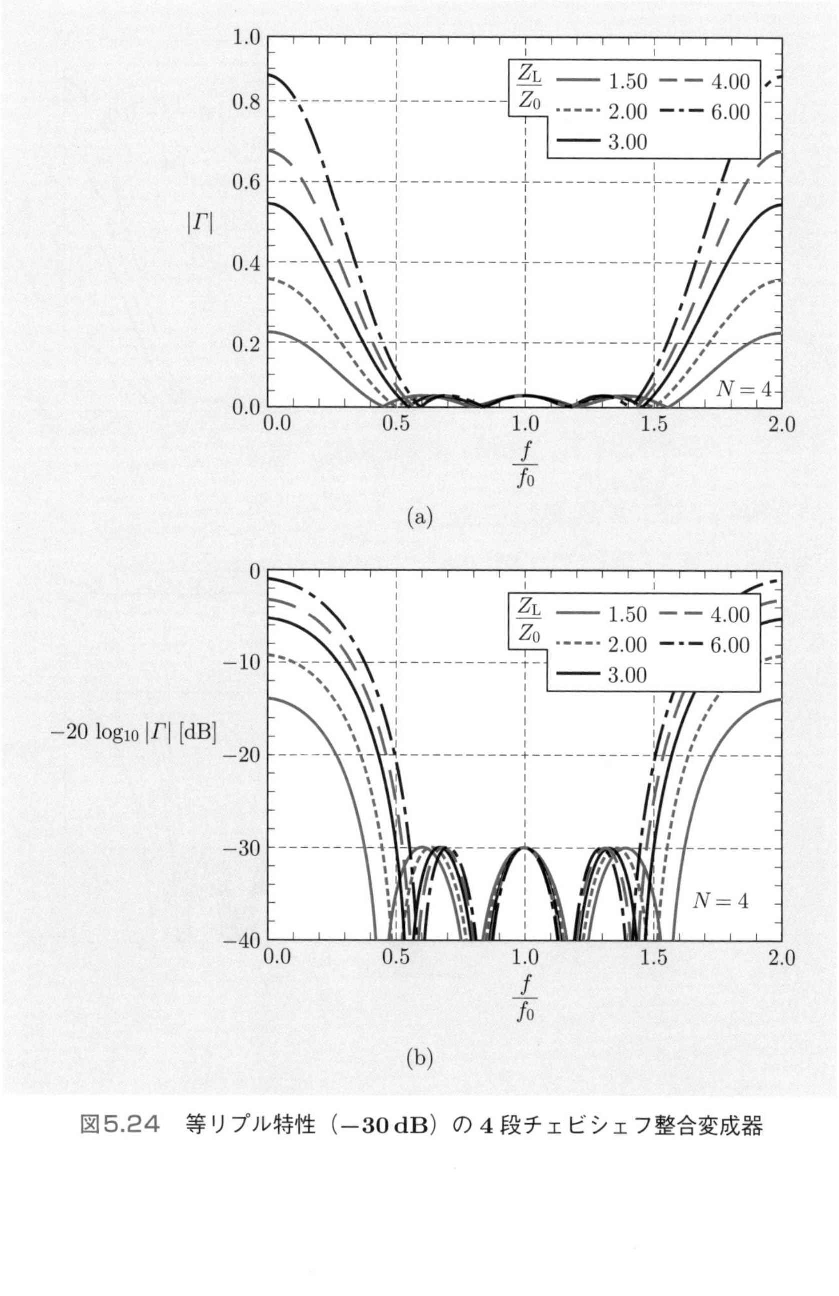

図5.24 等リプル特性（−**30 dB**）の **4** 段チェビシェフ整合変成器

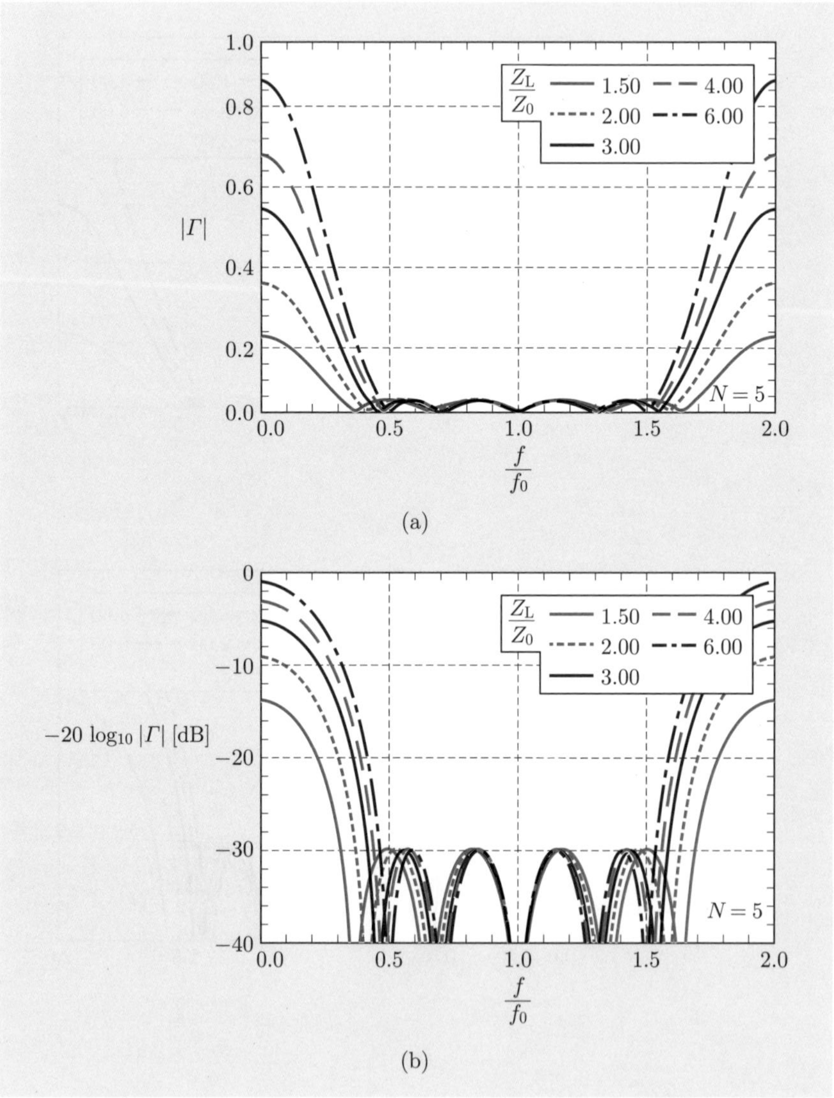

図5.25　等リプル特性（-30 dB）の5段チェビシェフ整合変成器

5章の演習問題

□**5.1** $\frac{Z_{\mathrm{L}}}{Z_0} = 1.5,\ 2,\ 3,\ 4,\ 6$ のときの 2 段 2 項整合変成器の規格化特性インピーダンス $\frac{Z_1}{Z_0}, \frac{Z_2}{Z_0}$，および 3 段 2 項整合変成器の規格化特性インピーダンス $\frac{Z_1}{Z_0}, \frac{Z_2}{Z_0}, \frac{Z_3}{Z_0}$ を求めよ．

□**5.2** 等リプルを

$$20 \log_{10} |\mathit{\Gamma}_{\mathrm{m}}| = -30\,\mathrm{dB}$$

とし，$\frac{Z_{\mathrm{L}}}{Z_0} = 1.5,\ 2,\ 3,\ 4,\ 6$ に対する 2 段チェビシェフ整合変成器の規格化特性インピーダンス $\frac{Z_1}{Z_0}, \frac{Z_2}{Z_0}$，および 3 段チェビシェフ整合変成器の規格化特性インピーダンス $\frac{Z_1}{Z_0}, \frac{Z_2}{Z_0}, \frac{Z_3}{Z_0}$ を求めよ．

□**5.3** 4 段チェビシェフ整合変成器（$N = 4$），5 段チェビシェフ整合変成器（$N = 5$）のインピーダンス不連続部での反射係数 $\mathit{\Gamma}_n$（$n = 0, 1, \ldots, N$）を導出せよ．

□**5.4** 3 段 2 項整合変成器，3 段チェビシェフ整合変成器（$N = 3$）の反射係数について，反射が小さい場合の近似式によって求めた電圧反射係数と多段伝送線路の縦続接続によって求めた結果を，$\frac{Z_{\mathrm{L}}}{Z_0} = 1,\ 2,\ 3,\ 4,\ 6$ の場合について図示して比較せよ．

第6章

周期構造の伝送線路

伝送線路が周期構造の場合，周期境界条件を用いて解析され，得られる伝送波はブロッホ波と呼ばれる．ブロッホ波も前進波，後進波で表され，伝搬定数，特性インピーダンス，単位セルの基本行列について，単位セルが非対称な場合，対称な場合，無損失な場合について説明していく．周期構造の伝送線路の例として，周期的に並列素子を装荷した伝送線路を取り上げ，基本行列による縦続接続を基にして特性解析を行い，周期構造によって生じる周波数分散について論じていく．また，周期構造伝送線路を終端した場合の電圧反射係数，入力インピーダンスを定式化し，無反射条件なども求めていく．一方，集中定数回路における反復パラメータを説明し，基本行列と反復パラメータの関係を示し，反復回路の縦続接続についても説明する．分布定数回路線路のブロッホインピーダンスと集中定数回路の反復インピーダンスの関係についても述べている．

6.1 ブロッホ波

●周期境界条件　周期的な構造を有する伝送線路において，一つの単位セル（$0 \leq z \leq d$）における電界を $\boldsymbol{E}(x,y,z)$，磁界を $\boldsymbol{H}(x,y,z)$ とすると，隣接する単位セル（$d \leq z \leq 2d$）の同じ基準位置における前進波の電界は $e^{-\gamma d}\boldsymbol{E}(x,y,z-d)$，磁界は $e^{-\gamma d}\boldsymbol{H}(x,y,z-d)$ で表される．周期関数 $\boldsymbol{E}_{\mathrm{p}}(x,y,z), \boldsymbol{H}_{\mathrm{p}}(x,y,z)$

$$\boldsymbol{E}_{\mathrm{p}}(x,y,z+nd) = \boldsymbol{E}_{\mathrm{p}}(x,y,z), \quad \boldsymbol{H}_{\mathrm{p}}(x,y,z+nd) = \boldsymbol{H}_{\mathrm{p}}(x,y,z) \tag{6.1}$$

を用いると，

$$\boldsymbol{E}(x,y,z) = e^{-\gamma z}\boldsymbol{E}_{\mathrm{p}}(x,y,z), \quad \boldsymbol{H}(x,y,z) = e^{-\gamma z}\boldsymbol{H}_{\mathrm{p}}(x,y,z) \tag{6.2}$$

これより，$z = z_1 + d$ と $z = z_1$ における電界の関係は次のようになる．

$$\begin{aligned}\boldsymbol{E}(x,y,z_1+d) &= e^{-\gamma(z_1+d)}\boldsymbol{E}_{\mathrm{p}}(x,y,z_1+d) = e^{-\gamma(z_1+d)}\boldsymbol{E}_{\mathrm{p}}(x,y,z_1)\\ &= e^{-\gamma d}\big(e^{-\gamma z_1}\boldsymbol{E}_{\mathrm{p}}(x,y,z_1)\big) = e^{-\gamma d}\boldsymbol{E}(x,y,z_1)\end{aligned}$$

これを**フロケの定理**（Floquet's theorem）という．周期関数 $\boldsymbol{E}_{\mathrm{p}}$ は，次のように無

限フーリエ級数で展開できる．

$$\boldsymbol{E}_{\mathrm{p}}(x,y,z)=\sum_{n=-\infty}^{\infty}\boldsymbol{E}_{\mathrm{p},n}(x,y)e^{-j2\pi\frac{nz}{d}} \tag{6.3}$$

両辺に $e^{j2\pi\frac{mz}{d}}$ を乗じて単位セルにわたって積分すると，

$$\begin{aligned}\int_0^d \boldsymbol{E}_{\mathrm{p}}(x,y,z)e^{j2\pi\frac{mz}{d}}\,dz &= \int_0^d \sum_{n=-\infty}^{\infty}\boldsymbol{E}_{\mathrm{p},n}(x,y)e^{-j2\pi\frac{nz}{d}}e^{j2\pi\frac{mz}{d}}\,dz\\ &= \sum_{n=-\infty}^{\infty}\boldsymbol{E}_{\mathrm{p},n}(x,y)\int_0^d e^{j2\pi\frac{(m-n)z}{d}}\,dz\end{aligned}$$

ここで，

$$\int_0^d e^{j2\pi\frac{(m-n)z}{d}}\,dz=\begin{cases}0 & (m\neq n)\\ d & (m=n)\end{cases} \tag{6.4}$$

よって，

$$\boldsymbol{E}_{\mathrm{p},m}(x,y)=\frac{1}{d}\int_0^d \boldsymbol{E}_{\mathrm{p}}(x,y,z)e^{j2\pi\frac{mz}{d}}\,dz$$

いま，$\gamma=j\beta$ のとき，

$$\begin{aligned}\boldsymbol{E}(x,y,z) &= e^{-j\beta z}\boldsymbol{E}_{\mathrm{p}}(x,y,z)\\ &= e^{-j\beta z}\sum_{n=-\infty}^{\infty}\boldsymbol{E}_{\mathrm{p},n}(x,y)e^{-j2\pi\frac{nz}{d}}\\ &= \sum_{n=-\infty}^{\infty}\boldsymbol{E}_{\mathrm{p},n}(x,y)e^{-j\left(\beta+\frac{2n\pi}{d}\right)z}\\ &\equiv \sum_{n=-\infty}^{\infty}\boldsymbol{E}_{\mathrm{p},n}(x,y)e^{-j\beta_n z}\end{aligned}$$

ここで，

$$\beta_n=\beta+\frac{2n\pi}{d} \tag{6.5}$$

このように展開した項を**空間高調波**[1)]（spatial harmonics）という．

[1)] 空間高調波は，それ自体単独では存在し得ないことに注意する必要がある．

●周期構造伝送線路の伝搬定数 基準インピーダンスを Z_0 として，2 端子対回路のポート i ($i = n, n+1$) における規格化電圧 $\overline{V}_i$，規格化電流 $\overline{I}_i$ を次のように定義する．

$$\overline{V}_i = \frac{V_i}{\sqrt{Z_0}}, \quad \overline{I}_i = \sqrt{Z_0}\, I_i$$

周期構造の伝送線路において，伝搬定数を γ とすると，単位セル（長さ d の分布定数回路線路）を周期的に接続したとき，規格化電圧，規格化電流について次のような関係が成り立つ [2)]．

$$\overline{V}_{n+1} = \overline{V}_n e^{-\gamma d}, \quad \overline{I}_{n+1} = \overline{I}_n e^{-\gamma d} \tag{6.6}$$

これより，単位セルの基本行列は，

$$\begin{aligned}\begin{pmatrix}\overline{V}_n \\ \overline{I}_n\end{pmatrix} &= \begin{pmatrix}A_1 & \overline{B} \\ \overline{C} & A_2\end{pmatrix}\begin{pmatrix}\overline{V}_{n+1} \\ \overline{I}_{n+1}\end{pmatrix} \\ &= e^{\gamma d}\begin{pmatrix}\overline{V}_{n+1} \\ \overline{I}_{n+1}\end{pmatrix}\end{aligned}$$

よって，

$$\left\{\begin{pmatrix}A_1 & \overline{B} \\ \overline{C} & A_2\end{pmatrix} - e^{\gamma d}\begin{pmatrix}1 & 0 \\ 0 & 1\end{pmatrix}\right\}\begin{pmatrix}\overline{V}_{n+1} \\ \overline{I}_{n+1}\end{pmatrix} = 0$$

$$\begin{pmatrix}A_1 - e^{\gamma d} & \overline{B} \\ \overline{C} & A_2 - e^{\gamma d}\end{pmatrix}\begin{pmatrix}\overline{V}_{n+1} \\ \overline{I}_{n+1}\end{pmatrix} = 0 \tag{6.7}$$

ゼロでない解（nontrivial solution）をもつためには，

$$\begin{vmatrix}A_1 - e^{\gamma d} & \overline{B} \\ \overline{C} & A_2 - e^{\gamma d}\end{vmatrix} = 0$$

よって

$$\begin{aligned}(A_1 - e^{\gamma d})(A_2 - e^{\gamma d}) - \overline{BC} &= A_1 A_2 - \overline{BC} + e^{2\gamma d} - (A_1 + A_2)e^{\gamma d} \\ &= 0\end{aligned}$$

ここで，

[2)] 分布定数線路にフロケの定理を適用している．

$$A_1A_2 - \overline{BC} = A_1A_2 - Y_0BZ_0C = A_1A_2 - BC$$
$$= 1$$

ただし，$Y_0 = \frac{1}{Z_0}$．これより，

$$e^{2\gamma d} - (A_1 + A_2)e^{\gamma d} + 1 = 0$$

$$A_1 + A_2 = e^{-\gamma d}\left(1 + e^{2\gamma d}\right) = e^{-\gamma d} + e^{\gamma d}$$
$$= 2\cosh\gamma d$$

$$\cosh\gamma d = \frac{A_1 + A_2}{2} \tag{6.8}$$

あるいは，

$$1 - (A_1 + A_2)e^{-\gamma d} + e^{-2\gamma d} = 0$$

いま，$x \equiv e^{\pm\gamma d}$ とおくと，

$$x^2 - (A_1 + A_2)x + 1 = 0$$

これを解けば，

$$x = e^{\gamma d}, e^{-\gamma d} = \frac{(A_1 + A_2) \pm \sqrt{(A_1 + A_2)^2 - 4}}{2} \tag{6.9}$$

上側符号の式と下側符号の式は逆数の関係である[3]．両者の差より，

$$\sinh\gamma d = \frac{e^{\gamma d} - e^{-\gamma d}}{2}$$
$$= \pm\frac{\sqrt{(A_1 + A_2)^2 - 4}}{2} \tag{6.10}$$

●ブロッホインピーダンス このような周期境界条件を満足する伝送線路において，インピーダンス Z_B を次のように定義する．

$$Z_\mathrm{B} = \frac{V_{n+1}}{I_{n+1}} = \frac{\sqrt{Z_0}\,\overline{V}_{n+1}}{\frac{\overline{I}_{n+1}}{\sqrt{Z_0}}}$$
$$= Z_0\frac{\overline{V}_{n+1}}{\overline{I}_{n+1}} \tag{6.11}$$

これを**ブロッホインピーダンス**（Bloch impedance），また，このような周期構造の線路を伝搬する波を**ブロッホ波**（Bloch waves）という．このとき，式 (6.7) より，

[3] 前進波，後進波に対応し，増大波にならないような符号をとる．

$$(A_1 - e^{\gamma d})\overline{V}_{n+1} + \overline{B}\overline{I}_{n+1} = 0 \tag{6.12}$$

$$\overline{C}\overline{V}_{n+1} + (A_2 - e^{\gamma d})\overline{I}_{n+1} = 0 \tag{6.13}$$

これより，

$$Z_{\mathrm{B}} = Z_0 \frac{-\overline{B}}{A_1 - e^{\gamma d}}$$
$$= Z_0 \frac{A_2 - e^{\gamma d}}{-\overline{C}}$$

ここで，$\overline{B} = \frac{B}{Z_0}, \overline{C} = Z_0 C, A_1 A_2 - BC = 1$ より，

$$Z_{\mathrm{B}} = Z_0 \frac{-\frac{B}{Z_0}}{A_1 - e^{\gamma d}} = \frac{B}{e^{\gamma d} - A_1} \tag{6.14}$$

$$= Z_0 \frac{A_2 - e^{\gamma d}}{-Z_0 C} = \frac{e^{\gamma d} - A_2}{C} \tag{6.15}$$

式 (6.14) に式 (6.9) を代入すると，

$$Z_{\mathrm{B}} = \frac{B}{\frac{(A_1 + A_2) \pm \sqrt{(A_1 + A_2)^2 - 4}}{2} - A_1}$$
$$= \frac{2B}{(-A_1 + A_2) \pm \sqrt{(A_1 + A_2)^2 - 4}}$$
$$= \frac{-2B}{(A_1 - A_2) \mp \sqrt{(A_1 + A_2)^2 - 4}} \tag{6.16}$$

分母，分子に $(A_1 - A_2) \pm \sqrt{(A_1 + A_2)^2 - 4}$ を乗じると，分母は，

$$\left\{(A_1 - A_2) \mp \sqrt{(A_1 + A_2)^2 - 4}\right\}\left\{(A_1 - A_2) \pm \sqrt{(A_1 + A_2)^2 - 4}\right\}$$
$$= (A_1 - A_2)^2 - \left\{(A_1 + A_2)^2 - 4\right\} = -4A_1 A_2 + 4$$
$$= 4(-A_1 A_2 + 1)$$

ここで，$A_1 A_2 - BC = 1$ より，

$$4(-A_1 A_2 + 1) = -4BC$$

よって，

$$Z_{\mathrm{B}} = \frac{-2B\left\{(A_1 - A_2) \pm \sqrt{(A_1 + A_2)^2 - 4}\right\}}{-4BC}$$
$$= \frac{(A_1 - A_2) \pm \sqrt{(A_1 + A_2)^2 - 4}}{2C}$$
$$= \frac{A_1 - A_2}{2C} + \frac{\sinh \gamma l}{C} \tag{6.17}$$

いま，

$$\zeta = \frac{A_1 - A_2}{2C}, \quad Z_K = p\frac{\sinh \gamma d}{C}, \quad p = 1, \ -1$$

とおくと，

$$Z_{\rm B} = \zeta \pm Z_K \equiv Z_{\rm B}^{(\pm)}$$

$$Z_{\rm B}^{(+)} = Z_K + \zeta, \quad Z_{\rm B}^{(-)} = -(Z_K - \zeta) \tag{6.18}$$

ただし，$Z_{\rm B}^{(+)}, Z_{\rm B}^{(-)}$ は伝送線路の正方向へのブロッホ波（前進波），負方向へのブロッホ波（後進波）に対する各々，特性インピーダンスである [4]．

●対称構造の単位セル　単位セルが対称であれば，$A_1 = A_2$ より，

$$\sqrt{(A_1 + A_2)^2 - 4} = \sqrt{(2A_1)^2 - 4} = 2\sqrt{A_1^2 - 1}$$
$$= 2\sqrt{A_2^2 - 1}$$

式 (6.9) より，

$$x = e^{\gamma d}, \ e^{-\gamma d} = \frac{(A_1 + A_2) \pm \sqrt{(A_1 + A_2)^2 - 4}}{2}$$
$$= A_1 \pm \sqrt{A_1^2 - 1} = A_2 \pm \sqrt{A_2^2 - 1}$$

上式を式 (6.14)，式 (6.15) に代入して，

$$Z_{\rm B} = \pm \frac{B}{\sqrt{A_1^2 - 1}} = \pm \frac{\sqrt{A_2^2 - 1}}{C}$$
$$= \pm Z_K$$

このとき，ブロッホインピーダンス $Z_{\rm B}^{(\pm)}$ は，$\zeta = 0$ より，

$$Z_{\rm B}^{(\pm)} = \frac{V_{{\rm B}n}^{\pm}}{I_{{\rm B}n}^{\pm}}$$
$$= \pm Z_K \tag{6.19}$$

ブロッホ波の後進波について，電流の向きを逆にすれば，

$$\frac{V_{{\rm B}n}^{-}}{-I_{{\rm B}n}^{-}} = Z_K \tag{6.20}$$

したがって，単位セルが対称構造であればブロッホ波インピーダンスは前進波，後進波ともに Z_K で表され，伝送線路の特性インピーダンスに対応するものであることがわかる．

---

[4] 複素電力の実部が正，すなわち $\Re(Z_{\rm B}^{(+)}) > 0, \Re(-Z_{\rm B}^{(-)}) > 0$ となるように p（$= \pm 1$）の符号を決める．

●無損失周期構造 無損失回路の四端子定数は，

- A_1, A_2 は実数，かつ $s = j\omega$ に関して偶関数
- B, C は純虚数，かつ奇関数

これより，無損失回路を単位セルとする周期構造では，$\zeta\ (= \frac{A_1 - A_2}{2C})$ は純虚数となる．通過帯域の位相定数を β とすると，$\gamma = j\beta$ は純虚数ゆえ Z_K は実数となる [5)]．

●無反射のための終端負荷 ブロッホ波が $+z$ 方向に伝搬しているとき，出力側の終端負荷 $\overline{Z}_{\mathrm{L}}$ による反射を無くすためには，

$$\overline{Z}_{\mathrm{L}} = Z_{\mathrm{B}}^{(+)} = Z_K + \zeta \tag{6.21}$$

逆に，$-z$ 方向に伝搬しているとき，入力側の終端負荷 $\overline{Z}'_{\mathrm{L}}$ による反射を無くすためには次のようにすればよい [6)]．

$$\overline{Z}'_{\mathrm{L}} = -Z_{\mathrm{B}}^{(-)} = -(-Z_K + \zeta) = Z_K - \zeta \tag{6.22}$$

●終端した周期構造 n 番目の単位セルの出力側の端子におけるブロッホ波の電圧 $V_{\mathrm{B}n}$，電流 $I_{\mathrm{B}n}$ は，ブロッホインピーダンス $Z_{\mathrm{B}}^{(\pm)}$ を用いて [7)]，

$$V_{\mathrm{B}n}^{\pm} = V_{\mathrm{B0}}^{\pm} e^{\mp\gamma n d}, \quad I_{\mathrm{B}n}^{\pm} = I_{\mathrm{B0}}^{\pm} e^{\mp\gamma n d} = \frac{V_{\mathrm{B0}}^{\pm}}{Z_{\mathrm{B}}^{(\pm)}} e^{\mp\gamma n d} \tag{6.23}$$

ただし，電流の正方向は $+z$ 方向である．また，$V_{\mathrm{B0}}, I_{\mathrm{B0}}$ は 1 番目の単位セルの入力側の端子におけるブロッホ波の電圧，電流を示す．

図 6.1 に示すように，周期構造の線路（$\gamma = j\beta$）の N 番目の単位セルの出力側端子を負荷インピーダンス $\overline{Z}_{\mathrm{L}}$ で終端すると，

$$V_{\mathrm{L}} = V_{\mathrm{B}N}, \quad I_{\mathrm{L}} = I_{\mathrm{B}N}$$

より，$V_{\mathrm{B}N} = \overline{Z}_{\mathrm{L}} I_{\mathrm{B}N}$．ここで，

$$V_{\mathrm{B}N}^{\pm} = V_{\mathrm{B0}}^{\pm} e^{\mp j\beta N d}, \quad I_{\mathrm{B}N}^{\pm} = I_{\mathrm{B0}}^{\pm} e^{\mp j\beta N d} = Y_{\mathrm{B}}^{(\pm)} V_{\mathrm{B0}}^{\pm} e^{\mp j\beta N d}$$

とすると，n 番目の単位セルの出力側端子 n-n' の電圧 $V_{\mathrm{B}n}$，電流 $I_{\mathrm{B}n}$ は，

$$V_{\mathrm{B}n} = V_{\mathrm{B0}}^{+} e^{-j\beta n d} + V_{\mathrm{B0}}^{-} e^{j\beta n d}$$

---

5) 無損失回路では，

$$\left(Z_{\mathrm{B}}^{(-)}\right)^* = (-Z_K + \zeta)^* = -Z_K - \zeta = -(Z_K + \zeta) = -Z_{\mathrm{B}}^{(+)}$$

6) ここで示したものは無反射条件であり，最大電力の条件（複素共役整合）ではない．

7) 前進波に対する γ の一つの解のほかに，後進波に対する $-\gamma$ もまた解である．

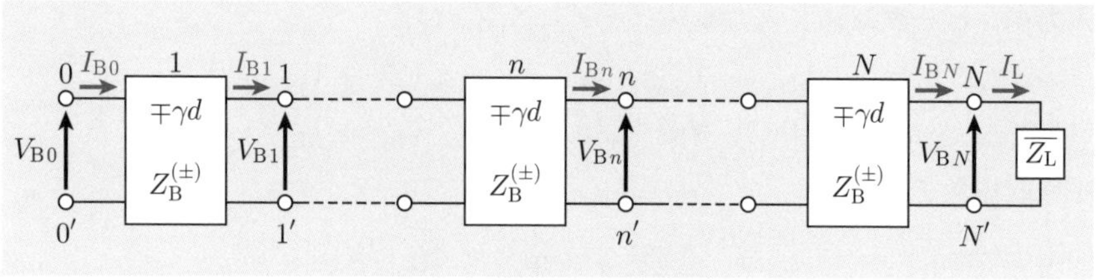

図6.1　終端した周期構造

$$
\begin{aligned}
I_{\mathrm{B}n} &= I_{\mathrm{B}0}^{+} e^{-j\beta n d} + I_{\mathrm{B}0}^{-} e^{j\beta n d} \\
&= \frac{V_{\mathrm{B}0}^{+}}{Z_{\mathrm{B}}^{(+)}} e^{-j\beta n d} + \frac{V_{\mathrm{B}0}^{-}}{Z_{\mathrm{B}}^{(-)}} e^{j\beta n d}
\end{aligned}
$$

N 番目の単位セルの出力側端子 N-N' には負荷 $\overline{Z}_{\mathrm{L}}$ が接続されており，

$$
\begin{gathered}
V_{\mathrm{B}N} = V_{\mathrm{B}N}^{+} + V_{\mathrm{B}N}^{-} = \overline{Z}_{\mathrm{L}} I_{\mathrm{B}N} = \overline{Z}_{\mathrm{L}} \bigl(Y_{\mathrm{B}}^{(+)} V_{\mathrm{B}N}^{+} + Y_{\mathrm{B}}^{(-)} V_{\mathrm{B}N}^{-} \bigr) \\
(1 - \overline{Z}_{\mathrm{L}} Y_{\mathrm{B}}^{(+)}) V_{\mathrm{B}N}^{+} = -(1 - \overline{Z}_{\mathrm{L}} Y_{\mathrm{B}}^{(-)}) V_{\mathrm{B}N}^{-}
\end{gathered}
$$

これより，負荷点でのブロッホ波の電圧反射係数 $\mathit{\Gamma}_{\mathrm{L}}$ は [8)]，

$$
\begin{aligned}
\mathit{\Gamma}_{\mathrm{L}} &= \frac{V_{\mathrm{B}N}^{-}}{V_{\mathrm{B}N}^{+}} = -\frac{\overline{Z}_{\mathrm{L}} Y_{\mathrm{B}}^{(+)} - 1}{\overline{Z}_{\mathrm{L}} Y_{\mathrm{B}}^{(-)} - 1} = -\frac{Z_{\mathrm{B}}^{(-)}}{Z_{\mathrm{B}}^{(+)}} \frac{\overline{Z}_{\mathrm{L}} - Z_{\mathrm{B}}^{(+)}}{\overline{Z}_{\mathrm{L}} - Z_{\mathrm{B}}^{(-)}} \\
&= -\frac{\zeta - Z_K}{\zeta + Z_K} \frac{\overline{Z}_{\mathrm{L}} - (\zeta + Z_K)}{\overline{Z}_{\mathrm{L}} - (\zeta - Z_K)} \\
&= \frac{Z_K - \zeta}{Z_K + \zeta} \frac{\overline{Z}_{\mathrm{L}} - Z_K - \zeta}{\overline{Z}_{\mathrm{L}} + Z_K - \zeta}
\end{aligned}
\tag{6.24}
$$

n 番目の単位セルの出力側端子 n-n' におけるブロッホ波の電圧 $V_{\mathrm{B}n}^{\pm}$ は，

$$
\begin{aligned}
V_{\mathrm{B}n}^{\pm} &= V_{\mathrm{B}0}^{\pm} e^{\mp j\beta n d} = V_{\mathrm{B}N}^{\pm} e^{\pm j\beta N d} e^{\mp j\beta n d} \\
&= V_{\mathrm{B}N}^{\pm} e^{\pm j\beta (N-n) d}
\end{aligned}
$$

これより，電圧反射係数 $\mathit{\Gamma}_n$ は，

$$
\begin{aligned}
\mathit{\Gamma}_n &= \frac{V_{\mathrm{B}n}^{-}}{V_{\mathrm{B}n}^{+}} = \frac{V_{\mathrm{B}N}^{-} e^{-j\beta (N-n) d}}{V_{\mathrm{B}N}^{+} e^{j\beta (N-n) d}} \\
&= \mathit{\Gamma}_{\mathrm{L}} e^{-j2(N-n)\beta d}
\end{aligned}
\tag{6.25}
$$

[8)] 回路が対称な場合，$\zeta = 0$ より，通常の伝送線路の場合と同じ形となって，

$$
\mathit{\Gamma}_{\mathrm{L}} = \frac{\overline{Z}_{\mathrm{L}} - Z_K}{\overline{Z}_{\mathrm{L}} + Z_K}
$$

●入力インピーダンス　入力インピーダンス $\overline{Z}_n$ は，

$$\overline{Z}_n=\frac{V_{\mathrm{B}n}}{I_{\mathrm{B}n}}=\frac{V_{\mathrm{B}n}^{+}+V_{\mathrm{B}n}^{-}}{I_{\mathrm{B}n}^{+}+I_{\mathrm{B}n}^{-}}=\frac{V_{\mathrm{B}n}^{+}+V_{\mathrm{B}n}^{-}}{Y_{\mathrm{B}}^{(+)}V_{\mathrm{B}n}^{+}+Y_{\mathrm{B}}^{(-)}V_{\mathrm{B}n}^{-}}$$

電圧反射係数 Γ_n より，

$$\overline{Z}_n-\zeta=Z_K\frac{Z_{\mathrm{B}}^{(-)}-Z_{\mathrm{B}}^{(+)}\Gamma_n}{Z_{\mathrm{B}}^{(-)}+Z_{\mathrm{B}}^{(+)}\Gamma_n} \tag{6.26}$$

よって，電圧反射係数 Γ_n は次のようになる．

$$\Gamma_n=-\frac{Z_{\mathrm{B}}^{(-)}}{Z_{\mathrm{B}}^{(+)}}\frac{(\overline{Z}_n-\zeta)-Z_K}{(\overline{Z}_n-\zeta)+Z_K} \tag{6.27}$$

また，式 (6.26) に，式 (6.24)，式 (6.25) を代入して，

$$\overline{Z}_n-\zeta=Z_K\frac{(\overline{Z}_{\mathrm{L}}-Z_{\mathrm{B}}^{(-)})+(\overline{Z}_{\mathrm{L}}-Z_{\mathrm{B}}^{(+)})e^{-j2(N-n)\beta d}}{(\overline{Z}_{\mathrm{L}}-Z_{\mathrm{B}}^{(-)})-(\overline{Z}_{\mathrm{L}}-Z_{\mathrm{B}}^{(+)})e^{-j2(N-n)\beta d}}$$

式 (6.18) より，

$$\overline{Z}_n-\zeta=Z_K\frac{(\overline{Z}_{\mathrm{L}}-\zeta)+jZ_K\tan(N-n)\beta d}{Z_K+j(\overline{Z}_{\mathrm{L}}-\zeta)\tan(N-n)\beta d} \tag{6.28}$$

単位セルが対称であれば，$\zeta=0$ より，

$$\overline{Z}_n=Z_K\frac{\overline{Z}_{\mathrm{L}}+jZ_K\tan(N-n)\beta d}{Z_K+j\overline{Z}_{\mathrm{L}}\tan(N-n)\beta d} \tag{6.29}$$

●ブロッホ波の例　図6.2に示すように，伝送線路に周期的に規格化サセプタンス $jb=j\frac{B}{Y_0}$ を並列に装荷したとき，対称構造となる単位セル（電気長 $\theta=\beta d$）の基本行列 $[\overline{\boldsymbol{F}}]$ は，

$$[\overline{\boldsymbol{F}}]=\begin{pmatrix}\cos\frac{\theta}{2} & j\sin\frac{\theta}{2}\\ j\sin\frac{\theta}{2} & \cos\frac{\theta}{2}\end{pmatrix}\begin{pmatrix}1 & 0\\ jb & 1\end{pmatrix}\begin{pmatrix}\cos\frac{\theta}{2} & j\sin\frac{\theta}{2}\\ j\sin\frac{\theta}{2} & \cos\frac{\theta}{2}\end{pmatrix} \tag{6.30}$$

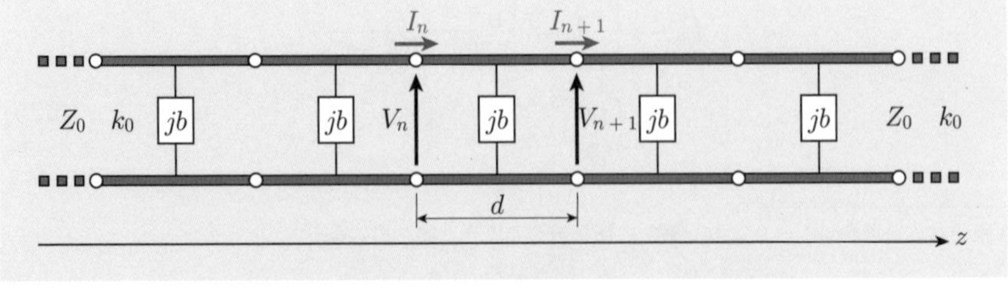

図6.2　周期的に並列素子を装荷した伝送線路

よって，

$$\begin{pmatrix} \overline{V}_n \\ \overline{I}_n \end{pmatrix} = [\overline{\boldsymbol{F}}] \begin{pmatrix} \overline{V}_{n+1} \\ \overline{I}_{n+1} \end{pmatrix} = \begin{pmatrix} A_1 & \overline{B} \\ \overline{C} & A_2 \end{pmatrix} \begin{pmatrix} \overline{V}_{n+1} \\ \overline{I}_{n+1} \end{pmatrix} \tag{6.31}$$

$$[\overline{\boldsymbol{F}}] = \begin{pmatrix} \cos\theta - \frac{b}{2}\sin\theta & j\left(\frac{b}{2}\cos\theta + \sin\theta - \frac{b}{2}\right) \\ j\left(\frac{b}{2}\cos\theta + \sin\theta + \frac{b}{2}\right) & \cos\theta - \frac{b}{2}\sin\theta \end{pmatrix}$$

すなわち，

$$A_1 = A_2 = \cos\theta - \frac{b}{2}\sin\theta \tag{6.32}$$

$$\overline{B} = \frac{B}{Z_0} = j\left(\frac{b}{2}\cos\theta + \sin\theta - \frac{b}{2}\right) \tag{6.33}$$

$$\overline{C} = Z_0 C = j\left(\frac{b}{2}\cos\theta + \sin\theta + \frac{b}{2}\right) \tag{6.34}$$

式 (6.32) より（b, θ は実数），

$$\cosh\gamma d = \frac{A_1 + A_2}{2} = \cos\theta - \frac{b}{2}\sin\theta \tag{6.35}$$

ここで，$\gamma = \alpha + j\beta$ とおくと，

$$\cosh\gamma d = \cosh(\alpha + j\beta)d = \cosh\alpha d\cos\beta d + j\sinh\alpha d\sin\beta d \tag{6.36}$$

式 (6.35) の右辺は実数ゆえ，上式の右辺の虚部がゼロ，すなわち，

$$\sinh\alpha d\sin\beta d = 0 \tag{6.37}$$

これより，$\alpha d = 0$ あるいは $\beta d = 0, \pi$ である．まず，$|\cos\theta - \frac{b}{2}\sin\theta| \leq 1$ のとき，$\gamma = j\beta, \alpha = 0$ より，

$$\cosh\gamma d = \cos\beta d = \cos\theta - \frac{b}{2}\sin\theta \tag{6.38}$$

これは周期構造の伝送線路を減衰せずに伝搬する**通過帯域**（passband）である．一方，$\gamma = \alpha, \beta d = 0$ のとき，波が伝搬しない**阻止帯域**（stopband）となり，

$$\cosh\gamma d = \cosh\alpha d = \cos\theta - \frac{b}{2}\sin\theta > 1 \tag{6.39}$$

ただし，$+z$ 方向の前進波に対しては $\alpha > 0$ が解である（逆に $-z$ 方向の後進波に対しては $\alpha < 0$ が解）．阻止帯域では無損失ゆえ反射が生じることになる．

●k_0–β ダイアグラム　**図6.3**に示すような周期構造の線路の通過域・阻止域特性を評価する際，分散特性を図示した **k_0–β ダイアグラム**（k_0–β diagram，または Brillouin diagram）がよく用いられる．**同図**の場合，式 (6.38) における規格化サセプタンス b は，

$$b = \frac{B}{Y_0} = \omega C_0 Z_0 = 2\pi f C_0 Z_0 = k_0 c C_0 Z_0 \tag{6.40}$$

ただし，k_0 は並列素子を装荷していないときの伝送線路の位相定数，c は位相速度を示す．簡単のため，$\theta = k_0 d, k_0 = \frac{2\pi}{\lambda}$ として，

$$\begin{aligned} \cos\beta d &= \cos k_0 d - \frac{b}{2k_0 d} k_0 d \sin k_0 d \\ &= \cos k_0 d - \frac{c C_0 Z_0}{2d} k_0 d \sin k_0 d \end{aligned} \tag{6.41}$$

$d = 10\,\mathrm{mm}, Z_0 = 50\,\Omega, C_0 = 2.666\,\mathrm{pF}$（$1\,\mathrm{pF} = 10^{-12}\,\mathrm{F}$）のとき[9]，$\frac{cC_0Z_0}{2d} = 2.0$．これより，

$$\cos\beta d = \cos k_0 d - 2k_0 d \sin k_0 d \tag{6.42}$$

図6.4(a)は k_0–β ダイアグラムを示したもので，通過帯域の範囲は，

$$0 \leq k_0 d \leq 0.9602, \quad \pi \leq k_0 d \leq 3.431, \quad 2\pi \leq k_0 d \leq 6.4382$$

また，$\frac{cC_0Z_0}{2d} = 0.5$ のとき，通過域の範囲が変わり（**図6.4(b)**参照），次のようになる．

$$0 \leq k_0 d \leq 1.7207, \quad \pi \leq k_0 d \leq 4.0575, \quad 2\pi \leq k_0 d \leq 6.8512$$

通過帯域の正規化ブロッホインピーダンス z_K は，

$$\begin{aligned} z_K &= \frac{Z_K}{Z_0} = p\frac{j\sin\beta d}{CZ_0} = p\frac{j\sin\beta d}{j\left\{\sin\theta + \frac{b}{2}(1+\cos\theta)\right\}} \\ &= p\frac{\sin\beta d}{\sin k_0 d + \frac{cC_0Z_0}{2d}\cdot k_0 d(1+\cos k_0 d)} \end{aligned} \tag{6.43}$$

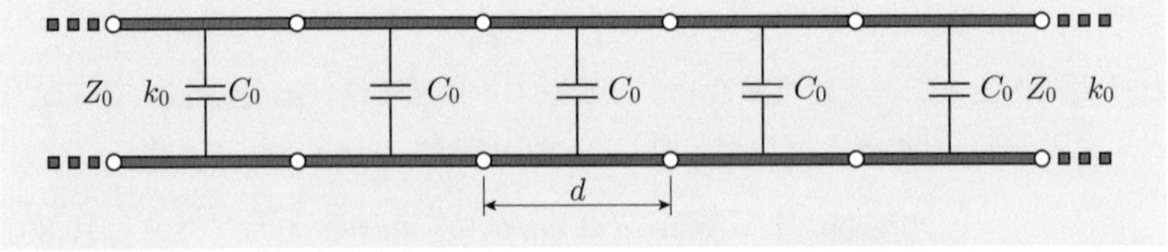

図6.3　並列素子を周期的に装荷した伝送線路

[9] D. M. Pozar, "*Microwave Engineering*" p. 387, Fourth Edition, John Wiley & Sons (2012).

一方，阻止帯域の減衰特性は，

$$\frac{\alpha}{k_0} = \frac{\alpha d}{k_0 d}$$
$$= \frac{1}{k_0 d}\cosh^{-1}\left|\cos k_0 d - \frac{cC_0 Z_0}{2d} k_0 d \sin k_0 d\right|$$

図6.5は通過帯域での正規化ブロッホインピーダンス $z_K = \frac{Z_K}{Z_0}$，阻止帯域での減衰特性 $\frac{\alpha}{k_0}$ を示したもので，阻止帯域幅が狭くなると，減衰は小さくなる傾向である．また，ブロッホインピーダンスは阻止帯域に近くなると，0 に近付いていく．

ブロッホ波の**位相速度**（phase velocity）v_{p} は，

$$v_{\mathrm{p}} = \frac{\omega}{\beta} = c\frac{k_0}{\beta} = \frac{k_0 d}{\beta d}$$

ただし，c は光速，$k_0 = \frac{2\pi}{\lambda} = \frac{2\pi f}{c} = \frac{\omega}{c}$．これは，$k_0$–$\beta$ ダイアグラムにおいて，原点からプロットした点までの直線の傾きである．β は角周波数 ω の関数であり，周期構造による周波数分散を示している．また，ブロッホ波の**群速度**（group velocity）v_{g} は，

$$v_{\mathrm{g}} = \frac{d\omega}{d\beta} = c\frac{dk_0}{d\beta} = c\frac{d(k_0 d)}{d(\beta d)}$$

これは，k_0–β ダイアグラムにおいて，接線の傾きに比例する．

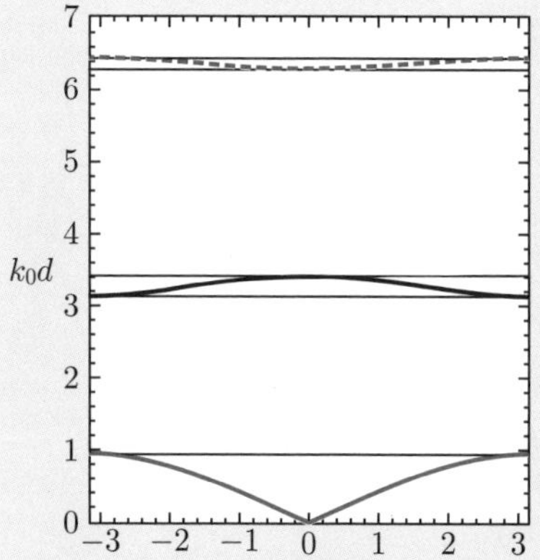

(a) $\frac{cC_0 Z_0}{2d} = 2$

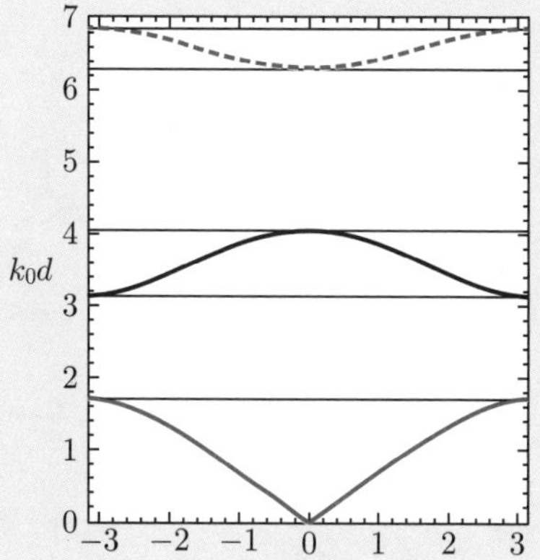

(b) $\frac{cC_0 Z_0}{2d} = 0.5$

図6.4 $\boldsymbol{k_0}$–$\boldsymbol{\beta}$ ダイアグラム

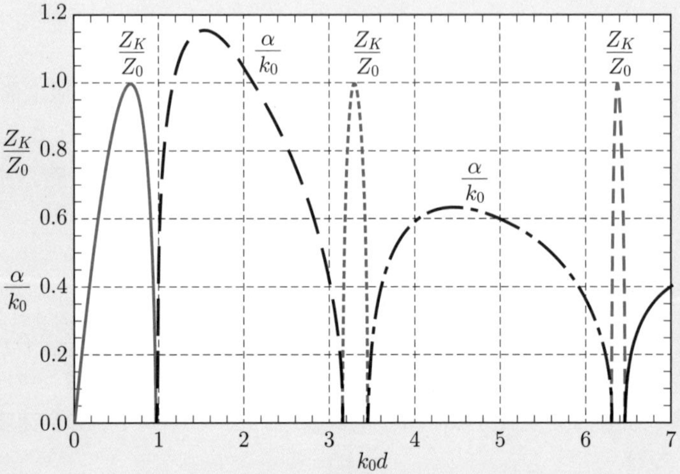

(a)　$\dfrac{cC_0Z_0}{2d} = 2$

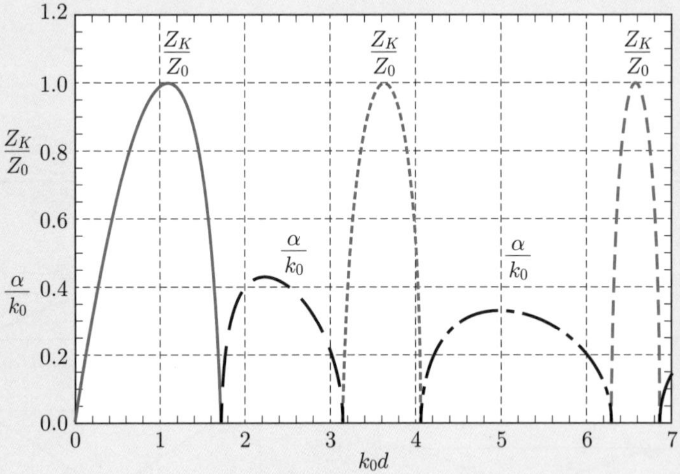

(b)　$\dfrac{cC_0Z_0}{2d} = 0.5$

図6.5　ブロッホインピーダンスおよび減衰特性の周波数特性

6.2　反復パラメータ

●反復インピーダンス　**図6.6(a)**のように，端子 2-2′ に負荷 Z_{K1} を接続し，端子 1-1′ から回路を見た入力インピーダンスが Z_{K1} と等しくなるとき，Z_{K1} をこの回路の**反復インピーダンス**（iterative impedance, repeating impedance）という．逆に，**同図(b)**のように，端子 1-1′ に負荷 Z_{K2} を接続し，端子 2-2′ から回路を見た入力インピーダンスが Z_{K2} と等しくなるとき，Z_{K2} もまたこの回路の反復インピーダンスである．

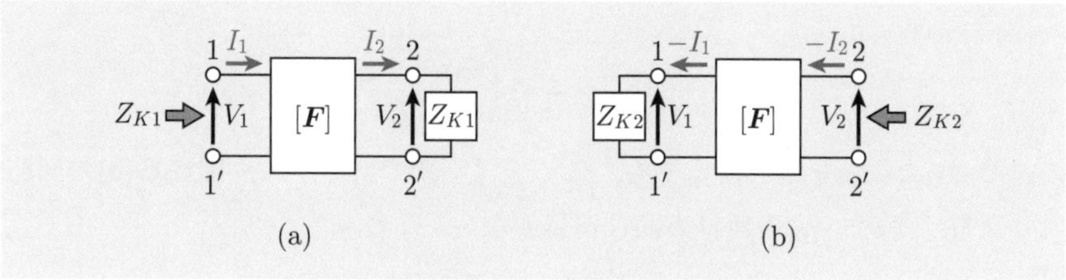

図6.6　反復インピーダンスの定義

●基本行列による反復インピーダンス　**図6.6(a)**より，Z_{K1} は次のようになる．

$$
\begin{aligned}
Z_{K1} &= \frac{V_2}{I_2} = \frac{V_1}{I_1} = \frac{A_1V_2 + BI_2}{CV_2 + A_2I_2} \\
&= \frac{A_1Z_{K1}I_2 + BI_2}{CZ_{K1}I_2 + A_2I_2} \\
&= \frac{A_1Z_{K1} + B}{CZ_{K1} + A_2}
\end{aligned}
$$

よって，

$$
CZ_{K1}^2 + (A_2 - A_1)Z_{K1} - B = 0 \tag{6.44}
$$

式 (6.44) を解くと，反復インピーダンス Z_{K1} は，

$$
Z_{K1} = \frac{A_1 - A_2 \pm \sqrt{(A_1 - A_2)^2 + 4BC}}{2C}
$$

ここで，$A_1A_2 - BC = 1$ より，BC を消去すると，

$$
Z_{K1} = \frac{A_1 - A_2 \pm \sqrt{(A_1 + A_2)^2 - 4}}{2C} = \zeta \pm Z_K = Z_{\mathrm{B}}^{(\pm)} \tag{6.45}
$$

よって，反復インピーダンス Z_{K1} はブロッホインピーダンス $Z_{\mathrm{B}}^{(\pm)}$ と一致する．

●基本行列による反復伝搬定数　**図6.6(a)**において，式(6.45)より，

$$
\begin{aligned}
e^{\gamma_{\mathrm{p}}} &= \frac{I_1}{I_2} = \frac{CV_2 + A_2 I_2}{I_2} = \frac{CZ_{K\,1} I_2 + A_2 I_2}{I_2} \\
&= CZ_{K\,1} + A_2 \\
&= \frac{1}{2}\left(A_1 + A_2 \pm \sqrt{(A_1 + A_2)^2 - 4}\right) \\
&= \frac{A_1 + A_2}{2} \pm \sqrt{\left(\frac{A_1 + A_2}{2}\right)^2 - 1}
\end{aligned}
$$

また，

$$
e^{-\gamma_{\mathrm{p}}} = \frac{A_1 + A_2}{2} \mp \sqrt{\left(\frac{A_1 + A_2}{2}\right)^2 - 1}
$$

この式で A_1 と A_2 を入れ換えても，この値は不変であるから，**図6.6(b)**の回路でも成り立ち，また，γ_{p} の値は方向性に依らない．これより，

$$
\begin{aligned}
\cosh\gamma_{\mathrm{p}} &= \frac{e^{\gamma_{\mathrm{p}}} + e^{-\gamma_{\mathrm{p}}}}{2} \\
&= \frac{A_1 + A_2}{2} \qquad (6.46) \\
\sinh\gamma_{\mathrm{p}} &= \frac{e^{\gamma_{\mathrm{p}}} - e^{-\gamma_{\mathrm{p}}}}{2} \\
&= \pm\sqrt{\left(\frac{A_1 + A_2}{2}\right)^2 - 1} \qquad (6.47)
\end{aligned}
$$

図6.6(a)の γ_{p} と**同図(b)**の γ_{p} は同じ式で表される．このような γ_{p} を反復回路の**反復伝搬定数**（iterative propagation constant），あるいは**反復伝送量**（iterative transfer constant）という．また，**同図(b)**に示す $Z_{K\,2}$ は次のようになる．

$$
Z_{K\,2} = \frac{A_2 Z_{K\,2} + B}{CZ_{K\,2} + A_1}
$$

$$
CZ_{K\,2}^2 + (A_1 - A_2) Z_{K\,2} - B = 0
$$

これを解けば，

$$
Z_{K\,2} = \frac{A_2 - A_1 \pm \sqrt{(A_2 + A_1)^2 - 4}}{2C} = -Z_{\mathrm{B}}^{(\mp)} = -(\zeta \mp Z_K) \qquad (6.48)
$$

$Z_{K\,1}, Z_{K\,2}$，および γ_{p} を**反復パラメータ**（iterative parameters）[10]という．

[10] 集中定数素子によって構成された伝送回路網で主に用いられる．

●反復回路の縦続接続　反復インピーダンス Z_{K1}, Z_{K2} が等しく，反復伝搬定数 $\gamma_{\mathrm{p}i}$（$i = 1, 2, \ldots, N$）が異なる回路を N 段縦続接続したときの等価回路を考える．まず，**図6.7**に示すように，終端に Z_{K1} を接続すると，反復伝搬定数の定義より（電流も同様），

$$e^{\gamma_{\mathrm{p}1}} = \frac{V_1}{V_2}, \quad e^{\gamma_{\mathrm{p}2}} = \frac{V_2}{V_3}, \quad \ldots, \quad e^{\gamma_{\mathrm{p}N}} = \frac{V_N}{V_{N+1}} \tag{6.49}$$

このとき，反復インピーダンス Z_{K1} は不変である．一方，**図6.8**に示すように，端子 1-1′ に Z_{K2} を接続しても反復伝搬定数は同じである（方向性に依らない）．反復インピーダンス Z_{K2} も不変である．これより，

$$\begin{aligned} e^{\widehat{\gamma}_{\mathrm{p}}} &= \frac{V_1}{V_{N+1}} = \frac{V_1}{V_2}\frac{V_2}{V_3}\cdots\frac{V_N}{V_{N+1}} \\ &= e^{\gamma_{\mathrm{p}1}} e^{\gamma_{\mathrm{p}2}} \cdots e^{\gamma_{\mathrm{p}N}} = e^{\gamma_{\mathrm{p}1}+\gamma_{\mathrm{p}2}+\cdots+\gamma_{\mathrm{p}N}} \end{aligned} \tag{6.50}$$

よって，等価回路の反復伝搬定数 $\widehat{\gamma}_{\mathrm{p}}$ は，

$$\begin{aligned} \widehat{\gamma}_{\mathrm{p}} &= \gamma_{\mathrm{p}1} + \gamma_{\mathrm{p}2} + \cdots + \gamma_{\mathrm{p}N} \\ &= \sum_{i=1}^{N} \gamma_{\mathrm{p}i} \end{aligned} \tag{6.51}$$

全ての反復回路で $\gamma_{\mathrm{p}i}$ が同じ場合，$\widehat{\gamma}_{\mathrm{p}} = N\gamma_{\mathrm{p}}$．一方，端子 1-1′ と端子 $(N+1)$-$(N+1)'$ 間の等価回路の反復インピーダンスは変わらず Z_{K1}, Z_{K2} である（**図6.9**参照）．

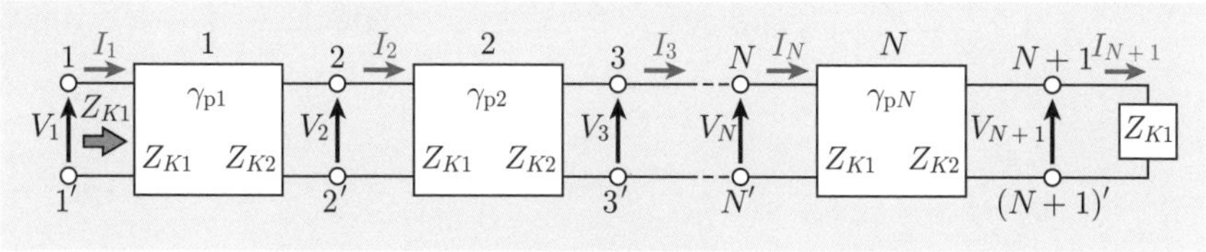

図6.7　反復回路の縦続接続（$\boldsymbol{Z_{K1}}$ で終端）

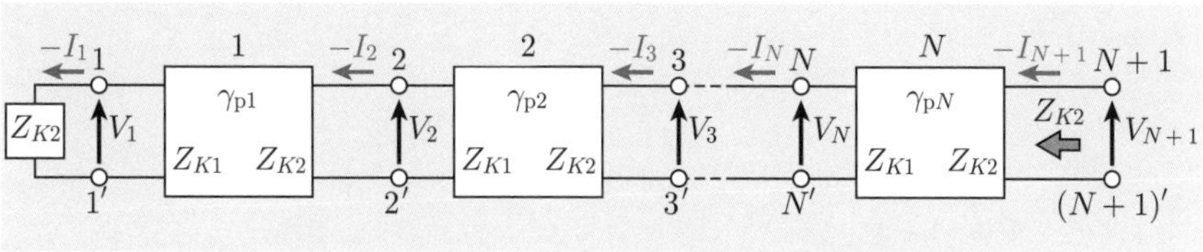

図6.8　反復回路の縦続接続（$\boldsymbol{Z_{K2}}$ で終端）

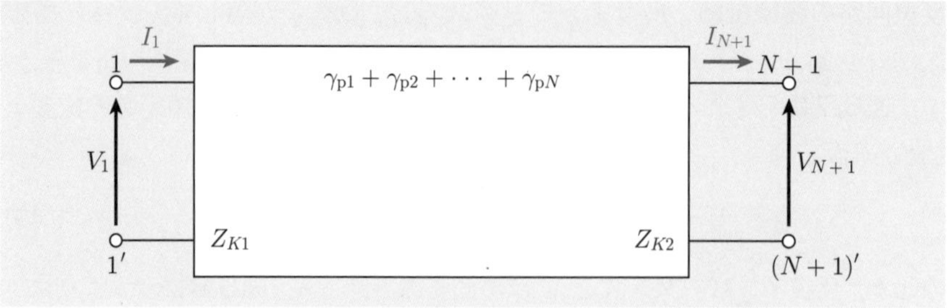

図6.9　多段の反復回路を縦続接続して構成した回路

●反復パラメータによる基本行列　反復パラメータによる基本行列 $[\boldsymbol{F}]$ は,

$$[\boldsymbol{F}]=\begin{pmatrix}\dfrac{Z_{K\,1}e^{\gamma_{\mathrm{p}}}+Z_{K\,2}e^{-\gamma_{\mathrm{p}}}}{Z_{K\,1}+Z_{K\,2}} & \dfrac{2Z_{K\,1}Z_{K\,2}}{Z_{K\,1}+Z_{K\,2}}\sinh\gamma_{\mathrm{p}}\\ \dfrac{2}{Z_{K\,1}+Z_{K\,2}}\sinh\gamma_{\mathrm{p}} & \dfrac{Z_{K\,2}e^{\gamma_{\mathrm{p}}}+Z_{K\,1}e^{-\gamma_{\mathrm{p}}}}{Z_{K\,1}+Z_{K\,2}}\end{pmatrix} \tag{6.52}$$

この反復回路を N 段縦続接続したときの等価回路の基本行列 $[\widehat{\boldsymbol{F}}]$ は,

$$\gamma_{\mathrm{p}}\to\widehat{\gamma}_{\mathrm{p}}=N\gamma_{\mathrm{p}}$$

より，次のようになる.

$$[\widehat{\boldsymbol{F}}]=\begin{pmatrix}\dfrac{Z_{K\,1}e^{N\gamma_{\mathrm{p}}}+Z_{K\,2}e^{-N\gamma_{\mathrm{p}}}}{Z_{K\,1}+Z_{K\,2}} & \dfrac{2Z_{K\,1}Z_{K\,2}}{Z_{K\,1}+Z_{K\,2}}\sinh N\gamma_{\mathrm{p}}\\ \dfrac{2}{Z_{K\,1}+Z_{K\,2}}\sinh N\gamma_{\mathrm{p}} & \dfrac{Z_{K\,2}e^{N\gamma_{\mathrm{p}}}+Z_{K\,1}e^{-N\gamma_{\mathrm{p}}}}{Z_{K\,1}+Z_{K\,2}}\end{pmatrix} \tag{6.53}$$

6章の演習問題

□**6.1** 周期構造の伝送線路において，単位セルが対称でない場合，単位セルを表す基本行列 $[\boldsymbol{F}_1]$ は次のようになる．

$$[\boldsymbol{F}_1] = \begin{pmatrix} \dfrac{e^{p\gamma d} Z_{\mathrm{B}}^{(+)} + e^{-p\gamma d} Z_{\mathrm{B}}^{(-)}}{Z_{\mathrm{B}}^{(+)} - Z_{\mathrm{B}}^{(-)}} & p\dfrac{2Z_{\mathrm{B}}^{(+)} Z_{\mathrm{B}}^{(-)} \sinh\gamma d}{Z_{\mathrm{B}}^{(+)} - Z_{\mathrm{B}}^{(-)}} \\ p\dfrac{2\sinh\gamma d}{Z_{\mathrm{B}}^{(+)} - Z_{\mathrm{B}}^{(-)}} & \dfrac{e^{-p\gamma d} Z_{\mathrm{B}}^{(+)} + e^{p\gamma d} Z_{\mathrm{B}}^{(-)}}{Z_{\mathrm{B}}^{(+)} - Z_{\mathrm{B}}^{(-)}} \end{pmatrix} \tag{6.54}$$

これより，単位セルが対称な場合，基本行列 $[\boldsymbol{F}_2]$ は次のようになる．

$$[\boldsymbol{F}_2] = \begin{pmatrix} \cosh\gamma d & pZ_K \sinh\gamma d \\ \dfrac{p}{Z_K}\sinh\gamma d & \cosh\gamma d \end{pmatrix} \tag{6.55}$$

基本行列 $[\boldsymbol{F}_1], [\boldsymbol{F}_2]$ を導出せよ．

□**6.2** 無損失回路の四端子定数の A_1, A_2 は実数，かつ $s = j\omega$ に関して偶関数，B, C は純虚数，かつ奇関数となることを示せ．

□**6.3** 周期構造の線路（$\gamma = j\beta$）の N 番目の単位セルの出力側端子を負荷インピーダンス $\overline{Z}_{\mathrm{L}}$ で終端した場合，n 番目の単位セルの出力側端子から終端負荷を見た入力インピーダンス $\overline{Z}_n$ は，電圧反射係数 Γ_n を用いて次式で表されることを示せ．

$$\overline{Z}_n = \zeta + Z_K \frac{Z_{\mathrm{B}}^{(-)} - Z_{\mathrm{B}}^{(+)}\Gamma_n}{Z_{\mathrm{B}}^{(-)} + Z_{\mathrm{B}}^{(+)}\Gamma_n}$$

電圧反射係数 Γ_n を消去すると次式が得られることも示せ．

$$\overline{Z}_n - \zeta = Z_K \frac{(\overline{Z}_{\mathrm{L}} - \zeta) + jZ_K \tan(N-n)\beta d}{Z_K + j(\overline{Z}_{\mathrm{L}} - \zeta)\tan(N-n)\beta d}$$

ただし，d は単位セルの長さ，β は周期構造伝送線路の位相定数，$\zeta \pm Z_K$ はブロッホインピーダンスを示す．

□**6.4** 対称な反復回路を N 段縦続接続したときの等価回路の基本行列 $[\widehat{\boldsymbol{F}}_N]$ を示せ．

第7章

伝送線路のグリーン関数

分布電流源のある伝送線路の伝送方程式を求め，このような問題を解くためのグリーン関数の方程式を説明する．伝送線路の境界条件によってグリーン関数は大別され，ここでは，半無限長伝送線路，終端短絡，終端開放，2 種類の伝送線路が接続された場合について，各々グリーン関数を導出する．その際，伝送線路の終端での反射係数，また伝送線路の接続部での反射係数，透過係数を未知係数としてグリーン関数を求める方法も説明する．さらに，このようなグリーン関数を用いた電圧の表示式も導出する．

7.1　分布電流源のある分布定数回路

●伝送方程式　これまで，分布定数線路には電流源がない場合を考え，キルヒホフの電流則より

$$i(z,t) - C\,dz\frac{\partial v(z+dz,t)}{\partial t} - i(z+dz,t) = 0$$

を求めて解析してきたが，ここでは分布定数線路に並列に分布電流源 $\mathcal{K}(z,t)$ がある場合（並列キャパシタンスと並列接続）を考えていく．そこで，上式にこの電流源を考慮すると，

$$i(z,t) - C\,dz\frac{\partial v(z+dz,t)}{\partial t} - i(z+dz,t) + \mathcal{K}(z+dz,t)\,dz = 0$$

両辺を dz で割れば，

$$\frac{1}{dz}\left\{i(z,t) - C\,dz\frac{\partial v(z+dz,t)}{\partial t} - i(z+dz,t) + \mathcal{K}(z+dz,t)\,dz\right\} = 0$$

$$-C\frac{\partial v(z+dz,t)}{\partial t} - \frac{i(z+dz,t) - i(z,t)}{dz} + \mathcal{K}(z+dz,t) = 0$$

よって，$dz \to 0$ の極限では，

$$-C\frac{\partial v(z,t)}{\partial t} - \frac{\partial i(z,t)}{\partial z} + \mathcal{K}(z,t) = 0 \tag{7.1}$$

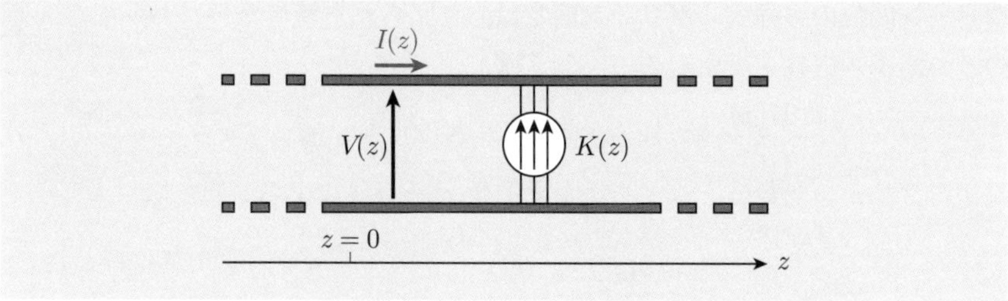

図7.1　分布電流源 $\boldsymbol{K(z)}$ によって励振された伝送線路

一方，キルヒホフの電圧則より，$dz \to 0$ の極限を求めると，

$$\frac{\partial v(z,t)}{\partial z} = -L\frac{\partial i(z,t)}{\partial t} \tag{7.2}$$

時間因子 $e^{j\omega t}$ を考えると，図7.1の複素電圧 $V(z)$，複素電流 $I(z)$，複素分布電流源 $K(z)$ の関係は次のようになる．

$$\frac{dI(z)}{dz} = -j\omega CV(z) + K(z) \tag{7.3}$$

$$\frac{dV(z)}{dz} = -j\omega LI(z) \tag{7.4}$$

式 (7.4) を式 (7.3) に代入して $I(z)$ を消去すると，

$$\frac{d}{dz}\left(-\frac{1}{j\omega L}\frac{dV(z)}{dz}\right) = -j\omega CV(z) + K(z)$$

$$\frac{d^2V(z)}{dz^2} = -\omega^2 LCV(z) - j\omega LK(z)$$

ここで，$\beta = \omega\sqrt{LC}$ より，

$$\frac{d^2V(z)}{dz^2} + \beta^2 V(z) = -j\omega LK(z) \tag{7.5}$$

ただし，境界条件は $z = z_1, z_2$（$z_1 < z_2$）において与えられているものとする．

●グリーン関数の方程式　グリーン関数は，与えられた境界条件において空間領域でのインパルス応答を表すもので，例えば，

$$\frac{d^2V(z)}{dz^2} + \beta^2 V(z) = -j\omega LK(z) \quad (z_1 \leq z \leq z_2) \tag{7.6}$$

に対するグリーン関数は，次式を満たす関数 $g_v(z, z')$ である．

$$\frac{d^2 g_v(z, z')}{dz^2} + \beta^2 g_v(z, z') = -\delta(z - z') \quad (z_1 \leq z \leq z_2) \tag{7.7}$$

ただし，δ は**ディラック**（Dirac）**のデルタ関数**（1 次元）を示し，

$$\delta(z - z') = \begin{cases} 0 & (z \neq z') \\ \infty & (z = z') \end{cases} \tag{7.8}$$

$$\int_{-\infty}^{\infty} \delta(z - z')\, dz = 1 \tag{7.9}$$

ディラックのデルタ関数を用いた積分は次のようになる．

$$\int_{-\infty}^{\infty} f(z)\delta(z - z')\, dz = f(z') \tag{7.10}$$

●境界条件の概要　グリーン関数は満足すべき境界条件に応じて求められ，代表的なグリーン関数の境界条件は 4 つに大別できる．まず，**図7.2**に示すような終端されていない無限長線路では戻ってくる波がないことから，無限空間の電磁波に対応していると考え，このような境界条件を**放射条件**と呼ぶ．

図7.3(a)に示すように伝送線路（$0 \leq z \leq +\infty$）の終端（$z = 0$）を短絡すると，電圧は $V(z)\big|_{z=0} = 0$ で与えられ，このような境界条件を**ディリクレ**（Dirichlet）**条件**という．なお，もう一端は無限長線路となっており，これは放射条件である．

また，**図7.3(b)**に示すように伝送線路（$0 \leq z \leq +\infty$）の終端（$z = 0$）を開放すると，電流は $I(z)\big|_{z=0} = 0$ ゆえ，このときの電圧 $V(z)$ は $\frac{dV}{dz}\big|_{z=0} = 0$ となって，このような境界条件を**ノイマン**（Neumann）**条件**という．なお，もう一端は無限長線路となっており，これは放射条件である．

図7.4に示すように異なる伝送線路が接続された位置（$z = 0$）では，電圧，電

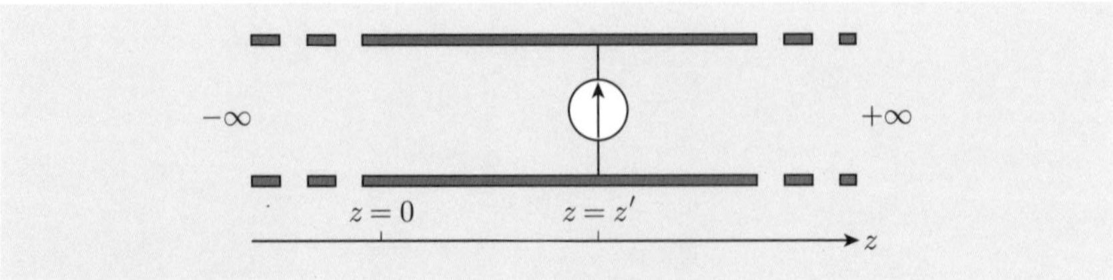

図7.2　放射条件

流の連続条件が成り立ち，電圧 $V(z)$ の関数値と導関数値の両方が境界条件として用いられる．このとき，グリーン関数は，各々の伝送線路で求められる．

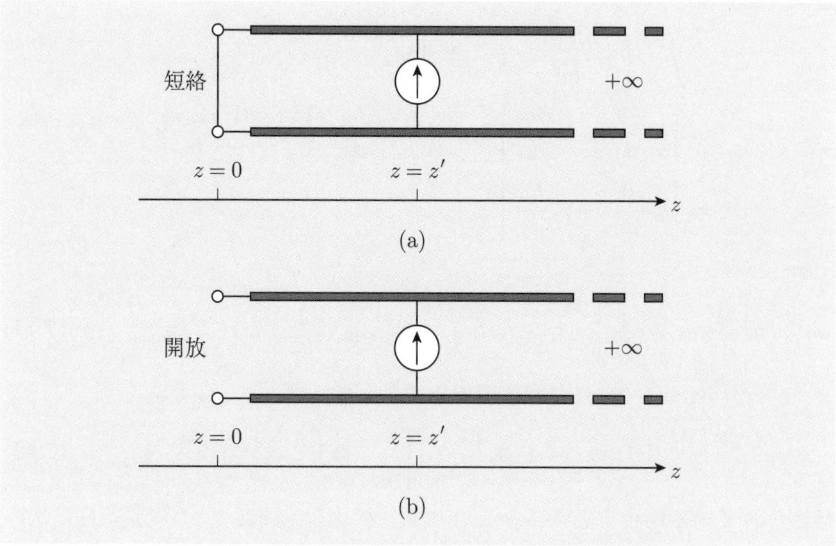

図7.3　**(a)** ディリクレ条件，**(b)** ノイマン条件

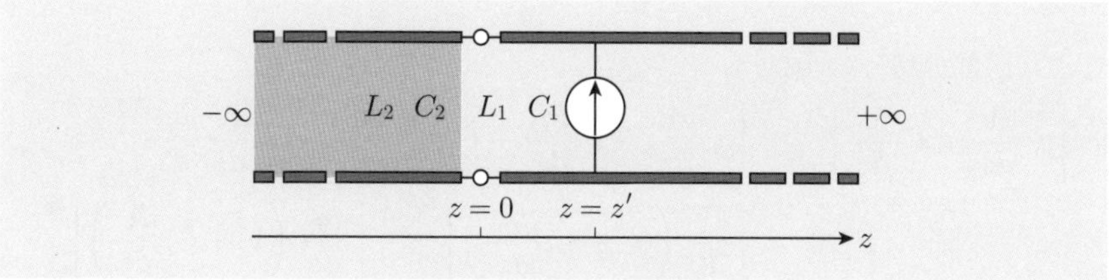

図7.4　複数の伝送線路

●**グリーン関数による電圧の表示式**　グリーン関数を用いて電圧 $V(z)$ を求める式を示す．$g_v(z,z')\times$ 式 (7.5)$-V(z)\times$ 式 (7.7) を求め，$z_1 \le z \le z_2$ にわたって積分すると，

$$\int_{z_1}^{z_2} \left\{ g_v \left(\frac{d^2 V}{dz^2} + \beta^2 V \right) - V \left(\frac{d^2 g_v}{dz^2} + \beta^2 g_v \right) \right\} dz$$
$$= \int_{z_1}^{z_2} \left\{ g_v(z,z')\bigl(-j\omega L K(z)\bigr) + V(z)\delta(z-z') \right\} dz$$

右辺第 2 項は，式 (7.10) より，

$$\int_{z_1}^{z_2} V(z)\delta(z-z')\,dz = V(z')$$

左辺は，部分積分より，

$$\begin{aligned}
&\int_{z_1}^{z_2} \left\{ g_v \frac{d^2V}{dz^2} - V\frac{d^2g_v}{dz^2} \right\} dz \\
&= \left[g_v \frac{dV}{dz} - V\frac{dg_v}{dz} \right]_{z_1}^{z_2} + \int_{z_1}^{z_2} \left\{ \frac{dg_v}{dz}\frac{dV}{dz} - \frac{dV}{dz}\frac{dg_v}{dz} \right\} dz \\
&= \left[g_v \frac{dV}{dz} - V\frac{dg_v}{dz} \right]_{z_1}^{z_2}
\end{aligned}$$

よって，

$$\left[g_v \frac{dV}{dz} - V\frac{dg_v}{dz} \right]_{z_1}^{z_2} = -j\omega L \int_{z_1}^{z_2} K(z) g_v(z,z')\,dz + V(z') \qquad (7.11)$$

いま，$z = z_i$（$i = 1, 2$）における境界条件として，

$$V(z)\Big|_{z=z_i} + C_i \frac{dV(z)}{dz}\Big|_{z=z_i} = 0 \quad (i = 1, 2) \qquad (7.12)$$

が与えられている場合を考える．このとき，グリーン関数 g_v の境界条件は次のように上と同じ条件とする．

$$g_v(z,z')\Big|_{z=z_i} + C_i \frac{dg_v(z,z')}{dz}\Big|_{z=z_i} = 0 \quad (i = 1, 2) \qquad (7.13)$$

これより，部分積分の項は，

$$\begin{aligned}
\left[g_v \frac{dV}{dz} - V\frac{dg_v}{dz} \right]_{z_1}^{z_2} &= \left[g_v \frac{dV}{dz} - V\frac{dg_v}{dz} + C_i \frac{dV}{dz}\frac{dg_v}{dz} - C_i \frac{dV}{dz}\frac{dg_v}{dz} \right]_{z_1}^{z_2} \\
&= \left[\frac{dV}{dz} \left(g_v + C_i \frac{dg_v}{dz} \right) \right]_{z_1}^{z_2} - \left[\frac{dg_v}{dz} \left(V + C_i \frac{dV}{dz} \right) \right]_{z_1}^{z_2} \\
&= 0
\end{aligned}$$

したがって，

$$V(z') = j\omega L \int_{z_1}^{z_2} g_v(z,z') K(z)\,dz \qquad (7.14)$$

上式において，z, z' を入れ替えると

$$V(z) = j\omega L \int_{z_1}^{z_2} g_v(z',z) K(z')\,dz'$$

そして，グリーン関数の対称性 $g_v(z',z) = g_v(z,z')$ より，

$$V(z) = j\omega L \int_{z_1}^{z_2} g_v(z,z') K(z')\,dz' \qquad (7.15)$$

7.2　グリーン関数の例

●無限長伝送線路のグリーン関数　無限長の伝送線路に対する 1 次元（スカラ）グリーン関数 $g_0(z, z')$ は，次式を満足する．

$$\frac{d^2 g_0(z, z')}{dz^2} + \beta^2 g_0(z, z') = -\delta(z - z') \tag{7.16}$$

いま，g_0 を $z > z'$, $z < z'$ で場合分けをすると，

$$g_0(z, z') = \begin{cases} Ae^{-j\beta z} & (z > z') \\ Be^{j\beta z} & (z' > z) \end{cases} \tag{7.17}$$

ここで，$z = z'$ で g_0 が連続であれば，

$$g_0\Big|_{z=z'-0} = g_0\Big|_{z=z'+0}$$

より，次の関係が得られる．

$$Be^{j\beta z'} = Ae^{-j\beta z'} \tag{7.18}$$

また，式 (7.16) を z' 近傍で積分すると，

$$\int_{z'-0}^{z'+0} \frac{d^2 g_0}{dz^2}\, dz + k^2 \int_{z'-0}^{z'+0} g_0\, dz = -\int_{z'-0}^{z'+0} \delta(z - z')\, dz$$

上式左辺の第 2 項は，g_0 が $z = z'$ で有限と考えるとゼロ，右辺は式 (7.10) より -1 ゆえ，

$$\begin{aligned} \left[\frac{dg_0}{dz}\right]_{z'-0}^{z'+0} &= \frac{dg_0}{dz}\bigg|_{z'+0} - \frac{dg_0}{dz}\bigg|_{z'-0} \\ &= -j\beta Ae^{-j\beta z'} - jkBe^{j\beta z'} \\ &= -1 \end{aligned}$$

式 (7.18) より B を消去すると，

$$-j\beta\left(Ae^{-j\beta z'} + Ae^{-j\beta z'}\right) = -j\beta 2Ae^{-j\beta z'} = -1$$

よって，

$$\begin{aligned} A &= -\frac{j}{2\beta} e^{j\beta z'} \\ B &= Ae^{-j2\beta z'} = -\frac{j}{2\beta} e^{j\beta z'} e^{-j2\beta z'} \\ &= -\frac{j}{2\beta} e^{-j\beta z'} \end{aligned}$$

したがって，g_0 は，$z > z'$ のとき，

$$g_0(z, z') = -\frac{j}{2\beta}e^{j\beta z'}e^{-j\beta z}$$
$$= -\frac{j}{2\beta}e^{-j\beta(z-z')} \tag{7.19}$$

一方，$z' > z$ のとき，

$$g_0(z, z') = Be^{j\beta z}$$
$$= -\frac{j}{2\beta}e^{j\beta(z-z')} \tag{7.20}$$

これらをまとめると，g_0 は次のようになる．

$$g_0(z, z') = -\frac{j}{2\beta}e^{-j\beta|z-z'|} \tag{7.21}$$

●**第 1 種グリーン関数**　$z = 0$ で短絡した伝送線路（$z \geq 0$）を考え，$z = z'$ に点電流源をおいた場合，

$$V(z)\Big|_{z=0} = 0 \tag{7.22}$$

グリーン関数 g_1 の境界条件も同様に，

$$g_1(z, z')\Big|_{z=0} = 0 \tag{7.23}$$

これを**第 1 種グリーン関数**という．これより，

$$g_1(z, z') = \begin{cases} Ae^{-j\beta z} & (z \geq z') \\ B\sin\beta z & (z' \geq z \geq 0) \end{cases} \tag{7.24}$$

係数 A, B は同様にして，

$$\Big[g_1(z, z')\Big]_{z=z'-0}^{z=z'+0} = 0$$
$$Ae^{-j\beta z'} - B\sin\beta z' = 0 \tag{7.25}$$

また，

$$\left[\frac{dg_1(z, z')}{dz}\right]_{z=z'-0}^{z=z'+0} = -1$$
$$(-j\beta)Ae^{-j\beta z'} - \beta B\cos\beta z' = -1 \tag{7.26}$$

式 (7.25) $\times\, j\beta +$ 式 (7.26) より，

$$-\beta B\left(\cos\beta z' + j\sin\beta z'\right) = -\beta Be^{j\beta z'} = -1$$

これより，

$$B = \frac{e^{-j\beta z'}}{\beta}$$

$$A = e^{j\beta z'} B \sin\beta z' = \frac{\sin\beta z'}{\beta}$$

同様にして，$z' \geq z \geq 0$ のとき，

$$\begin{aligned} g_1(z, z') &= \frac{e^{-j\beta z'}}{\beta} \frac{e^{j\beta z} - e^{-j\beta z}}{j2} \\ &= \frac{-j}{2\beta} \left\{ e^{j\beta(z-z')} - e^{-j\beta(z+z')} \right\} \end{aligned} \tag{7.27}$$

いま，

$$g_1(z, z') \equiv g_0(z, z') + g_{\mathrm{s}}(z, z')$$

とおいて，散乱波 $g_{\mathrm{s}}(z, z')$ を次のように定義する．

$$g_{\mathrm{s}}(z, z') = g_1(z, z') - g_0(z, z') \tag{7.28}$$

$z \geq z'$ のとき，

$$\begin{aligned} g_{\mathrm{s}}(z, z') &= \frac{-j}{2\beta} \left\{ e^{-j\beta(z-z')} - e^{-j\beta(z+z')} \right\} + \frac{j}{2\beta} e^{-j\beta(z-z')} \\ &= \frac{j}{2\beta} e^{-j\beta(z+z')} \end{aligned}$$

$z' \geq z \geq 0$ のとき，

$$\begin{aligned} g_{\mathrm{s}}(z, z') &= \frac{-j}{2\beta} \left\{ e^{j\beta(z-z')} - e^{-j\beta(z+z')} \right\} + \frac{j}{2\beta} e^{j\beta(z-z')} \\ &= \frac{j}{2\beta} e^{-j\beta(z+z')} \end{aligned}$$

したがって，グリーン関数 $g_1(z, z')$ は，

$$g_1(z, z') = g_0(z, z') + \frac{j}{2\beta} e^{-j\beta(z+z')} \tag{7.29}$$

これより，$g_1(z, z') \equiv g_0(z, z') + A' e^{-j\beta z}$ とおき，$z = 0$ での境界条件を満足するように A' を決定することによってグリーン関数を求めることもできる．

●**第 2 種グリーン関数** $z=0$ で開放した伝送線路（$z \geq 0$）を考え，$z=z'$ に点電流源をおいた場合のグリーン関数 $g_2(z,z')$ を求める．まず，電流が終端でゼロとなる境界条件

$$I(z)\Big|_{z=0} = -\frac{1}{j\omega L}\frac{dV(z)}{dz}\Big|_{z=0} = 0 \tag{7.30}$$

に対応するグリーン関数の条件は，

$$\frac{dg_2(z,z')}{dz}\Big|_{z=0} = 0 \tag{7.31}$$

このような $g_2(z,z')$ を**第 2 種グリーン関数**という．いま，g_2 を

$$g_2(z,z') = g_0(z,z') + A'e^{-j\beta z} \tag{7.32}$$

とおくと，

$$\frac{dg_0(z,z')}{dz}\Big|_{z=0} + (-j\beta)A' = 0$$

より，A' は，

$$A' = -\frac{j}{2\beta}e^{-j\beta z'}$$

したがって，g_2 は，

$$g_2(z,z') = g_0(z,z') - \frac{j}{2\beta}e^{-j\beta(z+z')} \tag{7.33}$$

これより，$z \geq z'$ のとき，

$$\begin{aligned} g_2(z,z') &= -\frac{j}{2\beta}e^{-j\beta(z-z')} - \frac{j}{2\beta}e^{-j\beta(z+z')} \\ &= -\frac{j}{2\beta}e^{-j\beta z}\left(e^{j\beta z'} - e^{-j\beta z'}\right) \\ &= -j\frac{\cos\beta z'}{\beta}e^{-j\beta z} \end{aligned} \tag{7.34}$$

$z' \geq z \geq 0$ のとき，

$$\begin{aligned} g_2(z,z') &= -\frac{j}{2\beta}e^{j\beta(z-z')} - \frac{j}{2\beta}e^{-j\beta(z+z')} \\ &= -\frac{j}{2\beta}e^{-j\beta z'}\left(e^{j\beta z} - e^{-j\beta z}\right) \\ &= -j\frac{e^{-j\beta z'}}{\beta}\cos\beta z \end{aligned} \tag{7.35}$$

●第 3 種グリーン関数 $z=0$ で異なる伝送線路を接続し，分布電流が $z\geq 0$（領域 I）で与えられ，$z\leq 0$（領域 II）にはない場合，

$$\frac{d^2V_1(z)}{dz^2}+\beta_1^2V_1(z)=-j\omega L_1K_1(z) \quad (z\geq 0) \tag{7.36}$$

$$\frac{d^2V_2(z)}{dz^2}+\beta_2^2V_2(z)=0 \quad (z\leq 0) \tag{7.37}$$

添字 1, 2 は領域を表し，$z=0$ での連続条件は，

$$V_1(z)\Big|_{z=0}=V_2(z)\Big|_{z=0}, \quad I_1(z)\Big|_{z=0}=I_2(z)\Big|_{z=0}$$

電流については，電圧より求めると，

$$\frac{1}{L_1}\frac{dV_1(z)}{dz}\Big|_{z=0}=\frac{1}{L_2}\frac{dV_2(z)}{dz}\Big|_{z=0} \tag{7.38}$$

これより，領域 I のグリーン関数 $g^{(11)}(z,z')$，領域 II のグリーン関数 $g^{(21)}(z,z')$ として，各々，満たすべき方程式は，

$$\frac{d^2g^{(11)}(z,z')}{dz^2}+\beta_1^2g^{(11)}(z,z')=-\delta(z,z') \quad (z\geq 0) \tag{7.39}$$

$$\frac{d^2g^{(21)}(z,z')}{dz^2}+\beta_2^2g^{(21)}(z,z')=0 \quad (z\leq 0) \tag{7.40}$$

このような $g^{(11)}(z,z'),g^{(21)}(z,z')$ を**第 3 種グリーン関数**という．

●伝送線路の接続部での散乱波 グリーン関数の連続条件は，V_i, I_i（$i=1,2$）と同様に定め，

$$g^{(11)}(z,z')\Big|_{z=0}=g^{(21)}(z,z')\Big|_{z=0} \tag{7.41}$$

$$\frac{1}{L_1}\frac{dg^{(11)}(z,z')}{dz}\Big|_{z=0}=\frac{1}{L_2}\frac{dg^{(21)}(z,z')}{dz}\Big|_{z=0} \tag{7.42}$$

先と同様に $g^{(11)}(z,z')$ を次のようにおく．

$$g^{(11)}(z,z')=g_0(z,z')+g_s^{(11)}(z,z') \tag{7.43}$$

すでに求めた結果を若干変形してみると，

$$g_1(z,z')=g_0(z,z')+(-1)\cdot\frac{-je^{-j\beta z'}}{2\beta}e^{-j\beta z}$$

$$g_2(z,z')=g_0(z,z')+1\cdot\frac{-je^{-j\beta z'}}{2\beta}e^{-j\beta z}$$

上式の第 2 項の散乱波の係数は，終端短絡のとき -1，終端開放のとき 1 であるから，これは反射係数に対応していると考えてよい．そこで，反射係数 R を仮定して，

$$g^{(11)}(z,z') = g_0(z,z') + R \cdot \frac{-je^{-j\beta_1 z'}}{2\beta_1} e^{-j\beta_1 z} \tag{7.44}$$

ここで,

$$g_0(z,z') = \frac{-j}{2\beta_1} e^{-j\beta_1 |z-z'|}$$

一方，領域 II については，電流源が存在しないため，g_0 の項は不要で，$g^{(21)}$ $(z \leq 0)$ としては散乱波（この場合，透過波）のみを考えればよい.

$$g^{(21)}(z,z') = T \cdot \frac{-je^{-j\beta_1 z'}}{2\beta_1} e^{j\beta_2 z} \tag{7.45}$$

未知係数 R, T は，グリーン関数の $z = 0$ での連続条件により求められ，次のようになる．まず，式 (7.41) より，

$$\frac{-j}{2\beta_1} e^{-j\beta_1 z'} (1 + R) = \frac{-j}{2\beta_1} T e^{-j\beta_1 z'}$$

よって,

$$1 + R = T \tag{7.46}$$

次に，式 (7.42) であるが，まず微分を実行すると，$z' \geq z \geq 0$ のとき,

$$\frac{dg^{(11)}(z,z')}{dz} = \frac{1}{2}\left\{e^{j\beta_1(z-z')} - Re^{-j\beta_1(z+z')}\right\}$$
$$\frac{dg^{(21)}(z,z')}{dz} = \frac{\beta_2}{2\beta_1} T e^{-j\beta_1 z'} e^{j\beta_2 z}$$

これより，$z = 0$ のとき,

$$\frac{1}{2L_1} e^{-j\beta_1 z'} (1 - R) = \frac{\beta_2}{2\beta_1 L_2} T e^{-j\beta_1 z'}$$

よって,

$$\frac{\beta_1}{L_1}(1 - R) = \frac{\beta_2}{L_2} T$$

ここで,

$$Z_i = \sqrt{\frac{L_i}{C_i}}, \quad \beta_i = \omega\sqrt{L_i C_i} \quad (i = 1, 2)$$

より,

$$\frac{1 - R}{Z_1} = \frac{T}{Z_2}$$

よって，R, T は次のようになり，通常の反射，透過係数と一致する.

$$R = \frac{Z_2 - Z_1}{Z_2 + Z_1}, \quad T = 1 + R = \frac{2Z_2}{Z_2 + Z_1} \tag{7.47}$$

●第 3 種グリーン関数による電圧の表示式　領域 I（$z \geq 0$）の方程式を再記して，

$$\frac{d^2V_1(z)}{dz^2} + \beta_1^2 V_1(z) = -j\omega L_1 K_1(z) \tag{7.48}$$

$$\frac{d^2 g^{(11)}(z,z')}{dz^2} + \beta_1^2 g^{(11)}(z,z') = -\delta(z,z') \tag{7.49}$$

また，領域 II（$z \leq 0$）の方程式を再記して，

$$\frac{d^2V_2(z)}{dz^2} + \beta_2^2 V_2(z) = 0 \tag{7.50}$$

$$\frac{d^2 g^{(21)}(z,z')}{dz^2} + \beta_2^2 g^{(21)}(z,z') = 0 \tag{7.51}$$

電流源が $z < z_1$ にあるとして，式 (7.48) に $g^{(11)}(z,z')$，式 (7.49) に $V_1(z)$ を各々乗じ，辺々引いて $[0, z_1]$ で積分すると，式 (7.11)–式 (7.14) と同様にして，

$$\begin{aligned} V_1(z') &= j\omega L_1 \int_0^{z_1} g^{(11)}(z,z') K_1(z)\,dz + \left[g^{(11)} \frac{dV_1}{dz} - V_1 \frac{dg^{(11)}}{dz} \right]_0^{z_1} \\ &= j\omega L_1 \int_0^{z_1} g^{(11)}(z,z') K_1(z)\,dz \end{aligned}$$

グリーン関数の対称性などにより，

$$V_1(z) = j\omega L_1 \int_0^{\infty} g^{(11)}(z,z') K_1(z')\,dz' \tag{7.52}$$

また，式 (7.50) に $g^{(21)}(z,z')$，式 (7.51) に $V_2(z)$ を各々乗じ，辺々引いて $[z_2, 0]$ で積分すると（部分積分），

$$\begin{aligned} &\int_{z_2}^{0} \left\{ g^{(21)} \left(\frac{d^2V_2}{dz^2} + \beta_2^2 V_2 \right) - V_2 \left(\frac{d^2 g^{(21)}}{dz^2} + \beta_2^2 g^{(21)} \right) \right\} dz \\ &= \int_{z_2}^{0} \left\{ g^{(21)} \frac{d^2V_2}{dz^2} - V_2 \frac{d^2 g^{(21)}}{dz^2} \right\} dz \\ &= \left[g^{(21)} \frac{dV_2}{dz} - V_2 \frac{dg^{(21)}}{dz} \right]_{z_2}^{0} + \int_{z_2}^{0} \left\{ \frac{dg^{(21)}}{dz}\frac{dV_2}{dz} - \frac{dV_2}{dz}\frac{dg^{(21)}}{dz} \right\} dz \\ &= \left[g^{(21)} \frac{dV_2}{dz} - V_2 \frac{dg^{(21)}}{dz} \right]_{z_2}^{0} = 0 \end{aligned} \tag{7.53}$$

一方，$V_2(z)$ は，

$$\begin{aligned} V_2(z) &= V_2(0)e^{j\beta_2 z} = V_1(0)e^{j\beta_2 z} \\ &= j\omega L_1 \int_0^{\infty} g^{(11)}(0,z') K_1(z')\,dz' \cdot e^{j\beta_2 z} \\ &= j\omega L_1 \int_0^{\infty} g^{(21)}(0,z') K_1(z')\,dz' \cdot e^{j\beta_2 z} \end{aligned}$$

ここで，

$$g^{(21)}(z,z') = g^{(21)}(0,z')e^{j\beta_2 z}$$

より，

$$V_2(z) = j\omega L_1 \int_0^\infty g^{(21)}(z,z')K_1(z')\,dz' \tag{7.54}$$

まとめて領域 i（$i=1,2$）とすると，

$$V_i(z) = j\omega L_1 \int_0^\infty g^{(i1)}(z,z')K_1(z')\,dz' \tag{7.55}$$

7章の演習問題

□**7.1**　グリーン関数の対称性 $g(x_a, x_b) = g(x_b, x_a)$ を導け．

□**7.2**　無損失伝送線路（$0 \leq z \leq \infty$）の終端 $z=0$ を開放したときの第2種グリーン関数を，散乱波を仮定せずに導出せよ．

□**7.3**　無損失伝送線路（$0 \leq z \leq \infty$）の終端 $z=0$ に負荷 $Z_{\rm L}$ を接続した場合のグリーン関数を，散乱波を仮定して求めよ．

参考文献

[1] Rabindra N. Ghose, "*Microwave Circuit Theory and Analysis*" McGraw-Hill (1963).

[2] 黒川兼行, "マイクロ波回路入門" 丸善 (1963).

[3] 佐藤利三郎, "伝送回路" コロナ社 (1963).

[4] 内藤喜之, "情報伝送入門" 昭晃堂 (1976).

[5] 滝保夫, "伝送回路（第 2 版）" 共立出版 (1978).

[6] 倉石源三郎, "詳解例題・演習マイクロ波回路" 東京電機大学出版局 (1983).

[7] 藤澤和男, "マイクロ波回路" コロナ社 (1985).

[8] C. G. Montgomery, R. H. Dicke, E. M. Purcell, "*Principles of Microwave Circuits*" The Institution of Engineering and Technology, Revised (1987).

[9] Robert E. Collin, "*Field Theory of Guided Waves* (2nd ed)" IEEE Press (1991).

[10] C. T. Tai, "*Dyadic Green Functions in Electromagnetic Theory* (2nd ed)" IEEE Press (1991).

[11] Robert S. Elliott, "*An Introduction to Guided Waves and Microwave Circuits*" Prentice Hall (1993).

[12] R. Mavaddat, "*Network Scattering Parameters*" World Scientific (1996).

[13] Robert E. Collin, "*Foundations for Microwave Engineering* (2nd ed)" Wiley-IEEE Press (2001).

[14] Roger F. Harrington, "*Time-Harmonic Electromagnetic Fields*" Wiley-IEEE Press (2001).

[15] 市川古都美, 市川裕一, "高周波回路設計のための S パラメータ詳解" CQ 出版社 (2008).

[16] David M. Pozar, "*Microwave Engineering* (4th ed)" John Wiley & Sons, Inc. (2012).

[17] 天川修平, "*S* パラメータ特論 [I], [II], [III]" 電子情報通信学会誌 (2017).

索　　引

た　行

な　行

は　行

ま　行

や　行

ら　行

英　字

著者略歴

出《で》 口《ぐち》 博《ひろ》 之《ゆき》

1988 年 3 月　同志社大学大学院工学研究科電気工学専攻博士課程
（前期課程）修了

1999 年 3 月　博士（工学）（同志社大学）

現　　在　同志社大学理工学部電子工学科　教授

電気・電子工学テキストライブラリ＝C 3

伝送線路論　——電磁界解析への入門——

2023 年 2 月 25 日 © 　　初 版 発 行

著者　出 口 博 之　　　発行者　矢 沢 和 俊
印刷者　小宮山恒敏

【発行】　株式会社　数理工学社
〒151–0051　東京都渋谷区千駄ヶ谷 1 丁目 3 番 25 号
編 集 ☎（03）5474–8661（代）　サイエンスビル

【発売】　株式会社　サイエンス社
〒151–0051　東京都渋谷区千駄ヶ谷 1 丁目 3 番 25 号
営 業 ☎（03）5474–8500（代）　振替 00170–7–2387
FAX ☎（03）5474–8900

印刷・製本　小宮山印刷工業（株）

≪検印省略≫

ISBN978–4–86481–098–2

PRINTED IN JAPAN

サイエンス社・数理工学社の
ホームページのご案内
https://www.saiensu.co.jp
ご意見・ご要望は
suuri@saiensu.co.jp まで．